"十三五"职业教育规划教材

噪声污染控制技术与应用

主编　刘颖辉　方　丽

中国环境出版集团·北京

图书在版编目（CIP）数据

噪声污染控制技术与应用/刘颖辉，方丽主编. —北京：中国环境出版集团，2022.3（2024.1 重印）
“十三五”职业教育规划教材
ISBN 978-7-5111-5084-4

Ⅰ. ①噪… Ⅱ. ①刘…②方… Ⅲ. ①噪声控制—高等职业教育—教材 Ⅳ. ①TB535

中国版本图书馆 CIP 数据核字（2022）第 037346 号

出 版 人 武德凯
责任编辑 黄晓燕
文字编辑 谭嫣辞
封面设计 宋 瑞

出版发行 中国环境出版集团
（100062 北京市东城区广渠门内大街 16 号）
网 址：http://www.cesp.com.cn
电子邮箱：bjgl@cesp.com.cn
联系电话：010-67112765（编辑管理部）
010-67112735（第一分社）
发行热线：010-67125803，010-67113405（传真）
印 刷 北京市联华印刷厂
经 销 各地新华书店
版 次 2022 年 3 月第 1 版
印 次 2024 年 1 月第 2 次印刷
开 本 787×960 1/16
印 张 20
字 数 380 千字
定 价 47.00 元

《噪声污染控制技术与应用》

编 委 会

主　编　刘颖辉　长沙环境保护职业技术学院

　　　　方　丽　长沙环境保护职业技术学院

副主编　彭艳春　长沙环境保护职业技术学院

编　委　王　娟　长沙环境保护职业技术学院

　　　　张　红　长沙环境保护职业技术学院

　　　　陈冉妮　长沙环境保护职业技术学院

　　　　刘　鼎　长沙湘牛实业有限公司

　　　　汤　迎　广东环境保护工程职业学院

前言

噪声污染是环境污染四大要素之一。噪声污染不同于大气、水体和固体废物污染，属于物理性污染，其本质是一种机械波，是振动形式及其能量的传播，不具有物质的累积性。当噪声源停止运行时，噪声污染立即消失，没有残余污染物。由于声源广泛存在，以及工业、交通运输业和城市建设的快速发展，因此噪声已成为国内外影响最大的公害之一。据统计，我国环境噪声投诉占环境投诉总数的38.1%。环境噪声污染不仅损害人体健康，还影响着人们的生活质量。因此，加强噪声污染控制、改善声环境质量已引起各级生态环境主管部门与广大民众的高度重视。

为适应环境保护事业发展的需要，我国许多高职高专院校开设了噪声污染控制技术方面的课程。为满足21世纪培养高职高专应用型人才的需要，本书以突出高职教育特色为指导思想，以结论和物理意义的解析和实际应用为重点，通过简洁的理论推导和分析，使学生完成课程学习后具备解决实际问题的能力。

考虑到本课程在不同学校教学课时的不同，对不同专业的教学要求也不尽相同，编者在编写时既注重前后章节的互相联系，又各具独立性，学校可根据实际教学课时数进行取舍。书中还列出了一些现行的声学及其他标准，是近年来国家颁布且正在使用的标准，可供学习、设计时参考。本书在各章节中设置了大量专业实例和接近工程实际的习题，希望能够给读者的学习与工作带来帮助。

本书主要编写人员为：长沙环境保护职业技术学院彭艳春负责编写第 1 章、第 6 章；长沙环境保护职业技术学院张红负责编写第 2 章；长沙环境保护职业技术学院陈冉妮负责编写第 3 章；长沙环境保护职业技术学院王娟负责编写第 4 章；长沙环境保护职业技术学院方丽、刘颖辉负责编写第 5 章；长沙环境保护职业技术学院方丽、长沙湘牛实业有限公司刘鼎和广东环境保护工程职业学院汤迎负责编写第 7 章。

本书在编写过程中参考了同行的相关书籍和文章，谨向这些作者致以诚挚的谢意！由于编者水平有限，书中难免出现错误和纰漏，敬请读者予以批评指正。

编者

2021 年 12 月

目 录

第1章　绪论

【本章导读】

本章主要是对噪声污染及其控制原则、方法等知识进行简单概述。通过对本章知识的学习，学生能够理解声音与噪声及噪声污染的概念；熟悉噪声污染的来源、危害；掌握噪声污染控制的基本原则；对噪声控制技术的研究进展有所了解。

1.1　声音与噪声

1.1.1　声音

声音是人类感知外界环境的主要媒介，声音与水和空气一样，也是人类生存和发展的一个环境要素。声音的本质是波动。受作用的空气发生振动，当振动频率在 20～20 000 Hz 时，作用于人的耳鼓膜而产生的感觉称为声音。声源可以是固体也可以是流体（液体和气体）。声音的传播介质有空气、水和固体，它们传播的声音分别称为空气声、水声和固体声等。

人类的生产活动离不开声音，和谐的声环境是保障人类生活质量的基本条件之一。人类通过声音传达信息以交流思想和情感，进行生产和社会实践及文化娱乐活动。不同的声音对人情感的感染力是不同的，一首悲伤的歌曲会让人泪流满面，而一曲高昂的交响乐则可使人心潮澎湃。

1.1.2 噪声

1.1.2.1 噪声的定义及判断

人类生活在声音的环境中，通过交谈表达思想感情以及开展各种活动。但有些声音也会给人类带来危害，如震耳欲聋的机器声、呼啸而过的飞机声等。这些为人们生活和工作所不需要的声音称作噪声。从环境保护的角度来看，噪声是指在一定环境中不该产生的声音，泛指嘈杂、刺耳的声音，也是一类引起人烦躁或音量过强而危害人体健康的声音。从日常生活的角度来看，凡是妨碍人们正常休息、学习和工作的声音，以及对人们要听的声音产生干扰的声音都是噪声。噪声属于感觉公害。

从物理学的观点来看，由许多不同频率和强度的声波，无规则地组合而成的声音称为噪声（反之为乐音）；从生理学和心理学的观点来看，令人不愉快的、使人讨厌和烦躁的，过响的、干扰人们生活的以至对人们健康有影响或危害的声音都是噪声。由于个体差异，各人对声音的心理感受和主观愿望等有所不同，其各自的主观感觉（因环境、时间而异）也会有所不同，因此人们对噪声的判别更多的是取决于心理上的，而不完全取决于它的物理特性（强度、频率、时间），即一切不希望存在的干扰声都叫噪声。例如，足球场内观众的欢呼呐喊声对于有利方球员而言不算噪声，但在斯诺克比赛中，观众发出的声音会干扰球员，则属于噪声；欢快的音乐声对于身心放松的人来说是一种享受，但对于需要静心思考的人（如考场上的考生）来说就是噪声。

噪声也不全是有害的、令人厌烦的，它有时也能成为有用的声音或被有效利用。例如，工人常根据机械噪声的大小和特征来判断设备是否运行正常；科学家还利用高能量噪声使尘埃相聚的原理研制除尘器；利用声共振现象将其作用在压电晶体上，将机械能转换成电能。还有的研究人员设计了一套实验装置，利用波段为 8～80 kHz 的水下自然噪声能在监控器屏幕上显示出水下实验物图像的原理进行噪声海底透视来观察水下的大型动物、潜艇及沉船等。科学家们还用噪声刺激加快植物的光合作用，使农作物增产。实验表明，西红柿生长期中经过 30 次 100 dB 的尖锐声音处理，其产量提高了 2 倍。军事上，噪声弹（声炸弹）则是一种非杀伤性的防暴武器，它发出的强烈噪声虽然短暂，却足以使室内的暴徒被震晕、失聪和暂时失去知觉或思维，为擒拿暴徒赢得宝贵时间。在人类生活环境中也普遍存在一些人们习惯的又融合于环境的可忽视噪声。在目前盛行的开放式办公室中，正是利用噪声的掩蔽作用来保障谈话的私密性和减少相互干扰。噪声有自然现象引起的，也有人为活动造成的，我们通常所说的噪声污染是指人为活动造成的声音感觉公害。我们所处的环境中所有远近不同、方向不同、自身或周围反射的噪声的组合，统称为环境噪声。

1.1.2.2 环境噪声污染

当所产生的环境噪声超过国家规定的环境噪声排放标准，并影响他人正常的生活、工作和学习时，就形成了环境噪声污染。环境噪声污染是一种能量污染，与其他工业污染一样，是危害人类环境的公害。噪声污染属于物理性污染，有以下几个突出的特性。

①噪声污染是感觉公害。鸟语花香，对于在公园里散步的人而言感觉是很美妙的，但对于需要安静睡眠的人来说，鸟声的嘈杂就令人厌烦。因此，一种声音是否属于噪声，与人所处的环境和主观愿望有关，即与人的主观感觉有关。

②噪声污染是局限性和多发性公害。局限性是指噪声影响的范围较小，一般只能造成局部性污染，而不会造成区域性和全球性污染。多发性是指噪声源的多发性，存在多种多样的分散噪声源。

③噪声污染是即时性公害。噪声的本质是一种机械波，是振动形式及其能量的传播，不具备物质的累积性，噪声源停止运行，污染立即消失，没有残余污染物。

噪声具有危害潜伏性。大多数人对噪声污染的防治不够重视，即使暴露在90 dB（A）以上的噪声环境中也能忍受，实际上这种“忍受”是以听力偏移为代价的。

噪声具有能量性。噪声的声能是噪声源能量中很小的一部分，噪声的能量转化系数很低，约为10^{-6}，因此，噪声的再利用价值不大。

1.1.3 中国环境噪声污染现状

生态环境部公布的《2020年中国环境噪声污染防治报告》显示："2019年，全国共发布332份有关环境噪声污染防治法规、规章和文件，有109个地级及以上城市、461个县级城市开展并完成了声环境功能区划分调整工作。"

"2019年，各级地方政府还开展了噪声自动监测，'绿色护考'行动，相关科研及能力建设等工作，针对工业噪声、建筑施工噪声、交通运输噪声和社会生活噪声采取了多种有效措施，为改善声环境质量提供了保障。"

"2019年，全国地级及以上城市按照《声环境质量标准》（GB 3096—2008）和《环境噪声监测技术规范　城市声环境常规监测》（HJ 640—2012）对功能区声环境质量、昼间区域声环境质量和昼间道路交通声环境质量开展了监测和评价。

结果表明：全国城市功能区声环境昼间监测总点次达标率为92.4%，夜间监测总点次达标率为74.4%，其中4a类功能区（交通干线两侧区域）夜间达标率最低，为51.8%；昼间区域声环境质量等效声级平均值为54.3 dB（A），昼间道路交通噪声等效声级平均值为 66.8 dB（A）。直辖市和省会城市的功能区声环境质量监测点次达标率、区域声环境质量及道路交通噪声平均值均劣于全国平均水平。"

根据HJ 640—2012将城市区域环境噪声总体水平等级"一级"至"五级"可分别对应评价位"好""较好""一般""较差"和"差"。与2018年相比，全国城市昼间区域声环境质量为一级的城市比例下降1.5个百分点；二级的城市比例上升3.5个百分点；三级的城市比例下降2.0个百分点；四级的城市比例上升0.7个百分点；五级的城市比例下降0.6个百分点（表1-1）。

表1-1　2019年全国城市昼间区域声环境质量等级分布与2018年比较

	监测城市总数/个	各评价等级城市比例/%				
		一级	二级	三级	四级	五级
2019年	321	2.5	67.0	28.7	1.9	0.0
2018年	323	4.0	63.5	30.7	1.2	0.6
增幅	−2	−1.5	3.5	−2.0	0.7	−0.6

随着经济社会的发展，交通日趋便捷，道路交通噪声对老百姓生活的影响也日趋加重。2019 年，全国共有 323 个地级及以上城市报送了昼间道路交通声环境质量监测数据，共监测了 21 039 个点位，监测道路长度为 36 492.6 km。全国城市昼间道路交通噪声平均值为 66.8 dB（A）。其中，昼间道路交通噪声强度评价为一级的城市 221 个，占比 68.4%；评价为二级的城市 85 个，占比 26.3%；评价为三级的城市 15 个，占比 4.6%；评价为四级的城市 2 个，占比 0.6%；评价为五级的城市 0 个，占比 0.0%。虽然报告公布的对道路交通的监测数据仅限于昼间，但夜间交通噪声危害同样不容小觑。

2019 年，全国“12369 环保举报联网管理平台”共接到公众举报 531 176 件，其中噪声扰民问题举报 202 378 件，占全部举报的 38.1%，在各污染要素中排第 2 位。从噪声类型上来看，建筑施工噪声投诉 91 980 件，占全部噪声扰民问题举报的 45.4%；工业噪声投诉 53 535 件，占 26.5%；社会生活噪声投诉 48 605 件，占 24.0%；交通噪声投诉 8 258 件，占 4.1%。

1.2 噪声污染源

按照产生噪声源头的类型，城市噪声污染源可分为工业噪声污染源、交通运输噪声污染源、建筑施工噪声污染源和社会生活噪声污染源。

1.2.1 工业噪声污染源

工业噪声是指工厂的各种动力设备、加工机械、生产设备等产生的噪声，其来源主要有机械噪声、气流噪声和电磁噪声。工厂中各种辐射噪声的机械设备，如运转中的水泵、通风机、鼓风机、空气压缩机、汽轮机、织布机、电锯、电机、风铲、风铆、球磨机、振捣台、机床、冲床等，这类机械设备的噪声大多在 75～105 dB（A），有一些机械的噪声级甚至可达 120 dB（A）以上（表 1-2）。对于机器设备来说，其噪声级别是衡量其技术水平和质量优劣的重要指标，尤其对于像潜艇这样的军事装备来说，噪声级别直接关系到它的生存能力。设备噪声的声级大小与设备的种类、功率、型号有关，即使型号、功率相同的设备，由于生产厂家和使用年限的不同，声级也有较大的差别。

表 1-2 一些机械噪声源强度

声级/dB	机械设备或厂房、车间
130	风铲、风铆、大型鼓风机、高炉和锅炉排气放空
125	轧材、热锯（峰值）、锻锤（峰值）
120	有齿锯锯钢材、大型球磨机、加压制砖机
115	振捣台、热风炉鼓风机、振动筛、抽风机
110	罗茨鼓风机、电锯、无齿锯
105	破碎机、大螺杆压缩机、织布机
100	电焊机、大型鼓风机站、柴油发动机
95	织带机、轮转印刷机
90	空气压缩机站、泵房、轧钢车间、冷冻机房
85	车床、铣床、刨床、造纸机
80	织袜机、漆包线机、针织机
75	上胶机、蒸发机
＜75	拷贝机、放大机、电子刻板真空镀膜

1.2.2 交通运输噪声污染源

交通噪声是由交通工具在运行时发出的，主要是指道路机动车辆、内河航运船舶、铁路车辆以及飞机等产生的噪声。

随着城市交通干道的增加，机动车辆的数量增幅较大，其噪声已成为城市的主要噪声源。调查表明，机动车辆噪声占城市交通噪声的85%。车辆噪声的传播与道路的多少及交通量大小有密切关系。在道路狭窄、两旁高层建筑物栉比的城市中，噪声来回反射会显得更加吵闹，听起来会比同样的噪声源在较空旷的街道上要大5～10 dB。

在机动车辆中，载重汽车、公共汽车等重型车辆的噪声在90 dB，而轿车、吉普车等轻型车辆噪声有80～85 dB（以上声级均为距车7.5 m处测量）。汽车速度与噪声大小也有较大关系，车速越快，噪声越大，车速提高1倍，噪声增加6～10 dB。汽车噪声主要来自汽车的排气噪声。若不加消声器，噪声可达100 dB以上。其次为引擎噪声和轮胎噪声，引擎噪声在汽车正常运转时，可达90 dB以上，而轮胎噪声在车速为90 km/h以上时，可达95 dB左右。因此，在排气系统中加上消声器，可使汽车排气噪声降低 20～30 dB。在引擎方面，以汽油引擎代替柴油引擎，可以降低 6～8 dB 的引擎噪声。

此外，接近城市中心的铁路客货运站，由于来往列车都要在市区内穿行，因而影响较大，尤其是在客流量大时，其影响更不容忽视。地下铁路的噪声来源与火车相似，因车辆在地道内行驶，噪声不易散失，对车厢内的人干扰较大。据英国实测，地铁车厢内开窗时噪声高达 102 dB。

水陆交通运输噪声虽然影响面广，但从造成危害的显著性来说，空运噪声更为直接。喷气式飞机出现后，空运噪声产生了较大的影响。一方面是由于喷气式飞机噪声声级较大，另一方面则是空运事业日趋繁忙的表现。事实上，机场不仅是在飞机升降时产生噪声，机场地勤保养和飞机试运转时也会产生强烈的噪声，会对附近居民造成非常大的影响。当大型喷气式客机起飞时，跑道两侧 1 km 内交流和通信均会受到干扰，4 km 内无法休息和睡眠。

2012—2014 年湖南省长沙市的道路交通噪声监测情况见表 1-3。长沙市开展监测的道路中几乎有近半的路段等效声级接近或超过了 70 dB（A）的允许标准。

表 1-3 2012—2014 年长沙市道路交通噪声监测情况

参数	2012 年	2013 年	2014 年
路段总长度/m	103 450	103	355 660
超标路段/m	58 160	25	207 200
路段超标率/%	56.2	24.4	58.3
路段平均路宽/m	37.9	37.9	36
平均车流量/（辆/h）	3 978	3 503	2 803
等效声级/dB（A）	70.1	69.3	69.8

1.2.3 建筑施工噪声污染源

建筑施工噪声是指建筑机械发出的噪声，其噪声源包括运转中的打桩机、打夯机、挖掘机、混凝土搅拌机、推土机、吊车和卷扬机、空气压缩机、凿岩机、木工电锯、运输车辆以及敲打、撞击、爆破加工等工序（表 1-4、表 1-5），在距声源 10 m 处噪声级平均为 85～105 dB（A）。建筑施工噪声具有多变性、突发性、冲击性、不连续性等特点，不仅对附近居民的干扰较大，而且对现场操作人员的危害也极大。

表 1-4 建筑施工机械噪声级 单位：dB（A）

机械名称	距离声源 10 m		距离声源 20 m	
	范围	平均	范围	平均
打桩机	93～112	105	84～103	91
地螺钻	68～82	75	57～70	63
铆枪	85～98	91	74～98	86
压缩机	82～98	88	78～80	78
破路机	80～92	85	74～80	76

表 1-5 施工现场边界上的噪声级 单位：dB（A）

场地类型	居民建筑	办公楼等	道路工程等
场地清理	84	84	84
挖土方	88	89	89
地基	81	78	88
安装	82	85	79
修整	88	89	84

1.2.4 社会生活噪声污染源

社会生活噪声是指人为活动所产生的除工业噪声、交通运输噪声和建筑施工噪声之外的干扰周围生活环境的声音，主要是指社会活动和家用设备发出的噪声，包括商业、文娱、体育活动等的人群喧闹声以及空调机、抽油烟机、高音喇叭、音响设备等生活电器发出的噪声。一些家电所产生的噪声可达 30～84 dB（A）（表 1-6），有些活动在室内造成的噪声甚至可达 100 dB（A）以上。虽然社会生活噪声户外平均声级不是很高［55～65 dB（A）］，但给居民造成的干扰却很大，是城市中影响环境质量的主要污染源，其所占比例近 50%。

表 1-6 家庭常用设备噪声 单位：dB（A）

家庭常用设备	噪声级
洗衣机、缝纫机	50～80
电视机、除尘器、抽水马桶	60～84
钢琴	62～96
通风机、吹风机	50～75
电冰箱	30～58
风扇	30～68
食物搅拌器	65～80

1.3 噪声污染的危害

虽然噪声对人们的影响只分为听觉的和非听觉的两个方面，但噪声的实际危害是多方面的，有的甚至是相当严重的，尤其是对儿童的健康和生长发育十分不利，必须引起人们的高度重视。噪声污染的危害归纳起来主要有以下四个方面。

1.3.1 噪声对听力的损害

噪声对听觉系统的影响与噪声强度和暴露时间长短有关。一般情况下，85 dB（A）以下的噪声不至于危害听觉，85 dB（A）以上则可能损伤听力。调查研究表明，如果人们长期在强噪声环境下工作，会使内耳听觉组织受到损伤，出现听力障碍的情况会明显增加，进而造成不同程度的耳聋。人们在强噪声环境中暴露一定时间后，听力会下降，离开噪声环境到安静的场所停留一段时间，听觉就会恢复，这种现象称为暂时性阈移，又称为听觉疲劳。但如果长期在强噪声环境中工作，听觉疲劳就不能完全恢复，而且内耳感觉器官会发生器质性的病变，由暂时性阈移变成永久性阈移，即成为噪声听力损失或噪声性耳聋。

国际标准化组织（International Organization for Standardization，ISO）规定用 500 Hz、1 000 Hz、2 000 Hz 这 3 个频率上的听力损伤量［dB（A）］的算术平均值来衡量耳聋的程度。听力损失在 15 dB（A）以下属正常，15～25 dB（A）属接近正常，25～40 dB（A）属轻度耳聋，40～60 dB（A）属中度耳聋，60 dB（A）以上属重度耳聋，80 dB（A）以上则为全聋。考虑到器官老化而产生的自然听力损失，将平均听力损失25 dB（A）作为噪声性耳聋判断的标准。在这种情况下，人与人之间距离在1.5 m外的正常交谈会有困难，句子的可懂度下降13%。当平均听力损失到40～55 dB（A）时，对一般响度的语言就会发生经常性困难，并且会造成永久性听力损失。

统计资料表明，噪声级在80 dB（A）以下的环境，才能保证人们长期工作而不致耳聋；噪声级在90 dB（A）以下，只能保护80%的人工作40年以后不会耳聋；即使在85 dB（A），仍会有10%的人可能产生噪声性耳聋。另外，噪声的频率越高，内耳听觉器官越容易发生病变。如低频噪声只有在100 dB（A）时才会出现听力损伤，而高频噪声在75 dB（A）的情况下即可产生听力损伤。如果人们突然暴露在极其强烈的噪声环境中［如高达150 dB（A）时］，会使人的听觉器官产生急性外伤，强烈的声振动引起鼓膜破裂、内耳出血、螺旋器（感觉细胞和支持结构）从基底膜急性剥离等症状，使人耳即刻失聪，这种急性噪声性耳聋称为爆振性耳聋。如人在距离喷气式飞机发动机5 m内，几分钟就会造成耳聋。

噪声引起的耳聋普遍而直接，噪声性耳聋与噪声的强度、频率及接触时间有关，这也成为了工作场所听力保护、噪声卫生标准制定的基础。

1.3.2 噪声的生理效应

噪声暴露所导致的人体生理变化称为噪声的生理效应。噪声具有强烈的刺激作用，对人体的影响也是多方面的。噪声除了对听力的影响，对神经系统、心血管系统、消化系统、内分泌系统等也有明显的影响。

1.3.2.1 对神经系统的影响

噪声作用于人的中枢神经系统，会使人体基本生理过程——大脑皮层的兴奋和抑制平衡失调，导致条件反射异常，会使人的脑血管张力遭到损害，神经细胞边缘出现染色体的溶解，严重的可以引起渗出性出血、脑电图电势改变。这些生理变化在早期是可以复原的，如果时间长了，就会形成牢固的兴奋灶，波及植物神经系统，导致病理学变化，产生头痛、昏晕、耳鸣、多梦、失眠、心慌、记忆力衰退和全身疲乏无力等临床症状。这些症状医学上称为神经衰弱症，又称为神经官能症。严重时全身虚弱，体质下降，容易并发和引起其他疾病。专家指出，城市中的交通噪声可使对环境敏感的人群患上精神疾病的可能性更大。

有资料报道，强烈的噪声刺激会干扰人的神经系统，使休息中的人产生恼怒感，一些对噪声敏感的人甚至会失去理智，产生异常举动。一些关键岗位上的工作人员，会由于长时间接触高噪声而产生心理障碍、注意力分散、思维判断混乱，进而导致失误引发重大事故。突发的高强度噪声波可麻痹人的中枢神经系统，使人短时间失去知觉昏迷过去，利用这一原理，国外已研制出声炸弹，用以对抗暴徒、恐怖分子和海盗的袭击。

1.3.2.2 对心血管和消化系统的影响

研究表明，噪声可以使交感神经紧张兴奋，从而导致心动过速、心律不齐、血管痉挛、血压升高。部分人的心电图会出现缺血性改变，常见的有窦性心动过速或过缓、窦性心律不齐等。如在 90 dB 以上的高噪声环境中长期工作，可以使心肌受损，高血压、动脉硬化和冠心病发病率明显增加，血液中胆固醇含量增高。许多人认为，噪声是当前造成心脏病的重要原因之一。噪声作用于人的中枢神经系统时，会影响人的消化系统，导致胃功能紊乱，引起肠胃机能阻滞、消化分泌异常、胃酸度降低、胃蠕动减退等，进而产生消化不良、食欲不振、恶心呕吐、体质减弱等症状，并导致胃溃疡及十二指肠溃疡等疾病发病率增高。调查发现，在噪声行业工作的工人，溃疡病的发病率比在安静环境工作的工人高 5 倍。

1.3.2.3 对其他系统的影响

最新的科学研究表明，噪声对人的眼睛和视觉功能也有一定的影响。当噪声作用于听觉器官时，也会通过神经系统的导入作用而波及视觉器官，使人的视力减弱。实验表明，当噪声强度在 90 dB 时，视网膜中视杆细胞区别光度、亮度的细胞敏感性开始下降；当噪声达到 95 dB 时，有 2/5 的人瞳孔扩大、视物模糊；当噪声达到 115 dB 时，几乎所有的人眼球对光亮度的适应都有不同程度的衰减。因此，长时间处于噪声环境中容易产生眼疲劳、眼痛、眼花和视物流泪等损伤现象。噪声还会使色觉、色视也发生异常。调查显示，在接受稳态噪声的 80 名工人中，出现红、蓝、白三色视野缩小的比例高达 80%，比对照组增加 85%。据研究，噪声对视力的不良影响还源于噪声可以破坏人体内某些维生素的平衡。在噪声达 90 dB 的环境中工作 4 h，体内的 VB_1 和 VE 含量分别减少，其他 B 族维生素的含量也显著减少，而这些维生素是维持眼睛正常功能的重要物质，因此在噪声环境中工作的人应补充适量的维生素，减少体内维生素失衡的现象，有益于保护视力。

噪声对血液成分的影响表现为血细胞数增多，嗜酸性粒细胞亦有增高的趋势。

长期在高噪声环境中工作的妇女常有大量脱发的症状——斑秃，西医一般认为是内分泌系统受到了干扰。观察发现，高噪声环境可以使孕妇的激素分泌受到抑制，这将会导致孕妇早产，影响胎儿的正常发育，特别是对胎儿的听觉器官会造成先天性损伤。

1.3.2.4 噪声对儿童健康的影响

由于儿童身体的各组织器官尚未发育完善，神经系统、感觉器官十分娇嫩和脆弱，因此噪声对儿童的生长发育影响十分明显。研究发现，家庭噪声是导致儿童听力障碍、聋哑症的主要病理原因之一。调查显示，在吵闹环境中生活的幼儿，其智力发育要比在舒适安静环境中生活的幼儿低 15%～25%，而且体重普遍要轻。此外，长期处于噪声环境中的孩子有明显的情绪异常反应，如烦躁不安、神色紧张、心理恐惧、失眠多梦等。医学专家指出，家庭噪声对儿童的危害不仅在于噪声的强度大小，还在于持续存在的各种噪声对儿童身心进行长期“水滴石穿”般的侵害。由于长期受到噪声的恶性刺激，会对儿童的中枢神经、心血管、消化道、视觉器官等系统造成损害，引起视力下降、头痛、乏力、记忆力下降、心悸、应激性溃疡、免疫功能降低、精神疾病及处在青春期的少女出现月经失调、闭经等症状，从而造成他们的阅读理解能力和远期记忆力减弱，学习效率不断下降。

过去科学家和医生均认为，只有当噪声足够高时才会导致听力受损。但最近的研究发现，持续不断的低噪声也会影响人类的健康，特别是对儿童和对噪声敏感的人群，例如，使血压升高、儿童智力发展受损、扰乱睡眠和促使神经系统紊乱等。因此，世界卫生组织修订了有关最低安全噪声标准值，要求夜间噪声值为以不影响睡眠为准的 30～35 dB，最高也不得超过 45 dB。

为了减轻和避免噪声对儿童健康的危害，应严格控制家庭及外界噪声，减少噪声对儿童的不良刺激，同时，平时应该让孩子多吃富含 VB_1、VB_2、VB_6、VA、VC 的食物，因为这些食物有助于保护人体听觉细胞，使得纤毛细胞受体的功能活性增强，进而对抗和消除外界噪声的不利影响。

1.3.3 噪声对人们生活和工作的影响

噪声妨碍人们的休息和睡眠，干扰语言交流和日常社交生活，使人烦躁、注意力下降，甚至精神失控、行为反常。睡眠可使人的新陈代谢得到调节，大脑得到休息，从而消除体力和脑力疲劳，充足、良好的睡眠有助于提高免疫力。睡眠是保障人体健康的重要因素，但环境噪声会使人不能安眠或被惊醒，影响人们睡眠的有效性，降低睡眠质量，而老人和病人对噪声干扰更为敏感。睡眠被干扰后，工作效率和健康都会受到影响。研究发现，仅 40～50 dB 的较轻噪声便会影响人的睡眠，40 dB 的突发噪声能使 10%的人惊醒，而当突发噪声达 60 dB 时，70%的人会被惊醒。长期的环境噪声会干扰人的睡眠，造成失眠、疲劳无力、记忆力衰退，甚至产生神经衰弱等症状，严重影响人们的正常生活。实验表明，理想的入睡噪声是在 35 dB（A）以内。

噪声会影响和降低语言传递中的信噪比，从而降低人们语言交流时的清晰度，特别是对那些强度较弱的辅音的影响更为显著。语言清晰度是指被听懂的语言单位的百分数。通常情况下，人们相距 1 m 交谈时的平均语言声级约为 65 dB，当噪声级与语言声级相当时，正常的交谈受到干扰，环境噪声会掩蔽语言声，使语言清晰度降低（表 1-7）。噪声级高于语言声级 10 dB 时，谈话声就会被掩蔽。在噪声环境下，发话人会不自觉地提高发话声级或缩短谈话者之间的距离。通常，噪声每提高 10 dB，发话声级约需增加 7 dB。虽然清晰度的降低可由嗓音的提高而得到部分补偿，但发话人极易疲劳以至声嘶力竭。当噪声级大于 90 dB 时即使大声叫喊也难以进行正常交谈了。强烈的背景噪声会隐蔽一些警告性信号，从而引发事故。在我国的几个大型钢铁企业中，曾发生过高炉排气放空时的强大噪声遮蔽了火车鸣笛声，造成正在铁轨上工作的工人被轧伤亡的惨痛事件。

表 1-7 噪声对交谈和通信的干扰

噪声级/dB（A）	主观反映	保持正常谈话的距离/m	通信质量
45	安静	11	很好
55	稍吵	3.5	好
65	吵	1.2	较差
75	很吵	0.3	差
85	非常吵	0.1	很差

1.3.4 噪声对动物、建筑物和仪器设备的影响

1.3.4.1 噪声对动物的影响

声音对生物的影响是客观存在的。在我国南方森林中生长着一种叫黑尾大叶蝉的昆虫，它边吮吸树叶内的液汁（水和营养物质），边排泄水珠，由于数量可观，以至形成“晴天下雨”的奇观，更有趣的是，如果人们在树下鼓掌发出响声，黑尾大叶蝉会加快水珠的排泄，于是“小雨”就变成了“大雨”，这是由于击掌声加快了它的新陈代谢。

实验证明，在噪声场中，动物的中枢神经系统会受到损害，以致失去行为控制能力。在 165 dB 噪声场中，大白鼠会疯狂窜跳，互相撕咬和抽搐，然后直直地躺倒。强烈的噪声还可以引发动物的声致痉挛。声致痉挛是声刺激在动物体内诱发的一种生理（肌肉失调）现象，是声音引起的生理性癫痫，它与人类的癫痫和可能伴随发生的各种病症有类似之处。噪声对动物的听觉和视觉也有损伤。在 120～150 dB 的噪声中暴露的动物会造成永久性听力损伤和器质性损伤；暴露在 150 dB 以上的低频噪声场中的动物，会引起眼部振动，造成视觉模糊；而 150 dB 以上的噪声能造成动物内脏器官发生损伤，如淤血、出血、水肿甚至破裂导致死亡。噪声声压级越高，使动物死亡的时间就越短。例如，170 dB 的噪声大约 6 min 就可使半数受试的豚鼠死亡，噪声声压级增加 3 dB，半数致死时间相应减少一半。美军还据此开发出了反人员的非致命武器——超声炮、声炸弹，主要是针对人的听觉器官研制的，其实就是一个巨大的噪声干扰器，能发出高达 150 dB（A）、频率为 2 000～3 000 Hz 的强大脉冲。超声炮利用高分贝冲击波的冲击作用，可使附近的人失去自控和辨识方向的能力，使人感到恐慌和头晕目眩，甚至引起人的心理紊乱和导致内脏器官损伤。

噪声对生态环境和饲养业都有着重要的影响。随着社会经济的发展，强度越来越大的噪声源出现的频率也不断上升。如火箭发射、飞机起降、工程爆破、建筑施工、燃放炮竹和各种自然现象与灾害引发的高噪声对饲养动物的生长发育、繁殖、产蛋、产奶等都会产生不良影响，由此引发的诉讼赔偿事件屡有报道。

1.3.4.2 噪声对建筑物的影响

一般的强噪声只损害人的听觉器官，对建筑物的影响尚无法察觉。随着火箭和宇宙飞船以及超音速飞机（如协和飞机）的发展，噪声对建筑物的影响开始引起人们的重视。20 世纪 50 年代初，美国国家航空航天局（NASA）研究中心通过观察和测定分析及模拟实验得出结论：噪声强度在 140 dB 时，能使窗玻璃破裂，尤其在低频范围内对建筑的危害较严重。当超音速飞机低空掠过时，在飞机头部和尾部产生压力跃变，形成 N 形冲击波，传到地面时产生的轰声，听起来像爆炸声。在轰声作用下可观察到其对建筑物的破坏，如墙壁裂缝、抹灰开裂、门窗变形、玻璃破碎、屋顶掀起，甚至烟囱倒塌。此外，剧烈振动的振动筛、空气锤、冲床等也会使振源周围的建筑物受到损害或激发出二次噪声扰民。

1.3.4.3 噪声对仪器设备的影响

噪声对仪器设备的影响可分为 3 种受损程度：使仪器设备受到干扰，自身噪声增大，影响其正常工作；使仪器设备失效，失去工作能力，但在离开噪声场后又能继续工作；使仪器设备损坏，无法使用。

实验表明，当噪声级超过 135 dB 后，电子仪器的连接部位会发生错动，引线产生抖动，微调元件发生偏移，使设备发生故障或失效；当噪声级超过 150 dB 后，会严重损坏电阻、电容等元件，使器械发生故障或失效。在特强的噪声作用下，由于声频交变负载的反复作用，会使材料或结构产生疲劳现象而断裂，其影响与噪声的强度、频率以及设备自身的结构及安装方式等诸多因素有关。在高噪声情况下如何保护仪器、设备等免受噪声的影响是很重要的问题。

1.4 噪声污染控制基本原则

1.4.1 噪声控制

一切可听声都有可能被判定为噪声，噪声控制的目的就是降低或消除可听声，噪声的测量也局限在可听声。可听声的频率范围一般在 20 Hz～20 kHz，频率低于 20 Hz 的声称为次声，频率高于 20 kHz 的声称为超声。

在环境声学中，噪声控制是一门研究如何获得能为人体容忍的适当而和谐的声学环境的技术科学。噪声控制要达到适当的声学环境，即在经济上、技术上和要求上合理的声学环境和标准，而不是将噪声降得越低越好。从控制污染保护人体健康的角度出发，在不同情况、不同场合下，噪声的标准也是不同的。在工作场所，噪声控制的重点是保护听力；而在生活居住区，重点则是防止噪声扰民。

噪声控制并不等同于噪声降低，有时增加适当的噪声可以减少干扰。例如，目前普遍采用的大面积开放式办公室常有几十人甚至上百人在里面工作，虽然工作效率高，但相互干扰却是个严重问题。采用半截声屏障隔离虽然可以使情况有所改善，但仍相互影响。为此，最好的解决办法就是同时在室内各个分散点上发出白噪声（频谱连续而均匀的噪声）建立起比较均匀的 A 声级 50 dB 左右的噪声场，这样，邻组谈话的声音就被白噪声所掩蔽，但本组谈话声［60～70 dB（A）］因距离近，交流不受影响，从而实现各组间的声隔离，而 50 dB（A）的本底声场不会干扰人们的工作。

实验研究表明，一个完全没有声音的环境，对人的身心健康也会造成损害。无声环境会使人出现恐慌不安、情绪烦躁、心律失常、食欲减退等情况，特别是对神经系统造成损害，出现思维混乱等症状。例如，在新疆中巴边界上的红其拉甫海关工作人员，由于四周荒无人烟，夜晚过分寂静，他们只能听到自己的呼吸声、心跳声和血液的奔流声，从而逐渐产生恐慌感。因此，人不能在一个毫无声息的环境中生活，只有创造一个和谐优美的声环境，人类才能正常而健康地生活。

1.4.2 噪声控制的方法

环境噪声控制的方法有两个方面：一是采取行政措施。通过噪声控制立法，即国家或地方权力机关为了保护环境而制定的有关控制噪声污染的法规和标准等来解决噪声污染的问题，它对噪声源的责任人具有强制性执行的要求，噪声控制立法对于噪声控制技术的研究、应用和推广也起着促进作用；二是应用工程技术措施控制声源的声输出、声传播和声接收，以得到人们所要求的声学环境。

任何一个声学系统都是由声源—传播途径—接收者 3 个环节组成，但每一个噪声问题都有其特点，与其他噪声问题不会完全相同，因此做好每个噪声问题的调查分析和研究评估是十分有必要的，只有这样才能求得技术可行、经济合理、效果达标的控制方案。治理噪声可以从声源上降低噪声、从传播途径上降低噪声和从接收者的防护这三个方面入手，其中，声源控制是噪声控制中最根本和最有效的手段，也是近年来最受重视的手段。判明发声体的发声部位，研究声源的发声机理，限制噪声的发生是根本性措施。

1.4.2.1 声源控制

运转的机械设备和运输工具等是主要噪声源，控制其噪声有两条途径：一是改进结构，提高其中部件的加工精度和装配质量，采用合理的操作方法，以降低声源的噪声发射功率；二是利用声的吸收、反射、干涉等特性，采用吸声、隔声、减振、隔振等技术，以及安装消声器等，以控制声源的噪声辐射。采用不同的噪声控制方法，可以收到不同的降噪效果。如将机械传动部分的普通齿轮改为有弹性轴套的齿轮，可降低噪声 15～20 dB；把铆接改为焊接，把锻打改为摩擦压力加工等，一般可降低噪声 30～40 dB。对几种常见的噪声源采取控制措施的降噪效果如表 1-8 所示。

表 1-8 声源控制降噪效果

声源	控制措施	降噪效果/dB
敲打、撞击	加弹性垫等	10～20
机械转动部件动态不平衡	进行平衡调整	10～20
整机振动	加隔振基座（弹性耦合）	10～25
机器部件振动	使用阻尼材料	3～10
机壳振动	包覆、安装隔声罩	3～30
管道振动	包覆、使用阻尼材料	3～20
电机	安装隔声罩	10～20
烧嘴	安装消声器	10～30
进气、排气	安装消声器	10～30
炉膛、风道共振	用隔板	10～20
摩擦	用润滑剂，提高光洁度，采用弹性耦合	5～10
齿轮啮合	隔声罩	10～20

1.4.2.2 传播途径的控制

传播途径控制的主要措施有：

① 噪声在传播中的能量是随着距离的增加而衰减的，因此使噪声源远离需要安静的地方，可以达到降噪的目的。

② 噪声的辐射一般具有指向性，处在与声源距离相同而方向不同的地方，接收到的声强度也不同。不过多数声源以低频辐射噪声时，指向性很差；随着频率的增加，指向性也会增强。因此控制噪声的传播方向（包括改变声源的发射方向）是降低噪声尤其是降低高频噪声的有效措施。例如，管道出口朝向上空或野外，让噪声释放到人的生活区外。

③ 建立隔声屏障，或利用天然屏障（土坡、山丘）和绿化带的降噪作用，以及利用其他隔声材料和隔声结构来阻挡噪声的传播。

④ 应用吸声材料和吸声结构，将传播中的噪声声能转变为热能等。

⑤ 在城市建设中，采用合理的城市防噪声规划。

此外，对于固体振动产生的噪声可采取隔振和阻尼措施，以减弱噪声的传播。

1.4.2.3 接收者的防护

为了防止噪声对人的危害，可采取下述防护措施：

① 佩戴护耳器，如耳塞、耳罩、防声头盔等。

② 减少在噪声环境中的暴露时间。

③ 根据听力的检测结果，适当调整在噪声环境中的工作人员。人的听觉灵敏度是有差别的。如在 85 dB 的噪声环境中工作，有人会耳聋，有人则不会。可以每年或几年进行一次听力检测，把听力显著降低的人调离噪声环境。

噪声控制方法除了行政和技术措施，人们的道德观念和素质修养也十分重要。任何个人、法人及责任人必须充分考虑噪声污染对他人和公众的不良影响，必须规范自己或团体、单位的声响行为，遵守法规和公共道德规范，避免造成对他人或公众声环境权益的侵犯。

1.4.3 噪声控制的程序与方案选择

1.4.3.1 噪声控制的程序

解决噪声污染问题的一般程序是首先进行现场噪声调查，测量现场的噪声级和噪声频谱；然后根据有关的环境标准确定现场容许的噪声级，并根据现场实测的数值和容许的噪声级之差确定降噪量，进而制订技术上可行、经济上合理的控制方案。

1.4.3.2 控制措施的选择

合理的控制噪声的措施是根据噪声控制费用、噪声容许标准、劳动生产效率等有关因素进行综合分析确定的。在一个车间中，如果噪声源是一台或少数几台机器，而车间里工人较多，一般可采用隔声罩，降噪效果为 10～30 dB；如果车间工人少，最经济有效的方法是用护耳器，降噪效果为 20～40 dB。如果车间里噪声源多而分散，工人又多，一般可采取吸声降噪措施，降噪效果为 3～15 dB；如果工人不多，可用护耳器或者设置供工人操作用的隔声间。机器振动产生的噪声辐射，一般采取减振或隔振措施，降噪效果为 5～25 dB。如果机械运转使厂房的地面或墙壁振动而产生噪声辐射，可采用隔振机座或阻尼措施。

1.5 噪声控制技术的进展

20 世纪 80 年代是“从声源控制噪声”的年代。降低声源的噪声辐射是经济有效地控制噪声的根本途径。通过对声源发声机理和机器设备运行功能的深入研究，研制新型的低噪声设备、改进加工工艺以及加强行政管理均能合理有效地降低环境噪声。我国噪声控制技术起步较晚，改革开放之后的十几年时间里才逐渐重视对噪声污染的控制，但其发展十分迅速。我国对噪声控制技术进行了系统的研究，并且取得了比较显著的成果，如微穿孔板消声器是我国研制的一种新型消声器，在厚度小于 1 mm 的金属薄板穿小孔后与板后的空腔组成共振结构，替代吸声材料。吸声降噪是控制室内噪声常用的技术措施，是通过吸声材料和吸声结构来达到降低噪声的目的。一般情况下，吸声控制能使室内噪声降低 3～5 dB，使噪声污染严重的车间降噪 6～10 dB。在国际上，各大声学材料生产企业都在寻找和开发新型的无机纤维吸声材料和结构，随着人们对健康和环境保护意识的提高，无机纤维吸声材料是未来吸声材料发展的趋势。

近年来，随着人们生活水平的提高，人们对振动控制提出了更高的要求。隔振技术作为振动控制的一个重要分支，越来越受到人们的重视，并在越来越多的方面得到应用。隔振技术分为被动隔振和主动隔振。与被动隔振相比，主动隔振技术具有自适应性好、可对低频振动进行隔离以及重量轻等优点，因而是未来隔振技术的研究热点。目前隔振技术的主要研究领域和应用方向为航天工程、动力工程、精密工程、土木工程和车辆工程。

我国噪声控制技术经过近几十年发展，虽然已取得了显著的成就并且广泛应用于各个领域，但是我们也应看到，噪声控制设备和工程的评价技术尚有很多问题没有解决，应进一步研究现代声学测量技术用于测量评价噪声控制工程和设备，并发展为标准的方法，特别是应发展一些噪声控制设备现场的测量评价方法，如现场隔声测量方法、现场吸声测量方法；进一步研究噪声控制设备的单一评价指数，目前除隔声构件的单一评价比指数比较成熟外，其他噪声控制设备的单一评价指数均不成熟；实验室方法和现场测量方法的相关性、影响测量不确定的主要因素方面的研究尚且不足，进而影响了这些方法测量结果的可比性和实际应用、影响了噪声控制工程和噪声控制设备的低频噪声效果评价等。

此外，还应进一步完善和统一有关噪声控制设备的测量评价标准，努力等效采用相关国际标准，促进噪声控制产品的国际贸易和交流；在环境噪声和工业噪声领域，明确采用噪声暴露、噪声照射、噪声发射的概念，以避免在一些评价工作中的概念混淆。随着噪声控制技术的进步和噪声控制工程经验的积累，噪声源的分析和识别技术的发展以及声学材料的标准化、系列化使更多的人能够直接进行噪声控制工程的设计。我国已经颁布了一系列有关噪声控制设备的测量方法和评价的标准，但还不够完善，我国噪声控制设备及其产业与国际先进水平仍有较大差距：技术含量高的产品少、工艺装备落后、缺少专用生产设备、不具备规模化生产的能力、缺少噪声控制设备的质量检测仪和设备等，未来应在这些方面作出努力。目前我国噪声与振动控制行业的总体技术热点仍集中在铁路、公路交通和城市轨道交通噪声与振动控制，电力行业发电厂和输变电网站噪声控制，冶金、建材、化工行业噪声与振动控制工程，城市环境噪声在线监测与综合控制，建筑声学处理与噪声控制，以及新型声学材料的研发等方面。

近年来，我国噪声污染控制行业的总体技术进展主要表现在如下几个方面。

（1）超微孔板吸声材料开发与应用成为热点

随着材料工业的技术进步，各类新型声学材料的研发和应用层出不穷。“耐候、安全”型和“宽频、复合”型声学材料（包括超微孔板、泡沫铝、铝纤维、砂岩板等）都得到广泛关注和大量应用。其中基于中国声学泰斗马大猷院士主创的微孔板吸声消声机理而深度开发的拆微孔板、微狭缝板新型吸声体，不仅较好地弥补了普通微穿孔板窄带共振吸声的诸多不足，还提升了低频段的降噪效果。中国人民解放军 96531 部队第二炮兵工程设计研究院在大量工程实践的基础上编制了国家建筑标准设计图集《微缝板消声器选用与制作——选用部分》（统一编号 GJBT-1309，图集号 14SK116-3），并于 2015 年 1 月 1 日开始实施，为该技术的推广应用做出了突出贡献，达到了国际领先水平。

（2）阵列式消声器示范技术得到推广

由深圳中雅机电实业有限公司方庆川、李青共同研发的“阵列式消声器”专利技术（专利号：ZL 200810066387.5），其典型特征就是由规格一致的方形柱状吸声单元和框架支撑结构组成，吸声单元布局可以在消声器的宽度和高度上自由调整。在保证同样降噪效果的情况下，阵列式消声器可以具有比传统片式消声器更小的体积或更大的气流流通面积，能更好地适应复杂气流流场以获得更小的阻力损失和气流再生噪声，从而降低了风机系统的能耗和运行成本。除具备性能上的优势之外，阵列式消声器还具有生产效率高、单体搬运轻巧方便、储运成本低、安装方便灵活、降低劳动强度、提高工作效率、可方便构成检修通道等独特优势。该技术已在地铁隧道通风口消声、燃机进风口消声和电站大型冷却塔消声工程中得到广泛应用，并连年入选《国家先进污染防治示范技术名录》，得到业界高度认可。深圳中雅机电实业有限公司、上海新华净环保工程有限公司、北京万讯达声学设备有限公司联合起草了《阵列式消声器技术要求》（T/CAEPI 17—2019），推动了技术进步和标准化、产业化推广应用，为提升噪声控制行业的技术创新能力和相关产品质量的稳定性、推动环保产业的健康发展和建设环境友好型社会做出贡献。

（3）噪声与振动控制产品结构更趋合理

随着噪声控制技术应用领域的不断扩大，单纯依靠一种降噪技术解决噪声问题已不可能。多种降噪技术如吸声技术、隔声技术、消声技术及隔振技术综合应用于降噪项目成为主导趋势，多学科相互交叉也成为噪声控制技术的新特点。根据应用场合和客户需求，噪声控制工程设计除要考虑声学性能以外，还要综合考虑热力学、流体力学、结构力学、美学等多学科要求。目前，噪声控制产品已发展成包括消声系列、吸声系列、隔声系列、隔振系列在内的四大门类，高、中、低不同档次的，品种、规格和功能齐全的产品体系，可以为多元化的降噪领域提供多种选择。在交通噪声污染治理方面，我国在公路、铁路两侧建立的不同形式、不同材质、不同结构的声屏障已遍布各大城市主要交通干道，在声屏障的设计、制造、安装等方面积累了一定的经验；尤其是抵御脉动风压结构性能的高速铁路声屏障和具有更好耐候性的全玻璃钢材质声屏障等代表性产品，已成为行业内外的标志性产品。目前行业已有多项声屏障性能测试、产品检验和设计规范，以及多套声屏障标准图集，使声屏障的设计安装有章可循。另外，以隔声窗为重点的临街建筑噪声防护技术、产品以及降噪工程也取得了较大进展。

（4）噪声与振动控制主流产品性能和质量不断提升

环保产业政策的发布和贯彻实施，以及新修订并颁布的一系列环保产品技术标准和技术规范、环保法规，包括各类消声器、吸声材料、阻尼材料、隔声门窗、隔声罩等，虽然还不尽完善，但已经发挥了作用，极大地促进和推动了降噪材料和设备在性能和质量上的提升，部分知名品牌甚至达到或超过了国外同类产品水平。噪声与振动控制设备的专业质量检测机构也已通过国家相关部门的认证，为噪声与振动控制设备的质量控制和产品认证创造了条件。一些具有一定规模的噪声控制设备生产企业已取得 ISO 9000、ISO 14000 认证，建立了噪声控制设备与产品的技术和质量保证体系。以上均为噪声控制设备与产品打入国际市场创造了条件。

（5）噪声与振动控制从业单位技术装备水平普遍提高

近年来，我国在吸收国外先进应用技术的基础上，编制了消声装置安装施工方法、隔声设备安装施工方法、吸声设备安装施工方法等应用技术规范，促进了噪声与振动控制从业单位技术水平的普遍提高；部分企业通过设备引进和技术改造，降噪设备和材料生产线的装备水平也在不断提升。已形成一批系列化和标准化的通用噪声控制设备，其品种、型号和性能不但有了一定的改进和提高，设备的工装工艺水平也有了一定的进步。特别是汽车和一些机械设备上应用的消声器、隔振器等部分配套噪声与振动控制产品，已经形成自动化和集成化的生产能力，基本实现了规模化生产，产品性能已达到国际同类产品水平，有些产品已取得国际认证。例如，有的汽车消声器企业生产能力达到年产 10 万套以上，产值数亿元。全国的汽车消声器产值已达到 10 多亿元。部分噪声与振动控制从业企业与业主单位、研究设计单位合作，研发我国具有自主知识产权的高科技产品，以替代国外进口产品，可为国家节约大量工程投资。

（6）城市环境噪声在线监测的改进和提高

随着计算机技术与电子技术的快速发展，噪声测试仪器和设备在性能上得到极大的提高，使得一些噪声理论分析成为可能，在国内声学行业快速发展的过程中，国际上最先进的高性能测试仪器、设备、分析技术已全面进入我国市场。我国现已发布了数十项有关噪声的测量方法、评价标准和应用规范，促进了噪声测试与分析技术与国际水平的同步发展。

【习题】

1．举一些声音与人类生产活动密切相关的例子，说明声音对人类生存和发展的作用。

2．如何理解噪声定义的主观性和客观性？

3．我国的环境噪声污染现状如何？

4．环境噪声分为哪几类？举例说明城市噪声污染的主要来源是什么？

5．噪声污染的危害有哪些？

6．什么是白噪声？它有何作用？

7．举例说明在你周围所遇到的噪声污染问题，你认为这些问题应如何解决？

8．你是否有在高噪声和近于无声环境下的体验？感觉如何？这些环境对你的情绪有什么影响？

9．噪声控制的基本原则是什么？主要技术措施有哪些？

10．简述我国噪声污染控制技术的研究进展。

第 2 章　噪声控制的声学基础

【本章导读】

本章要求掌握振动和声波的基本特性；掌握描述声波的基本物理量及其关系；理解声波的频谱特性；理解声波的叠加原理；掌握级的概念与分贝的计算；熟悉声波传播的一般规律及声波在传播中的衰减规律。

2.1　振动和声波

声音是一种波动。波动和振动是密切相关的运动形式，振动是波动产生的根源，弹性媒质是振动传播的客观条件，波动是振动的传播过程，波动也是能量的传播过程。

2.1.1　振动的概念

在我们的生活中，振动现象是无处不在的。世界上所有的物质都在运动，运动的方式千姿百态，而振动就是物体运动的一种十分重要和特殊的形式。物体在振动过程中，某些物理量（如位移、速度、加速度、电流、压力等）时大时小，发生周期性变化。例如，钟摆的周期性摆动、汽车在凹凸不平的路面上行驶时受到路面不断激励所发生的振动、高层建筑在风力作用下发生摇摆振动等。

狭义的振动指机械振动，即力学系统中的振动。机械振动是物体经过平衡位置所做的往复周期性运动，它是物质运动的一种基本形式，是生活中常遇到的一种物理现象。如打鼓时鼓面的振动、说话时声带的振动等。

2.1.1.1 自由振动

最简单的机械振动是弹簧振子所做的自由振动。在一个水平、光滑的桌面上，放置一个弹簧振动系统，弹簧的一端固定，另一端连着一个质量为 m 的物体，该物体称为弹簧振子（图 2-1）。

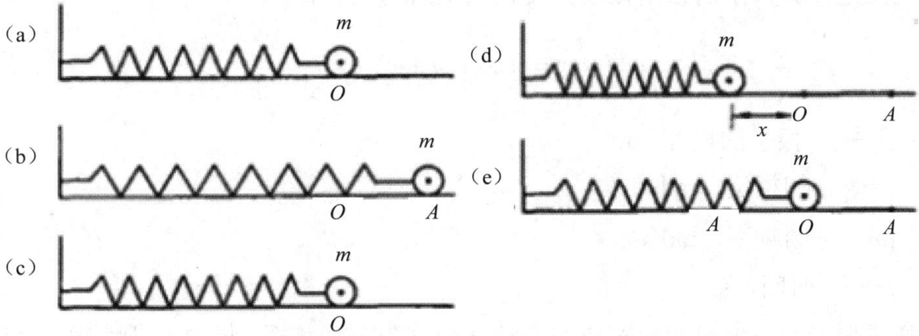

图 2-1 弹簧振子

假定弹簧的质量不计，振子只能在水平桌面上沿弹簧的轴向做直线运动，且不考虑振子与桌面之间的摩擦力和其他阻力。当振子没有受到拉力或推力时，处于相对静止状态，此时振子所处的位置称为中心位置或平衡位置，以 O 表示。当振子受到一个沿弹簧轴向的力，如为拉力时，弹簧将被拉长，由此产生一个指向平衡位置的弹性回复力作用在振子上。在弹簧的弹性限度内，弹簧的形变越大，弹性回复力越大。根据胡克定律，弹性回复力 F 为

$$F=-kx \tag{2-1}$$

式中：k—— 弹簧的倔强系数，N/m；

x—— 振子位移，m。

撤除外力后，振子将在弹性回复力的作用下，以平衡位置为中心做往复运动，这就是振动。因为已设定不考虑摩擦力和阻力，弹簧振子的振动将会不断地进行下去，这就是弹簧振子的自由振动过程。

令振子的质量为 m，根据牛顿第二定律可得

$$m\frac{\mathrm{d}^2x}{\mathrm{d}t^2}=-kx$$

或

$$\frac{\mathrm{d}^2x}{\mathrm{d}t^2}+\frac{k}{m}x=0 \tag{2-2}$$

这就是弹簧振子的自由振动方程，它的解可写作：

$$x=A\cos(\omega t+\varphi) \tag{2-3}$$

式中：A —— 振子的振幅，m；

φ ——初相位，rad；

ω ——圆频率，rad/s；

t —— 时间，s。

弹簧振子在单位时间内完成的振动次数称为振动频率，记为 f，圆频率是振子在 2πs 内振动的次数，它们的关系是

$$\omega=2\pi f \tag{2-4}$$

将式（2-3）代入式（2-2），得

$$\omega=\sqrt{\frac{k}{m}} \tag{2-5}$$

式中：k —— 弹簧的倔强系数，N/m；

m —— 振子质量，kg。

2.1.1.2 固有频率

自由振动也叫固有振动。物体做固有振动时的频率叫固有频率，固有频率的大小由振动物体的质量和弹性决定，由式（2-4）和式（2-5）可知

$$f=\frac{1}{2\pi}\sqrt{\frac{k}{m}} \tag{2-6}$$

由于摩擦和阻尼总是存在的，它将使振动物体最初获得的能量不断消耗，振动趋于停止。若将振动持续下去，就必须不断向振动系统补充能量，即持续地对振动物体施加周期性的外力，或称策动力。在策动力的作用下发生的振动称为受

迫振动。受迫振动的频率与策动力的频率相同。当策动力的频率与振动物体的固有频率接近或相等时，受迫振动的振幅急剧增大，这种特殊的现象称为共振。共振时消耗的能量最多。

在噪声控制工程中，常利用共振消声的原理来消除低频噪声。

2.1.2　声波与声场

2.1.2.1　声源

（1）声源的概念

在人类生存的环境中，存在各种各样的声音，尽管这些声音听起来音调不同，但它们都有一个共同点，即所有声音都来源于物体的振动。如讲话的声音来源于人声带的振动，机器发出的声音来源于机器部件的振动，笛子发出的声音来源于笛膜的振动。这些振动的物体通常被称为声源。声源不一定是固体，液体和气体同样会由于振动而发声，如海浪声、汽笛声。物体的机械振动是声音产生的根源。

（2）声源的类型

① 点声源。亦称“球面声源”或“简单声源”，为机械声源中最基本的辐射体。在自由场条件下，声源几何尺寸比声波波长小得多或传播距离小很多，并且声源的指向性不强时，可以把此声源近似作为点声源。例如，开动的单台机械装置，田野中的收割机等远场分析时可作为点声源。点声源辐射的声波以声源为中心按近似球面波的方式向外辐射。

② 线声源。亦称“柱面声源”。由一线状或由无数互不相干的点声源组成的线状声源，在自由声场条件下，其辐射声能均匀分布于以线源为轴心的圆柱面上，均可视为线声源。如铁路轨道、车流量很大的交通干线等。

③ 面声源。具有辐射声能本领的平面声源，平面上辐射声能的作用处处相等。通常是指尺寸为一个长方形的声源。

几种声源类型如图 2-2 所示。

从理论上来讲，当一个声源的各方面尺寸相对于声源至接收点的距离都很大时，我们也把该声源称为体声源。

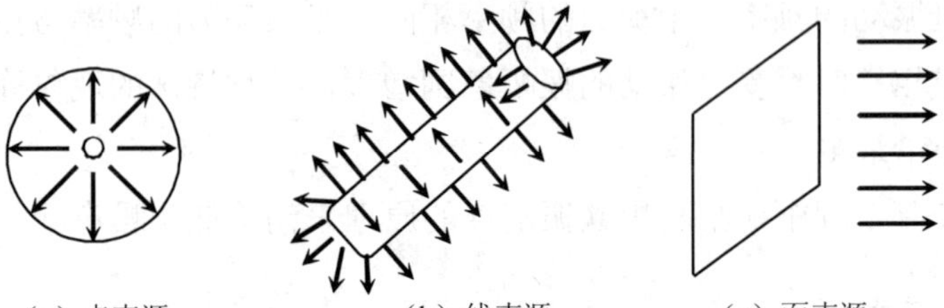

图 2-2　声源的类型

2.1.2.2　声波的形成

声源发声后必须通过弹性介质才能向外传播。空气是人们最熟悉的传声媒质。例如，在空气中人们可以听到声音，而在真空中却听不到。声波正是依靠介质的分子振动向外传播声能，所以声音是一种波动。介质分子的振动传到人耳时，引起鼓膜的振动，通过听觉机构"翻译"，并发出信号，刺激听觉神经而产生声音的感觉。以敲鼓时听到鼓声为例（图 2-3），当敲打鼓面时，鼓面在原来静止位置的附近来回振动，带动了与其相邻近的空气质点，使空气质点产生压缩或膨胀运动。由于空气分子间有一定的弹性，这一局部区域的压缩或膨胀又会影响和促使下一邻近空气质点发生压缩运动或膨胀运动。这样，由于声源的振动，使得媒质中出现稠密和稀疏状态的交替变化，声波的传播实际也就是这种疏密相间的状态的传播。因此，由近及远相互影响，就把鼓面的振动以一定的速度借助媒质向各个方向传播出去（图 2-4）。这种向前推进的空气振动就是声波。

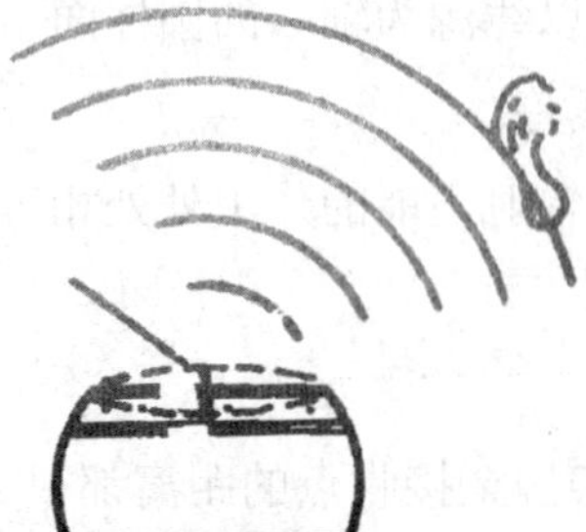

图 2-3　鼓面振动产生的声波

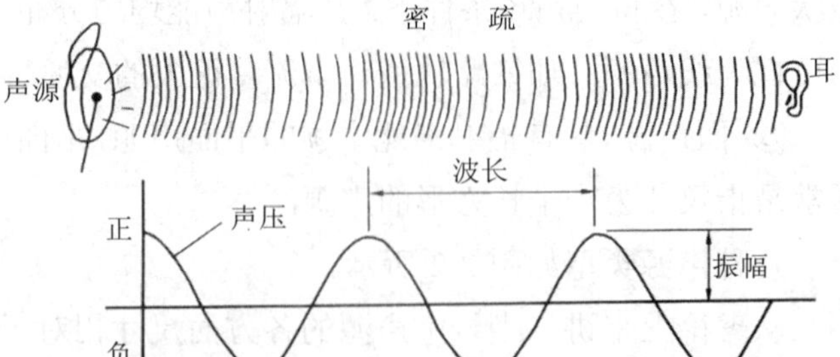

图 2-4　空气中声波的压缩和膨胀

当声源在媒质中振动时，必须依靠媒质的弹性和惯性才能将这种振动传播出去。因此，媒质的弹性和惯性是传播声音的必要条件。

声波不仅可以在空气中传播，还可以在液体和固体等弹性媒质中传播。声波在上述媒质中传播，相应地被称为空气声、液体声和固体声。应当注意的是，声音在媒质中的传播，只是媒质振动的传播过程，媒质本身并没有向前移动，它只是在平衡位置来回振动，传播出去的是物质的运动形式，这种运动形式称为波动。声音是振动的传播，这种传播过程是一种机械性质的波动，因此，声音也称为声波。

在声波的传播过程中，当质点振动方向与波传播方向一致时称为纵波，而当质点振动方向与波传播方向垂直时称为横波，如绳子上下振动而形成的波即为横波。声波在固体介质中既可以以横波形式传播，也可以以横波和纵波并存的形式传播，而在液体和气体中声波只能以纵波形式传播。

2.1.2.3　声波的类型

根据声波传播时波阵面形状的不同可以将声波分成平面声波、球面声波和柱面声波（图 2-5）。

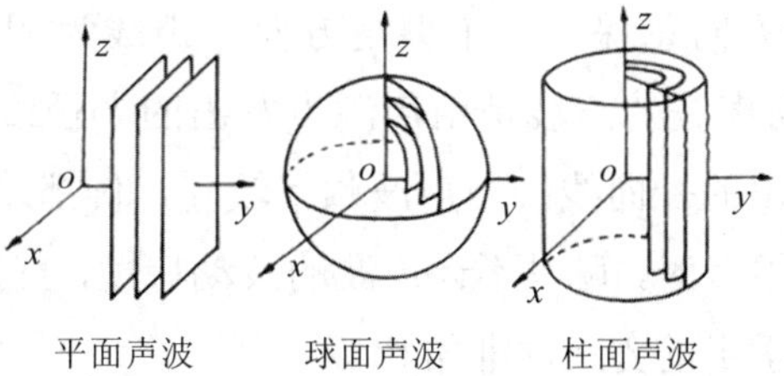

图 2-5　声波类型

（1）平面声波

空间同一时刻相位相同的各点的轨迹曲线称为波阵面。当声波的波阵面是垂直于传播方向的一系列平面时，称其为平面声波。如将振动活塞置于均匀直管的始端，管道的另一端伸向无限远，当活塞在平衡位置附近做小振幅的往复运动时，在管内同一截面上的各质点将同时受到压缩或扩张，具有相同的振幅和相位，产生的波即为平面声波。声波传播时处于最前沿的波阵面称为波前。一般来讲，可以将各种远离声源的声波近似地看成平面声波。

（2）球面声波

当声源的几何尺寸比声波波长小得多时，或者测量点离开声源相当远时，则可以把声源看成一个点，称为点声源。在各向同性的均匀媒质中，从一个表面同步胀缩的点声源发出的声波是球面声波，也就是在以声源点为球心，以任何值为半径的球面上声波的相位相同。球面声波的一个重要特点是，振幅随传播距离的增加而减小，二者成反比关系。

（3）柱面声波

如果声源在一个尺度上特别长，例如繁忙的公路、比较长的运输线，都可以看成是线声源。这类声源形成的声波波阵面是一系列同心圆柱，这种波阵面是同轴圆柱面的声波称为柱面声波。直线线声源的波阵面是圆柱面或半圆柱面。

2.1.2.4 声线

声线也称为声射线，是自声源发出的代表能量传播方向的直线，在各向同性的媒质中，声线就是代表波的传播方向且处处与波阵面垂直的直线。声线和波阵面都可以用来描绘声波的传播。

平面声波的传播方向总保持一个恒定方向，声线为相互平行的一系列直线（图 2-6）。简单的球面声波的声线是由声源点发出的半径线（图 2-7）。柱面声波的声线是由线声源发出的径向线。当声波频率较高，传播途径中遇到的物体的几何尺寸比声波波长大很多时，可以不计声波的波动特性，直接用声线来加以处理，其分析方法与几何光学中的光线法非常相似。

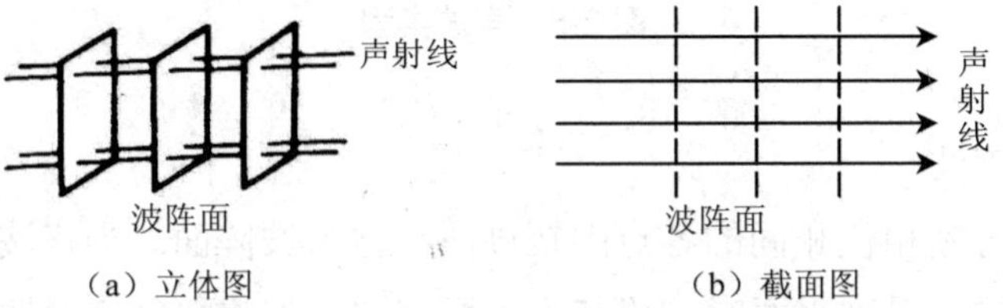

图 2-6 平面声波的声射线和波阵面

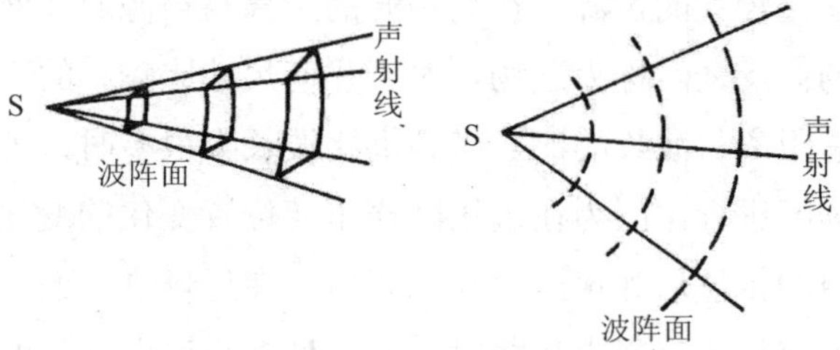

（a）立体图　　（b）截面图

图 2-7　球面声波的声射线和波阵面

2.1.2.5　*声场*

声波传播的范围非常广泛，我们把声波影响所及的范围称为声场。如果声场所处的媒质是均匀的，而且没有反射面，若声场不受边界的影响，或者声场的边界在无穷远处，这时的声场称为自由声场。实际上，理想的自由声场是不存在的，因为人们生活的空间总是存在边界的。当边界的影响小到可以忽略不计时，可以近似地认为该声场为自由声场，如在声学研究中人工建立的全消声室，房间四周布满吸声系数接近 1 的吸声材料，墙壁的反射几乎可以忽略，可以认为是自由声场。如果所处的范围较大，反射面上方不存在边界的影响，各种反射可以忽略，只剩地面的反射，则称其为半自由声场。在一般情况下，距离声源较远或反射影响可以忽略不计时，均可将声场近似为自由声场或半自由声场，如露天场所可以看作是半自由声场。为了准确地研究声学现象，人们建造了半消声室，即地面不铺吸声材料，采用全反射地面，其他部分则和全消声室相同（图 2-8）。

图 2-8　全消声室和半消声室

对于辐射表面比较大的声源，在离声源的距离与声源的几何尺寸可以比拟的范围内，称为近场；反之，称为远场。对于几何尺寸比较小的声源，除声场的远近以外，还应考虑距离与波长的比，当距离比波长大很多时，可看作远场。一般声学测量都在远场区进行，因为在近场区声压随位置变化的变化很大，变化规律也很复杂，很难用测得值估计声压值和声强值。在近场进行的声学测试必须加以说明。声波在室内等封闭空间内传播时，存在许多反射面，声波经过壁面和室内物体多次反射，不断改变传播方向，使室内声的传播完全处于无规律状态。如果在室内任何一点，各个方向传来的声波几率相等，声音的相位无规，则称这个声场是足够扩散的，又称为混响声场。室内声场，特别是混响声场的声场特性和自由声场完全不同。

2.2 描述声波的物理量及计算

2.2.1 声波的描述与量度

2.2.1.1 频率与周期

声音听起来有的低沉，有的尖锐，发出低沉音的音调低，发出尖锐音的音调高。音调就是人耳对声音的主观感受。实验证明，音调的高低主要是由声源振动的频率所决定的。由于振动的频率在传播过程中是不变的，所以声波的频率指的就是声源振动的频率。

声源完成一次完整振动所经历的时间称为周期，用 T 表示，单位是秒（s）。1 s 内完成的全振动的次数称为频率，用 f 表示，单位是赫兹（Hz），它与周期互为倒数，即

$$f = 1/T \tag{2-7}$$

发声体每秒振动的次数越多，即频率越高，表现为声音的音调也越高，给人的感觉是声音较为尖锐。反之，频率低的声音，音调低，听起来就较为低沉。如 C 调的“1”的频率是 256 Hz，而高八度的“1”的频率是 512 Hz。又如男子与女子的声音，一般听起来前者比后者音调低，这是因为男子的语言基频是 140 Hz，而女子的语言基频是 280 Hz。

事实上，所有发声体的振动都是比较复杂的，除基频外，还包括许多与基频成整数倍数的较高频率的泛音，也称为阶音或谐频音。

2.2.1.2　波长与声速

物体或空气分子每完成一次往复运动或疏密相间运动所经过的距离称为波长，用符号 λ 表示，单位是米（m）。波长是由声波的频率所决定的，频率高，波长短；频率低，波长长。例如，在常温的空气中，当频率为 125 Hz 时，波长约为 2.72 m；当频率为 500 Hz 时，波长约为 0.68 m；当频率为 2 000 Hz 时，波长仅为 0.17 m 左右。

振动每秒钟在媒质中传播的距离叫作声波传播速度，简称声速，用符号 c 表示，单位是 m/s。声音在不同介质中的传播速度是不同的，在标准大气压下，0℃的空气中声音的传播速度是 331.4 m/s。空气温度越高，声速越大，温度每增加 1 ℃，声速约增加 0.607 m/s。

当空气温度 t 在–30～30℃时，声速与温度的关系一般可用式（2-8a）表示：

$$c = c_0 + 0.607t \tag{2-8a}$$

而当空气温度 t 高于 30℃或低于–30℃时，声速与温度的关系一般可用式（2-8b）表示：

$$c = 20.05\sqrt{t + 273.15} \tag{2-8b}$$

式中：c_0—— 标准大气压下，0℃时的声速，c_0=331.4 m/s；

t—— 空气温度，℃，t+273.15 是为了将摄氏温度转化为绝对温度（开尔文温度）。

声音在固体中传播的速度最快，其次是在液体中，再次是在气体中。如水中的声速是 1 450 m/s，在钢铁中的声速约为 5 000 m/s，因此，将耳朵贴近铁轨时能听到较远处开动着的火车声。但也有例外，如橡胶中的声速可能每秒只有几十米，可见声速的大小取决于传播介质的性质，而与声源频率及强度无关。表 2-1 列出了一些媒质的声速、密度和声阻抗率（声特性阻抗，简称为声阻）。

表 2-1 一些媒质的声速、密度和声阻抗率

媒质名称	温度 t/℃	密度 ρ/（kg/m^3）	声速 c/（m/s）	声阻抗率/（$kg/m^2 \cdot s$）
空气	20	1.205	344	410
水	20	1 000	1 450	1.45×10^6
玻璃	20	2 500	5 200	1.38×10^7
铝	20	2 700	5 100	1.30×10^7
钢	20	7 800	5 000	3.90×10^7
铅	20	11 400	1 200	1.37×10^7
木材		500	2 400	1.45×10^6
橡胶		1 000～2 000	40～500	（0.04～1）$\times 10^6$
混凝土		2 600	4 000～5 000	1.3×10^7
砖		1 800	2 000～4 300	6.5×10^6
石油		700	1 330	9.3×10^6

根据频率、波长和声速的定义，它们之间有如下关系：

$$c = f\lambda \tag{2-9}$$

2.2.1.3 声功率和声强

声波作为一种波动形式，将声源的能量向空间辐射，人们可用能量来表示它的强弱。声源在单位时间内发射的总能量称为声功率，记为 W，单位为瓦（W）。声源稳定发声时，其声功率是一个恒量。

一般声音的声功率都非常低，例如，一个人平常讲话的声功率是 40 μW，当这个人使劲喊时，可以喊到 1 mW。我国的京剧演员李多奎，当他使劲唱“黑头”时，其声功率是 100 mW。然而，有的机器的噪声又相当大。一个大型火箭在发射的时候，其声功率是 1×10^5 kW。也就是说，一个大型火箭所发出的噪声的能量可以用来开动一架喷气式飞机。（发动一架喷气式客机可能需要 10^7 W 的能量）

值得注意的是，声源的声功率与设备的实际消耗功率是两个完全不同的概念。例如，一般大型鼓风机其实际消耗功率为 500 kW，而它发出巨大噪声的声功率一

般还不到 100 W，只相当于鼓风机实际消耗功率的 1/5 000。

声强是衡量声波在传播过程中声音强弱的物理量。声场中某一点的声强，即在单位时间内，垂直于声波传播方向的单位面积上所通过的声能，记为 I，单位是 W/m^2。

$$I = W / S \tag{2-10}$$

式中：W—— 声功率，W；

S—— 声能所通过的面积，m^2。

在无反射声波的自由声场中，点声源发出的球面波，均匀地向四周辐射声能。因此，距声源中心为 r 的球面上的声强为

$$I = \frac{W}{4\pi r^2} \tag{2-11}$$

因此，对于球面波，声强与点声源的声功率成正比，而与到声源的距离平方成反比。对于平面波，声线互相平行，同一束声线通过与声源距离不同的表面时，声能没有聚集或离散，即与距离无关，所以声强不变。指向性极强的大型扬声器就是利用这一原理进行设计的，其声音可传播几十米远。

2.2.1.4　瞬时声压和有效声压

当声波在空气中传播时，会形成弹性媒质（空气）的疏密相间的状态，当媒质密集时，这部分的空气压强 P 会比平衡状态下的静态压强 P_0 大；当媒质稀疏时，这部分的空气压强 P 会比平衡状态下的静态压强 P_0 小，即在声波的传播过程中，空气压强随着声波作周期性变化。因此可以用声扰动在空气中所产生的逾量压强 p 来表示声波的状态：$p = P - P_0$，这个逾量压强 p 称为该点的瞬时声压，单位是帕[斯卡]（Pa）。

声音传入人耳时，由于声波频率较高，耳膜又具有惯性，所以人耳分辨不出声压的起伏，感觉到的只是一个稳定的声压值，故定义这个稳定的声压值为有效声压，用 p_e 表示，计算方法是用瞬时声压对时间取均方根值，即

$$p_e = \sqrt{\frac{1}{t}\int_0^t p^2 \mathrm{d}t} \tag{2-12}$$

当时间 t 足够长或是周期的整数倍时，经积分和开方得

$$p_e = \frac{p_A}{\sqrt{2}} \tag{2-13}$$

式中：p_A——声压幅值，Pa；

由于人耳感觉到的以及声学仪器测量到的声压都是有效声压，在实际运用和以后章节中若没有另加说明，声压 p 即指有效声压，通常省去下角标“e”。

正常人的耳朵刚刚能够听到声音的声压值是 2×10^{-5} Pa，称为听阈声压。使人耳产生疼痛感觉的声压是 20 Pa，称为痛阈声压。

声压与声强有着密切的关系。在自由声场中，某处的声强与该处声压的平方成正比，而与介质密度与声速的乘积成反比，即

$$I = \frac{p^2}{\rho_0 c} \tag{2-14}$$

式中：P —— 有效声压，Pa；

ρ_0 —— 空气密度，kg/m^3；

c —— 空气中的声速，m/s。

2.2.1.5 声能密度和声阻抗率

声波的波动现象是媒质质点在平衡位置振动，同时在媒质中产生压缩和膨胀的过程。媒质质点的振动具有动能 E_k，媒质的形变具有势能 E_p，这两种能量之和就是声能，是媒质所获得的总能量。设媒质总体积为 V_0，则平均声能密度 $\overline{D}$ 为单位体积具有的平均动能和平均势能之和，则有

$$\overline{D} = \frac{\overline{E_k} + \overline{E_p}}{V_0} = \frac{p^2}{\rho_0 c^2} \tag{2-15}$$

声阻抗率 Z_s 也称为声特性阻抗，定义为

$$Z_s = \frac{p}{u} = \rho_0 c \tag{2-16}$$

式中：u —— 空气中质点振动的速度，m/s。

声阻抗率的单位是 Pa·s/m，声阻抗率与声波频率等无关，只与媒质密度和声速有关，是媒质固有的一个常数。

2.2.2 声波的频谱特性

2.2.2.1 频程

人们在日常生活中接触到各种各样的声音，如乐声、交通噪声、建筑施工噪声、机械设备噪声等，它们都是许多不同频率、不同强度的纯音复合而成的。为采取有效的噪声控制措施，了解分析噪声源所发出的噪声频率特性是十分必要的。

可听声频率为 20 Hz～20 kHz，为研究和实用上的需要，在声学学科中，把声频范围划分为若干个小区间，称其为频程，也称为频带或频段。

实测表明，两个不同频率的声音作相对比较时，有决定意义的是两个频率的比值，而不是其差值。如音乐中的低音“6”的基音频是 220 Hz，中音“6”是 440 Hz，高音“6”是 880 Hz，给人的感觉是中音“6”的音调比低音“6”提高 1 倍，高音“6”又较中音“6”提高 1 倍，称中音“6”和低音“6”相差 1 倍频程，高音“6”和低音“6”相差 2 倍频程。

当某一频程的下限频率用 f_1 表示，上限频率用 f_2 表示，彼此之间有如下关系：

$$f_2 / f_1 = 2^n \tag{2-17}$$

式中：n——倍频程数，当 n =1 时，称为 1 倍频程，简称倍频程；当 n =1/3 时，称为 1/3 倍频程。

由此可以看出，按倍频程均匀划分频率区间，相当于对频率按对数关系加以标度。由 f_1 到 f_2 称为一个频程，每频程用一个中心频率 f_0 表示，f_0 为各倍频程上、下限频率的几何平均值。

$$f_0 = \sqrt{f_1 f_2} \tag{2-18}$$

根据式（2-17）、式（2-18）可得

$$f_1 = f_0 / \sqrt{2^n} \tag{2-19}$$

$$f_2 = \sqrt{2^n} f_0 \tag{2-20}$$

如果定义$\Delta f = f_2 - f_1$为绝对频程宽度，则

$$\Delta f = \left(\sqrt{2^n} - \frac{1}{\sqrt{2^n}}\right) f_0 \tag{2-21}$$

对 1/3 倍频程也可参照上述方法推导出上、下限频率与其中心频率之间的关系，同样也可以得出频程宽度与中心频率之间关系的计算公式，这里不再列出。

ISO 规定的 1 倍频程和 1/3 倍频程的上、下限频率和中心频率数值见表 2-2，其中上、下限频率是按照它们与中心频率之间的关系计算后略做修改得到的。

表 2-2　1 倍频程和 1/3 倍频程的上、下限频率和中心频率数值

1 倍频程			1/3 倍频程		
下限频率	中心频率	上限频率	下限频率	中心频率	上限频率
11	16	22	14.1	16	17.8
			17.8	20	22.4
			22.4	25	28.2
22	31.5	44	28.2	31.5	35.5
			35.5	40	44.7
			44.7	50	56.2
44	63	88	56.2	63	70.8
			70.8	80	89.1
			89.1	100	112
88	125	177	112	125	141
			141	160	178
			178	200	224
177	250	355	224	250	282
			282	315	355
			355	400	447
355	500	710	447	500	562
			562	630	708
			708	800	891
710	1 000	1 420	891	1 000	1 122
			1 122	1 250	1 413
			1 413	1 600	1 778
1 420	2 000	2 840	1 778	2 000	2 239
			2 239	2 500	2 818
			2 818	3 150	3 548

1 倍频程			1/3 倍频程		
下限频率	中心频率	上限频率	下限频率	中心频率	上限频率
2 840	4 000	5 680	3 548	4 000	4 467
			4 467	5 000	5 623
			5 623	6 300	7 079
5 680	8 000	11 360	7 079	8 000	8 913
			8 913	10 000	12 200
			12 200	12 600	14 130
11 360	16 000	22 720	14 130	16 000	17 780
			17 780	20 000	22 390
			22 390	25 000	28 200

由于人耳对 31.5 Hz（接近次声）和 16 kHz（接近超声）这两个频带声音不敏感，因此，在实际噪声控制工程中，一般只选用中心频率为 63 Hz～8 kHz 的 8 个 1 倍频程进行分析。

2.2.2.2　频谱与频谱分析

声音的频率成分常常是很复杂的，为了较详细地了解声音成分的分布范围和性质，通常对一个噪声源发出的声音，将它的声压级、声强级或声功率级按频率顺序展开，使噪声的强度成为频率的函数，并考察其频谱的形状与特点，这就是频谱分析，也称频率分析。通常以频率为横坐标，声压级、声强级或声功率级为纵坐标（实际工作中多采用声压级），绘制出用来描述频率与噪声强度的关系图，这种图称为频谱图。声音的频谱图形状各异，大体上可分为三类（图 2-9）。

在图 2-9 中，线状谱是由一些离散频率成分形成的谱，在频谱图上是一系列竖直线段，一些乐器（如提琴、笛子等）发出的声音属于线状谱，其中频率最低的成分就是基音，其他频率较高的成分称为泛音，泛音为基音的整数倍，泛音的多少和强弱影响声音的音色。根据不同的音色，可以分辨出不同个体的口音和不同的乐器音。例如，双簧管和提琴，即使它们的基音相同也很容易区别开来，原因就是这两种乐器具有不同的泛音，因而造成了不同的音色。泛音越多，声音越感到丰美动听。同一把胡琴，初学者不如熟练者演奏得动听，就是因为熟练者能控制泛音的多少，使琴音柔和饱满。而工业上的噪声往往是由许多个基音和泛音组成的，并且其频率、强度、波形都杂乱无章，故而听起来让人心烦。

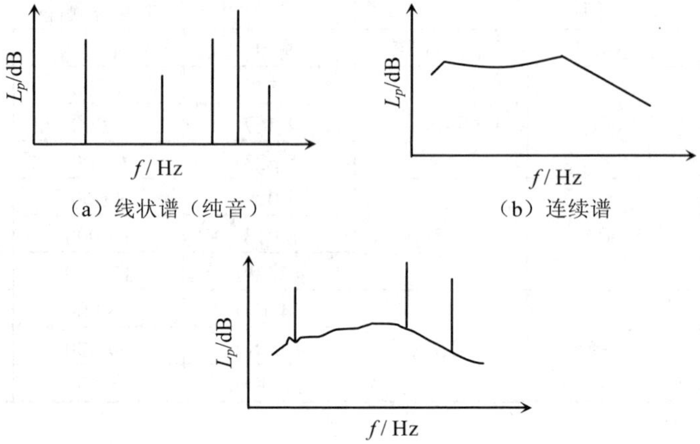

（a）线状谱（纯音）　　（b）连续谱

（c）复合谱

图 2-9　几种典型的声音频谱

连续谱是一定频率范围内含有连续频率成分的谱，在频谱图上是一条连续曲线，大部分噪声属于连续谱，称为无调噪声。

复合谱是由连续频率成分和离散频率成分组成的谱，有些噪声源如鼓风机、车床、空调机、发电机等产生的频谱中既有线状谱又有连续谱成分，这种噪声听起来有明显的音调，故称有调噪声。

在噪声控制中，对连续谱的噪声，一般是用 1 倍频程或 1/3 倍频程中心频率为横坐标，声压级为纵坐标，绘制出折线来表示噪声的频谱。如 FBCDZ-8-No.26 型煤矿地面用防爆抽出式对旋轴流风机，额定风量 5 540～11 800 m^3/min，风压 850～4 300 Pa，在距风机表面 1 m 处测得的噪声声压级如表 2-3 所示，绘制的频谱如图 2-10 所示。

表 2-3　FBCDZ-8-No.26 型轴流风机 1 倍频程声压级

中心频率/Hz	63	125	250	500	1 000	2 000	4 000	8 000
声压级/dB	82.7	87.5	97.1	93.3	85.3	77.4	72.7	66.9

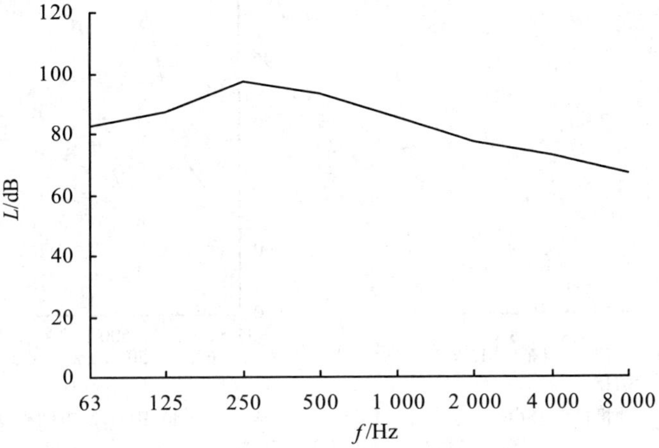

图 2-10　风机噪声频谱分析

对于机械设备噪声的控制，必须测量噪声各中心频率的声压级，并作出频谱图。噪声频谱图能清晰地表示出一定频率范围内声压级的分布情况，例如，从图 2-10 可清楚地看出中心频率为 250 Hz 的成分噪声辐射最强，是突出频率成分，在噪声控制中就可以有针对性地加以控制。

常见的机械设备的噪声频谱见图 2-11。

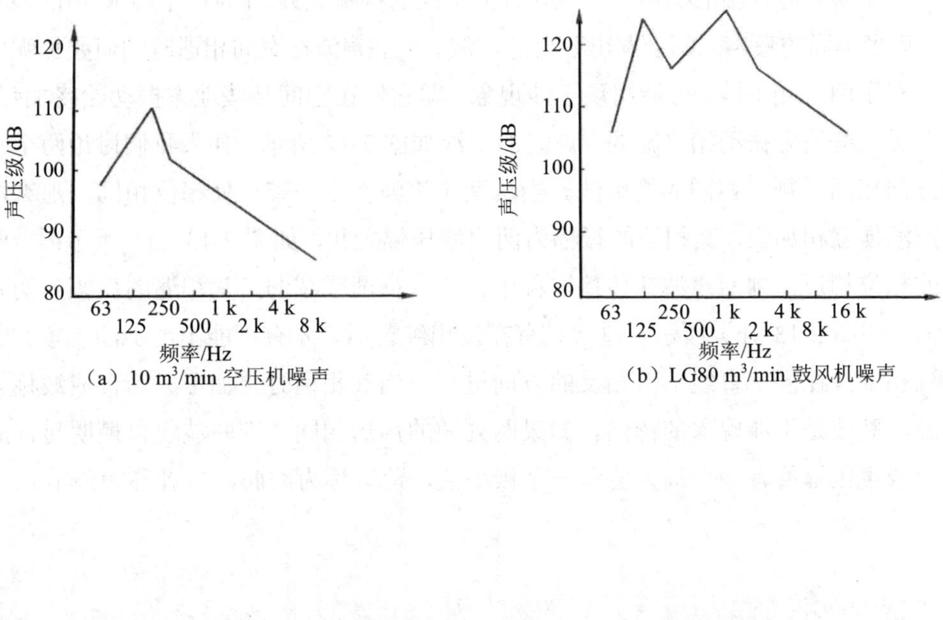

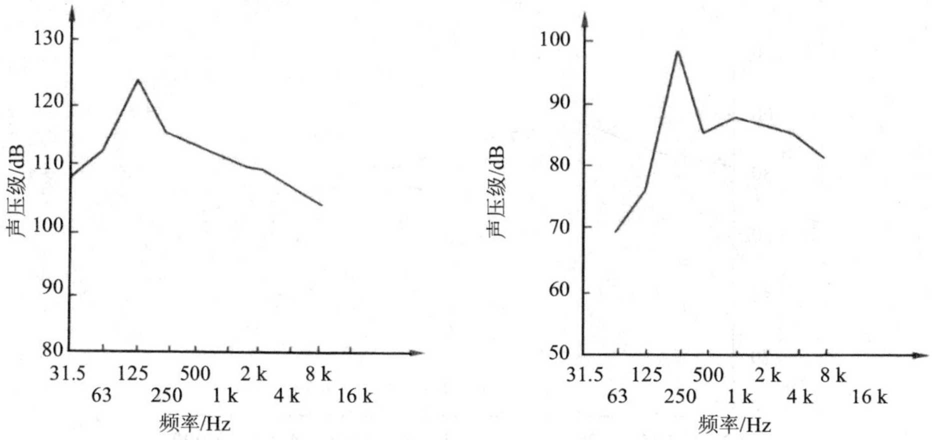

（c）柴油机排气噪声　　（d）JB51-2 电动机噪声

图 2-11　常见的机械设备的噪声频谱

注：横坐标中 k 表示 1×10^3，全书同。

从噪声频谱中分析了解噪声的成分和性质，称为频谱分析。频谱分析时，通常要了解突出频率成分（峰值噪声）在低频、中频还是高频范围，这些峰值属于有调成分。找出突出峰值，可对噪声源采取有效的控制提供可靠的理论依据。

2.2.3　声波的叠加

一个噪声源发出的噪声通常包含许多不同的频率成分。同时，由于噪声的多发性，许多不同的噪声源都会发出各自的声波。这些声波在空间相遇时如何叠加呢？

对于两列相干波，可能出现干涉现象，即它们在空间某些地方振动始终加强，而在另一些地方振动始终减弱。声波的干涉如图 2-12 所示。如果我们讨论两个传播方向相同、频率相同的简单波。当这两个声波在空间某一处相位相同，那么，两声波便互相加强，其相遇的振幅为两声波振幅之和，如图 2-13（a）所示；当两声波相位相反，则两声波在传播过程中，相互抵消或减弱，其相遇的振幅为两者之差，如图 2-13（b）所示。通常只有在发出纯音时，才有可能出现干涉现象。若两列相干波在同一直线上沿相反的方向进行，当其相遇时叠加形成的合成波称为驻波，驻波是干涉现象的特例。如果两列波的声压相同，则驻波现象最明显，此时合成声压幅值有一个极大值和一个极小值，前者称为波腹，后者称为波节。

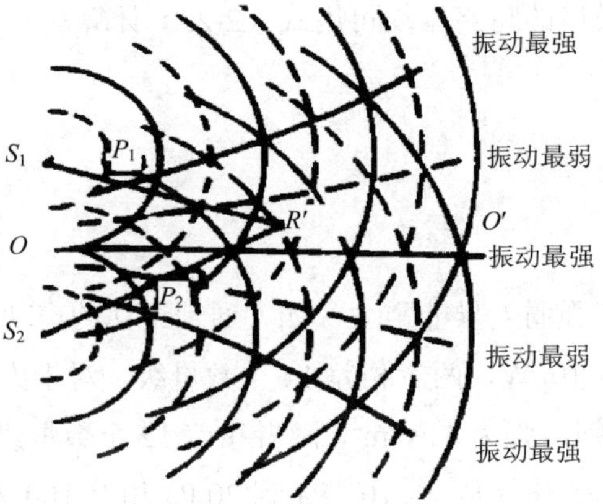

图 2-12　声波的干涉

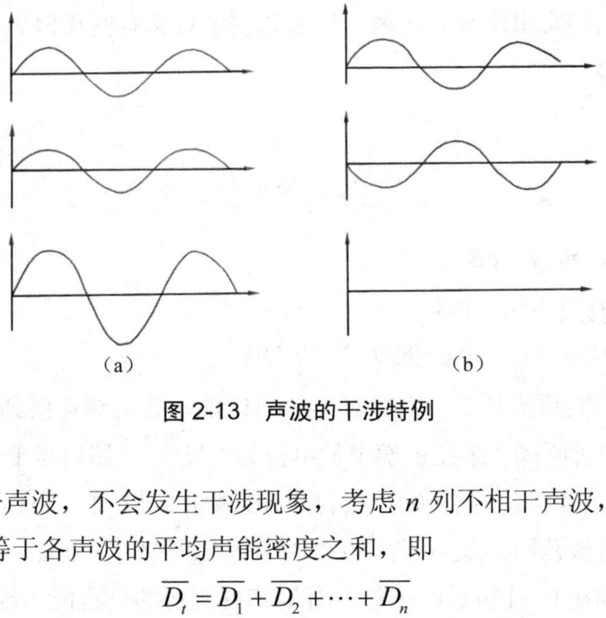

图 2-13　声波的干涉特例

对于不相干声波，不会发生干涉现象，考虑 n 列不相干声波，其叠加后的平均声能密度 $\overline{D_t}$ 等于各声波的平均声能密度之和，即

$$\overline{D_t} = \overline{D_1} + \overline{D_2} + \cdots + \overline{D_n} \tag{2-22}$$

经推导，可以得到合成噪声的总声压 p_t 与各列声波声压 p_i（皆指有效声压）的关系表达式为

$$p_t^2 = p_1^2 + p_2^2 + \cdots + p_n^2 = \sum_{i=1}^{n} p_i^2 \tag{2-23}$$

一般来说，由几个噪声源发出的声波或同一噪声源发出的不同频率成分的声

波都互不干涉，合成噪声的总声压均可用式（2-23）计算。

2.2.4 级的概念

2.2.4.1 级的概念

现实生活中的声音强弱差异非常大，如人通常讲话的声功率约为 10^{-5} W，而火箭噪声的声功率可达 10^{9} W，两者相差 14 个数量级。对于人的听觉来说，听阈声强为 10^{-12} W/m^2，痛阈声强为 1 W/m^2，两者相差 12 个数量级，如果用声压级来表示也有 6 个数量级的变化（从 2×10^{-5} Pa 到 20 Pa 相差 100 万倍），这样表示声波的强弱很不方便。所以，人们采用了声波能量的对数标度来表示声音的大小，即用“级”来衡量声压、声强和声功率的强弱，相应地称为声压级、声强级和声功率级。这与人们常用级来表示风、地震强弱的意义有些相似。

（1）声压级

声压级的定义是

$$L_p = 20\lg\frac{p}{p_0} \tag{2-24}$$

式中：L_p —— 声压级，dB；

p —— 有效声压，Pa；

p_0 —— 基准声压，Pa，值为 2×10^{-5} Pa。

基准声压所取数值是正常人耳对 1 000 Hz 的声音能够觉察到的最低声压，即 1 000 Hz 声音的可听阈。级在声学中的单位为“贝尔”，用符号 B 表示，常用单位是“分贝”（其值为贝尔的 1/10），用符号 dB 表示。dB 是一个相对单位，它没有量纲。人耳的听阈范围是从可听阈的 2×10^{-5} Pa 到痛阈的 20 Pa，如用声压级来表示该听阈范围则在 0～120 dB，一般人耳对声音强弱的分辨能力约为 0.5 dB。可见声压级使声音的量度大大简化。

（2）声强级

声强级的单位也是分贝，定义为

$$L_I = 10\lg\frac{I}{I_0} \tag{2-25}$$

式中：L_I —— 声强级，dB；

I —— 声强，W/m^2；

I_0 —— 基准声强，W/m^2，值为 10^{-12} W/m^2。

这样人耳的听阈范围的声强用声强级来表示也是在 0～120 dB。

（3）声功率级

声功率级的单位也是分贝，定义为

$$L_W = 10\lg\frac{W}{W_0} \tag{2-26}$$

式中：L_W —— 声功率级，dB；

W —— 声功率，W；

W_0 —— 基准声功率，W，值为 10^{-12} W。

例如，1 W 的声功率对应的声功率级为 120 dB，可见 1 W 的较小功率实际上是一个相当大的噪声源。

为了方便起见，我们用图 2-14 表达声压级与声压、声强级与声强、声功率级与声功率的换算关系。

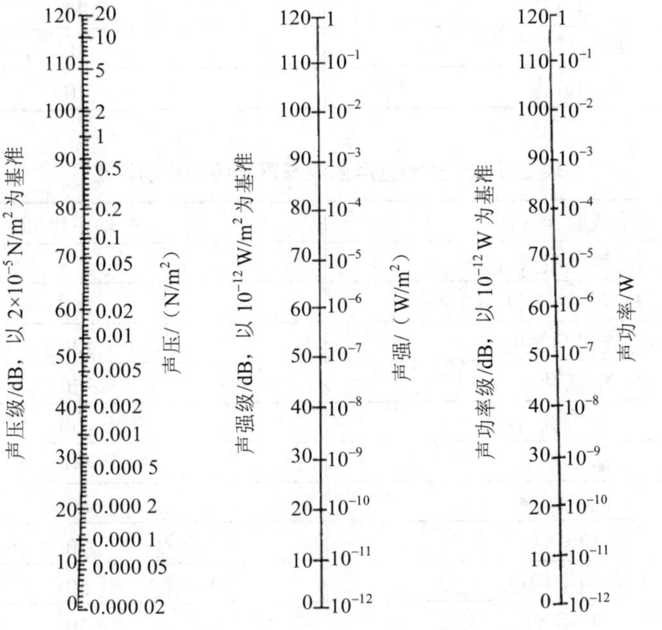

图 2-14　声压、声强、声功率与其级之间的关系

表 2-4 列出了一些常见声源或噪声环境的声压级，表 2-5 列出了一些常见声源或噪声环境的声功率级，以使人们对声压级、声功率级的大小有初步印象。

表 2-4 一些常见声源或噪声环境的声压级

声源或噪声环境	声压级/dB
核爆炸试验场	180
导弹、火箭发射	160
喷气式飞机附近	140
锅炉排空放气	140
大型球磨机附近	120
大型风机房（距离风机 1 m）	110
织布车间、机间过道	100
冲床车间（距离冲床 1 m）	100
汽车喇叭（距离 1 m）	120
公共汽车内	80
大声讲话	80
繁华街道	70
安静房间	40
轻声耳语	30
树叶沙沙声	20
农村静夜	10

表 2-5 一些常见声源或噪声环境的声功率级

声源或噪声环境	声功率级/dB
阿波罗运载火箭	195
波音 707 飞机	160
螺旋桨发动机	120
空气钟	120
空压机	100
通风扇	90
大的喊叫声	80
一般谈话	70
低噪声空调机	50
耳语	30

2.2.4.2 声压级、声强级、声功率级之间的关系

声强级与声压级存在一定的关系。在自由声场中，经分析得到

$$L_I = L_p + b \tag{2-27}$$

式中：b —— 修正值，与媒质的声特性阻抗有关，也与媒质即空气的温度、压强有关。

$$b = 10\lg\frac{p_0^2}{I_0\rho_0 c} = -10\lg\left(\sqrt{\frac{293}{273+t}}\times\frac{p}{100}\right) \tag{2-28}$$

式中：p —— 大气压，kPa；

t —— 气温，℃，当 t=20℃时，不同海拔的 b 值见表 2-6。

表 2-6 20℃时不同海拔高度的 b 值

海拔高度/m	100	500	1 000	1 500	2 000	2 500	3 000
大气压强/kPa	100	95.4	89.8	84.5	79.5	74.7	70.1
b/dB	0	0.2	0.5	0.7	1.0	1.2	1.5

从表 2-6 可以看出，在海拔 500 m 的地区，b=0.2 dB，所以低海拔地区 b 的修正值可以忽略不计，声压级和声强级在数值上相等；在高原地区，b＞1 dB，声压级与声强级的差别计算时应加以考虑。

声强级与声功率级之间也存在一定的关系。

在自由声场中，对于均匀辐射的声源，$W=IS$，代入声功率级的定义表达式可得

$$L_W = 10\lg\frac{W}{W_0} = 10\lg\frac{I}{I_0} + 10\lg\frac{S}{S_0} \tag{2-29}$$

式中：S —— 垂直于声波传播方向的封闭面积，m^2；

S_0 —— 基准声功率对应的基准面积，m^2。

一般取 S_0=1 m^2，则式（2-29）可化为

$$L_W = L_I + 10\lg S = L_p + b + 10\lg S \tag{2-30}$$

对于自由声场中的球面波，在距声源距离 r 处，有 $S=4\pi r^2$，可将之代入式（2-30）进行计算。

如果是自由声场中的半球面波，在距声源距离 r 处，有 $S=2\pi r^2$，同样可将之代入式（2-30）进行计算。

2.2.5 分贝的计算

前述的声压级、声强级、声功率级都是通过对数运算得来的。在实际工程中，常遇到某些环境中有几个噪声源同时存在，假设人们可以单独测量每一个噪声的声压级，那么，当噪声源同时向外辐射噪声时，它们总的声压级是多少？两个声压级不能进行简单的代数相加，能进行相加运算的，只能是声的能量。类似地，当我们需要将声音“相减”时，也必须用能量进行相减，而不能将两个声压级直接进行代数相减。

2.2.5.1 分贝的加法

在有几个噪声源的情况下，通常要计算声场中某点的总声压级，有时还需要计算一个噪声源发出的各种频率声波的总声压级、总声强级和总声功率级。上述这些计算都离不开分贝的相加。

对于相干波和不相干波，其叠加的情形是不相同的。一般情况下，噪声是由不同频率、无固定相位差的声波组成，因此不会发生干涉现象，也就是说，噪声一般属于不相干波。分贝相加可运用不相干波的叠加原理来进行，即

$$p_t^2 = p_1^2 + p_2^2 + \cdots + p_n^2 = \sum_{i=1}^{n} p_i^2 \tag{2-31}$$

其中式（2-31）中各声压皆为有效声压。

按声压级的定义并经过对数计算，有 $p = p_0 \times 10^{L_p/20}$，代入式（2-31）得

$$10^{L_{p_t}/10} = 10^{L_{p_1}/10} + 10^{L_{p_2}/10} + \cdots + 10^{L_{p_n}/10} \tag{2-32}$$

两边取对数并整理，得

$$L_{p_t} = 10\lg\left(\sum_{i=1}^{n} 10^{0.1L_{p_i}}\right) \tag{2-33}$$

如果 n 个声源的声压级相等，均为 L_p，则有

$$L_{p_t} = L_p + 10\lg n \tag{2-34}$$

不难看出，两个声压级相等的噪声叠加，其总声压级只比单个声源的声压级高 3 dB；如果有 10 个相同声源，它们的总声压级也只比单个声源的声压级高 10 dB。

【例 2-1】在某点测得几个噪声源单独存在时的声压级分别为 84 dB、87 dB、90 dB、95 dB、96 dB、91 dB、85 dB、80 dB，求这几个噪声源同时存在时该点的总声压级是多少？

解：由 $L_{p_t} = 10\lg\left(\sum_{i=1}^{n} 10^{0.1L_{p_i}}\right)$ 得

$$L_{p_t} = 10\lg(10^{8.4} + 10^{8.7} + 10^{9.0} + 10^{9.5} + 10^{9.6} + 10^{9.1} + 10^{8.5} + 10^{8.0}) = 100.2\ \text{dB}$$

【例 2-2】有一声源，在某一点测得各中心频率的声压级如下，求该点的总声压级。

中心频率/Hz	63	125	250	500	1 000	2 000	4 000
声压级/dB	70	77	80	88	90	95	84

解：由 $L_{p_t} = 10\lg\left(\sum_{i=1}^{n} 10^{0.1L_{p_i}}\right)$ 得

$$L_{p_t} = 10\lg(10^{7.0} + 10^{7.7} + 10^{8.0} + 10^{8.8} + 10^{9.0} + 10^{9.5} + 10^{8.4}) = 97\ \text{dB}$$

对两个声源，设两声压级分别为 L_{p_1} 和 L_{p_2}，设 $L_{p_1} > L_{p_2}$ 且 $L_{p_1} - L_{p_2} = \Delta L_p$，不难看出：

$$L_{p_t} = 10\lg\left(\sum_{i=1}^{n} 10^{0.1L_{p_i}}\right) = 10\lg\left[10^{0.1L_{01}} + 10^{0.1(L_{01}-\Delta L_p)}\right] = L_{p_1} + 10\lg\left(1 + 10^{-0.1\Delta L_p}\right)$$

设 $\Delta L'_p = 10\lg\left(1 + 10^{-0.1\Delta L_p}\right)$，称为分贝的附加值，则有

$$L_{p_t} = L_{p_1} + \Delta L'_p \tag{2-35}$$

可以看出，$\Delta L'_p$ 仅是已知量 $L_{p_1} - L_{p_2} = \Delta L_p$ 的函数，取一系列 L_{p_1} 和 L_{p_2} 的差值，即可以得到一系列相应的分贝附加值 $\Delta L'_p$，可以画成分贝相加曲线（图 2-15），也可把常用值列成表 2-7，这样就能很方便地从两个声压级的差值出发快速求出二者合成后的总声压级。如果是有多个声压级要叠加，我们只要把全部声压级从大到小排列后，按顺序依次计算即可。

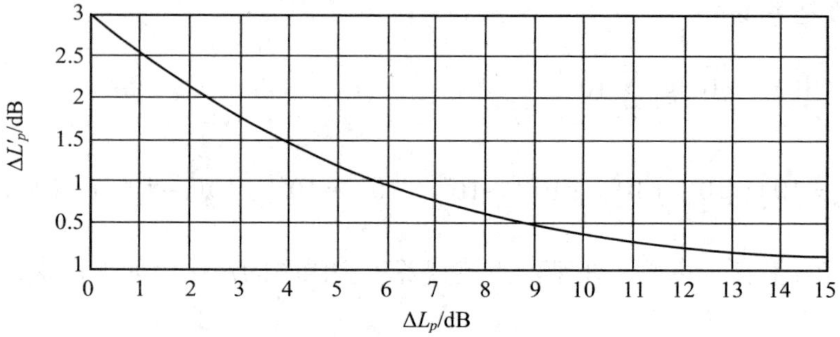

图 2-15 分贝相加曲线

表 2-7 分贝合成的附加值 单位：dB

ΔL_p	0	1	2	3	4	5	6	7	8	9	10
$\Delta L'_p$	3	2.5	2.1	1.8	1.5	1.2	1.0	0.8	0.6	0.5	0.4

【例 2-3】用分贝相加曲线计算【例 2-2】的总声压级。

解：先将频带声压级从大到小排列，再进行计算，过程如下。

单位：dB

L_{p_i}	95	90	90	88	88	84	84	80	80	77	77	70
ΔL_p	5		8.2		12.8		17		—		—	
$\Delta L'_p$	1.2		0.6		0.2		—		—		—	
L_{pt}	96.2		96.8		97		—		—		—	

不难看出，两种方法结果一致。当两个声压级相差达到 10 dB 以上时，由此

产生的分贝附加值不大于 0.5 dB，即对总声压级的影响较小；而且当两个声压级相差 15 dB 以上时，其分贝附加值将在 0.1 dB 以下，接近于 0，基本上可以忽略不计。由此可知，在噪声控制中，抓住噪声源中主要的、有影响的噪声源，将这些主要的噪声源降下来，才能取得良好的降噪效果。

2.2.5.2 分贝的减法

在噪声测量过程中，经常会受到外界噪声的干扰，如某加工车间内的一台机床，在它开动时，一般情况下其辐射的声压级是无法单独测量到的。但是，机床未开动前的环境噪声（背景噪声，也称本底噪声）是可以测量到的，机床开动后，机床噪声与本底噪声的总声压级也是可以测量到的。计算机床本身的声压级就必须扣除背景噪声的影响，即采用声压级的减法来进行计算。

如果在有背景噪声存在的情况下测得某噪声的声压级为 L_{p_t}，声源停止发声后测得背景噪声的声压级为 L_{p_b}，则该噪声的真实声压级 L_{p_s} 可以通过级的相减得到。由前面的分贝相加知识不难得出：

$$L_{p_s}=10\lg\left(10^{0.1L_{p_t}}-10^{0.1L_{p_b}}\right) \tag{2-36}$$

其实，除可以用式（2-36）直接计算以外，也可以利用分贝相减图或表进行计算。设总声压级 L_{p_t} 与真实声压级 L_{p_s} 的差值为

$$\Delta L_{p_s}=L_{p_t}-L_{p_s} \tag{2-37}$$

将式（2-36）、式（2-37）进行合并得到：

$$\Delta L_{p_s}=L_{p_t}-10\lg\left(10^{0.1L_{p_t}}-10^{0.1L_{p_b}}\right)=-10\lg\left[1-10^{-0.1\left(L_{p_t}-L_{p_b}\right)}\right] \tag{2-38}$$

可以看出，ΔL_{p_s} 仅是已知量 $\Delta L_{p_b}=L_{p_t}-L_{p_b}$ 的函数，设一系列 ΔL_{p_b} 值，即可计算出对应的 ΔL_{p_s} 值，绘制成分贝相减曲线（图 2-16）或列成表 2-8，即可求得噪声源的真实声压级。

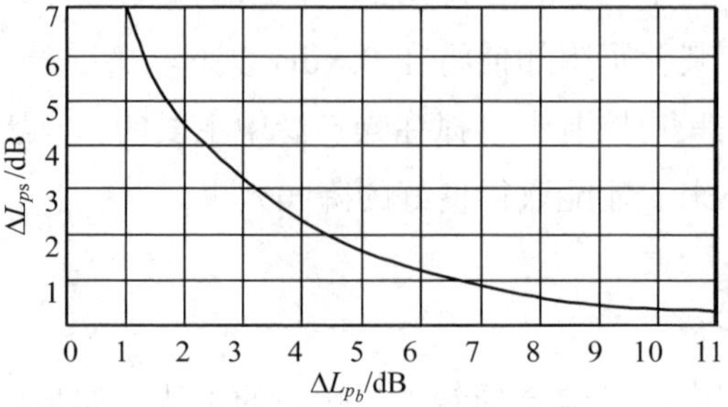

图 2-16 分贝相减曲线

表 2-8 分贝相减修正值 单位：dB

ΔL_{p_b}	3	4	5	6	7	8	9	10
ΔL_{p_s}	3	2.3	1.7	1.3	1	0.8	0.6	0.45

【例 2-4】在某点测得机器运转时声压级为 90 dB，当机器停止时声压级为 83 dB，求机器真实的声压级。

解：由题意可知，$\Delta L_{p_b} = L_{p_t} - L_{p_b} = 90 - 83 = 7$ dB

查分贝相减曲线或分贝相减修正值表可得到 $\Delta L_{p_s} = 1$ dB

则 $L_{p_s} = 90 - 1 = 89$ dB

注意：当 $\Delta L_{p_b} = L_{p_t} - L_{p_b} < 3$ dB 时，虽然按分贝相减公式仍可计算出 L_{p_s} 的值，但由于噪声测量的误差通常可达 ± 0.5 dB，且噪声本身并非稳定，这样的计算值 L_{p_s} 往往可信度较低。

2.2.5.3 分贝的平均

在噪声测量和控制中，常遇到需要对声压级进行平均的问题。如同一车间的各操作点声压级不同，或一台机器在不同时间内发出的声压级不同等，就可能要计算某空间的平均声压级或一段时间的平均声压级。此外，在计算声源的指向性指数时，也需要计算平均声压级；对于某一点的多次测量结果也需要计算平均声压级，这都涉及分贝平均的问题。分贝的平均是以分贝和的公式为基础来进行计算的，即能量平均的方法。计算公式如下：

$$\overline{L}_p = 10\lg\left(\frac{1}{n}\sum_{i=1}^{n}10^{0.1L_{p_i}}\right) \tag{2-39}$$

如果待平均的各分贝值中，最大值 $L_{p_{\max}}$ 和最小值 $L_{p_{\min}}$ 之差≤10 dB，一般都采用近似的计算方法。

当 $L_{p_{\max}} - L_{p_{\min}}$≤5 dB 时，可用算术平均值作近似计算，即

$$\overline{L}_p = \frac{1}{n}\sum_{i=1}^{n}L_{p_i} \tag{2-40}$$

当 5≤$L_{p_{\max}} - L_{p_{\min}}$≤10 时，可用式（2-41）计算：

$$\overline{L}_p = \frac{1}{n}\sum_{i=1}^{n}L_{p_i} + 1 \tag{2-41}$$

【例 2-5】某声源几次测量得到的声压级值分别为 100 dB、98 dB、95 dB 和 97 dB，试求其平均声压级。

解：$\overline{L}_p = 10\lg\left(\frac{1}{n}\sum_{i=1}^{n}10^{0.1L_{p_i}}\right) = 10\lg\frac{1}{4}\left(10^{10} + 10^{9.8} + 10^{9.5} + 10^{9.7}\right)$ = 90+7.9=97.9 dB

【例 2-6】运用【例 2-5】的数据，采用近似方法，再次求其平均声压级。

解：因为 $L_{p_{\max}} - L_{p_{\min}}$=5 dB，可按式（2-35）计算，

$$\overline{L_p} = \frac{1}{4}\ (100+98+95+97) = 97.5\ \text{dB}$$

两种方法计算结果基本一致。

在这一节里，所有关于分贝计算的问题都是用声压级推导出来的，由于推导公式时以能量叠加原理为基础，所以所有关于分贝计算的公式与计算图表也都同样适用于声强级和声功率级的运算。

2.3　声波的传播

2.3.1　声波传播的一般规律

2.3.1.1　点声源的指向性

理想点声源在均匀媒质中辐射声波的声压、声强等在各个方向上都是相同的，

声源不具有指向性。一般声源实际上可以看作许多声源的叠加，该声源辐射声波在各个方向上可能是不同的，这种声源被称为指向性声源，它们的波阵面不是以声源为圆心的球面，而是复杂的曲面。

声源的指向性对声波的传播特性有影响，缺乏声源指向性数据就无法准确预测声波的实际传播情况。声源的指向性和声源的尺寸、形状以及发声机理有关，需要通过实际测试才能清楚。声源的指向性还和声波的频率有关，声波的频率越高，声源的指向性就越强。

声源的指向性常用指向性因数和指向性指数来表示。声源的指向性因数是指相同距离（r）下，声场中某点的声强与同一功率声源在同心球辐射面上的平均声强之比，记为 Q，由定义可知指向性因数与声强、声压的关系如下：

$$Q=\frac{I_\theta}{\overline{I}}=\frac{p_\theta^2}{\overline{p}^2} \tag{2-42}$$

式中：I_θ，p_θ ——θ 方向上距离声源 r m 处的声强（W/m^2）和声压（Pa）；

$\overline{I}$，$\overline{p}$ ——半径为 r m 的同心球面上的平均声强（W/m^2）和平均声压（Pa）。

指向性指数 DI 与指向性因数 Q 的关系如下：

$$\mathrm{DI}=10\lg Q=10\lg\frac{I_\theta}{\overline{I}}=10\lg\frac{p_\theta^2}{\overline{p}^2} \tag{2-43}$$

可以看出，对于无指向性声源，$Q=1$，$\mathrm{DI}=0$。

指向性因数与点声源放在室内的位置有关，若点声源放置在房间中心，将均匀地向整个球面空间辐射声能，$Q=1$；如果声源放在地面或墙面中间，声能量只辐射入半个球面空间，同样距离的点，声能增加 1 倍，$Q=2$；声源放在两个墙面或墙面与地面的交线上，只能向 1/4 的空间辐射声能，$Q=4$；而声源若在三面的交点上（墙角），只能向 1/8 的空间辐射声能，这时 $Q=8$。

2.3.1.2 声波的反射、折射和透射

声波在传播途中会遇到障碍物，一部分声波会在界面上反射，另一部分声波则透射到第二种媒质中去（可能发生折射）。点声源辐射球面声波，在两种媒质分

界面上反射和折射的情形比较复杂，本节仅讨论平面声波的反射和折射。

（1）垂直入射声波的反射和透射

设媒质 I 的特性阻抗为 $\rho_1 c_1$，媒质 II 的特性阻抗为 $\rho_2 c_2$，入射声波垂直入射到媒质 I 和媒质 II 的分界面（即 $x=0$）时（图 2-17）。由于分界面是无限薄的，因此在分界面两边的声压是连续相等的。由于两种媒质在分界面处保持恒定接触，因此边界两边媒质质点的法向质点振动速度是连续相等的。

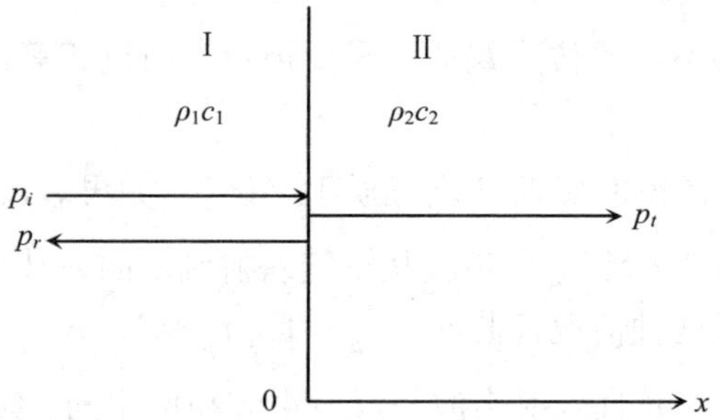

图 2-17　平面声波垂直入射时的反射和透射

设入射声波的声压为 p_i，反射声波的声压为 p_r，透射到媒质 II 中的声压为 p_t；入射声波的声强为 I_i，反射声波的声强为 I_r，透射到媒质 II 中的声强为 I_t。

定义反射声压与入射声压之比为声压的反射系数 r_p；透射声压与入射声压之比为声压透射系数 τ_p。同样可定义反射声强与入射声强之比为声强的反射系数 r_I；透射声强与入射声强之比为声强透射系数 τ_I。则以上几个系数通常可用来表示分界面处的声波反射与透射特性。经推导，可得出：

$$r_p = \frac{p_r}{p_i} = \frac{\rho_2 c_2 - \rho_1 c_1}{\rho_2 c_2 + \rho_1 c_1} \tag{2-44}$$

$$\tau_p = \frac{p_t}{p_i} = \frac{2\rho_2 c_2}{\rho_2 c_2 + \rho_1 c_1} \tag{2-45}$$

$$r_I = \frac{I_r}{I_i} = \frac{p_r^2 / \rho_1 c_1}{p_i^2 / \rho_1 c_1} = \left(\frac{p_r}{p_i}\right)^2 = r_p^2 = \frac{(\rho_2 c_2 - \rho_1 c_1)^2}{(\rho_2 c_2 + \rho_1 c_1)^2} \tag{2-46}$$

$$\tau_I=\frac{I_t}{I_i}=\frac{p_t^2/\rho_2c_2}{p_i^2/\rho_1c_1}=\left(\frac{p_t}{p_i}\right)^2\times\frac{\rho_1c_1}{\rho_2c_2}=\tau_p^2\times\frac{\rho_1c_1}{\rho_2c_2}=\frac{4\rho_1c_1\rho_2c_2}{(\rho_2c_2+\rho_1c_1)^2}\qquad(2\text{-}47)$$

将上述两式相加，不难得出：

$$r_I+\tau_I=1\qquad(2\text{-}48)$$

符合能量守恒定律。

当 $\rho_1c_1=\rho_2c_2$ 时，$r_p=0$，$\tau_p=1$，$r_I=0$，$\tau_I=1$，说明声波没有反射，全部是透射。可以看出，两种不同的传声媒质，只要声特性阻抗相等，那么对声的传播就好像不存在分界面。

当 $\rho_2c_2>\rho_1c_1$ 时，说明媒质Ⅱ比媒质Ⅰ“硬”。如果 $\rho_2c_2\gg\rho_1c_1$，说明媒质Ⅱ对媒质Ⅰ来说十分“坚硬”，如声波从空气入射到水面或从空气入射到坚实墙面的界面上，就近似于这种情况，此时，$r_p\approx1$，$\tau_p\approx2$，$r_I\approx1$，$\tau_I\approx0$。因此在媒质中声波发生全反射，并且入射声波与反射声波相位相同、频率相同，形成驻波。界面处形成声压波腹，值为 $2p_i$。在媒质Ⅱ中，媒质Ⅱ并未因为媒质 1 质点的冲击而运动，媒质Ⅱ中存在的压强仅是分界面处压强（$p_t=2p_i$）的静态传递，并不出现疏密交替的声压，故在媒质Ⅱ中没有声波的传播。如人在空气中讲话，讲话声并不能透过水面在水中传播。

当 $\rho_2c_2<\rho_1c_1$ 时，说明媒质Ⅱ比媒质Ⅰ“软”。如果 $\rho_2c_2\ll\rho_1c_1$，说明媒质Ⅱ对媒质Ⅰ来说十分“柔软”，此时，$r_p\approx-1$，$\tau_p\approx0$，$r_I\approx1$，$\tau_I\approx0$。因此在媒质Ⅱ中没有透射声波，声波在媒质Ⅰ中发生全反射，并且入射声波与反射声波相位相反、频率相同，形成驻波。界面处形成声压波节。如声波从水中传播到水与空气的相界面上的反射，就近似于这种情况。

（2）斜入射声波的反射和折射

平面声波斜入射时不是沿分界面的法线方向入射，而是与法线形成入射角 θ_i，这种斜入射比垂直入射情况要复杂一些。当入射声波 p_i 以 θ_i 斜入射于分界面时，一部分声波 p_r 将按一定的反射角 θ_r 反射回媒质Ⅰ，透射声波 p_t 通过界面在媒质Ⅱ中传播，此时透射声波不再按入射声波的方向传播而是偏转一定的角度，与法线形成折射角 θ_t 而发生折射（图 2-18）。

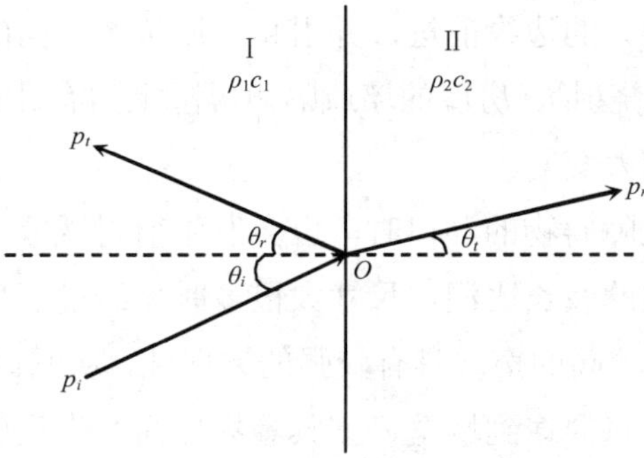

图 2-18　声波斜入射的反射和折射

斜入射时，入射声波、反射声波与折射声波的传播方向应满足斯涅尔定律，即

$$\frac{\sin\theta_i}{c_1}=\frac{\sin\theta_r}{c_1}=\frac{\sin\theta_t}{c_2} \tag{2-49}$$

由式（2-49）可得到反射定律，入射角等于反射角，即

$$\theta_i=\theta_r \tag{2-50}$$

同时也可得到折射定律，入射角的正弦与折射角的正弦之比等于两种媒质中声速之比，即

$$\frac{\sin\theta_i}{\sin\theta_t}=\frac{c_1}{c_2} \tag{2-51}$$

可以看出，当 $c_1 > c_2$ 时，$\theta_i > \theta_t$，折射线靠向法线；当 $c_1 < c_2$ 时，$\theta_i < \theta_t$，折射线折离法线。可见，两种媒质的声速不同，声波传入媒质Ⅱ时的方向就要改变。就是同一种媒质，因某种原因引起声速分布不同，也会发生折射。

当 $c_1 < c_2$ 时，θ_i 总小于 θ_t，当 θ_i 增至某角度 θ_c 时，使 $\theta_t = 90°$，即折射波沿界面传播，称 θ_c 为全反射临界角。当 $\theta_i > \theta_c$ 时，则 $\theta_t > 90°$，无透射波，入射波全部反射回媒质Ⅰ。

2.3.1.3　声波的衍射

当声波遇到障碍物时，除了发生反射和折射，还会产生衍射现象。声波在传播过程中，遇到障碍物（或孔洞），当声波波长比障碍物或孔洞尺寸大得多时，能够绕过障碍物（或孔洞）的边缘前进，并引起声波传播方向的改变，这种现象称为声波的衍射（也称为绕射）。房屋的墙或隔声屏障上如有孔缝等，会导致声波的衍射现象，使其隔声能力变差。

例如，当声波通过障碍物的洞口时，也会发生衍射现象。此时，洞口好像一个新的点声源，当声波的波长比洞口尺寸大很多时，经过洞口后的声波从洞口向各个方向传播；而频率较高的声波具有较强的方向性，从洞口向前方传播。因此，当室内有声源时，声波将会遇到墙壁、家具等物体而产生反射、衍射等现象，而且声波还会通过门、窗的缝隙处传到室外。

声波的衍射与声波的频率、波长和障碍物大小有关。若声波频率低，即波长较长，而障碍物（或孔洞）尺寸比波长小很多，这时声波能绕过障碍物（或透过孔洞）继续传播，图 2-19（a）演示了这一现象；若声波频率较高，即波长较短，而障碍物或孔洞的几何尺寸又比波长大很多，形成的衍射不明显，在障碍物后或孔洞的外侧形成声影区［图 2-19（b）］。

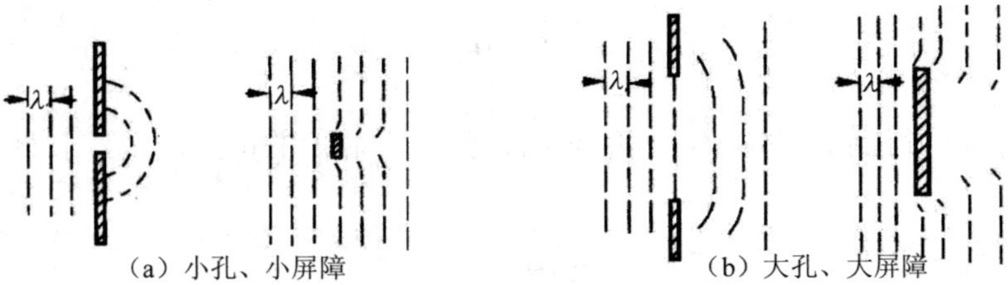

（a）小孔、小屏障　　（b）大孔、大屏障

图 2-19　声波的衍射

研究声波的衍射现象在噪声控制中是很有用的，采用屏障隔声对高频噪声有较好的降噪效果。例如，可以在辐射噪声的机器与工作人员之间放置一道用金属板或胶合板制成的声屏障，就可以减弱高频噪声。屏障的高度越高、面积越大，效果就越好。如果在屏障上再覆盖一层吸声材料，则效果更好，而低频声波的绕射能力比高频声波强，隔声能力也会变差。

2.3.1.4　气象条件对声传播的影响

雨、雪、雾等对声波的散射能引起声能的衰减，但这种因素引起的衰减量很小，每 1 000 m 衰减低于 0.5 dB，可以忽略。

声波从声速较大的媒质进入声速较小的媒质时传播方向要发生变化。与入射声波的传播方向相比较，折射声波的传播方向将靠拢法线方向；反之，声波从声速较小的媒质进入声速较大的媒质时，折射声波的传播方向将背离法线方向。因此，当声速随着离开地面的高度音调变化时，声波的传播方向将发生弯曲。

（1）风速梯度的影响

当声波顺风传播时，相对于地面的声速应叠加风速。由于地面对空气运动的摩擦阻尼，风速随着离开地面的高度增加，也就是说，声速随着高度增加，从而将使声传播方向向下弯曲。反之，当声波逆风传播时，相对于地面的声速应扣除风速。因此，风速随高度降低，从而将使声传播方向向上弯曲（图 2-20）。这一现象说明了声波顺风比逆风传播得更远的原因。

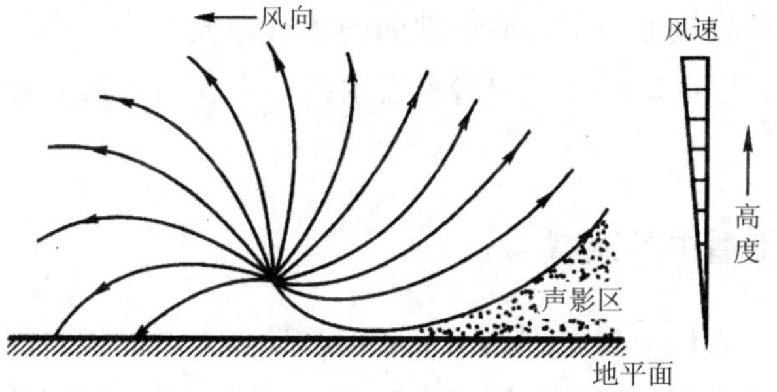

图 2-20　风速梯度对声波的折射

（2）温度梯度的影响

与以上现象类似，由于大气中的声速与绝对温度的平方根成正比，因此，当大气温度随着高度降低时（温度梯度为负），声速随高度降低，声传播方向向上弯曲。这时，地面附近声源所发射的噪声将在离声源一定距离的地面上掠过，并在较远处形成声影区域；反之，当大气温度随着高度增加时（温度梯度为正），声速随高度增加，从而使声传播方向向下弯曲。这时，地面上声源所发射的噪声集中在地面附近区域，可以传播到较远的地方（图 2-21）。

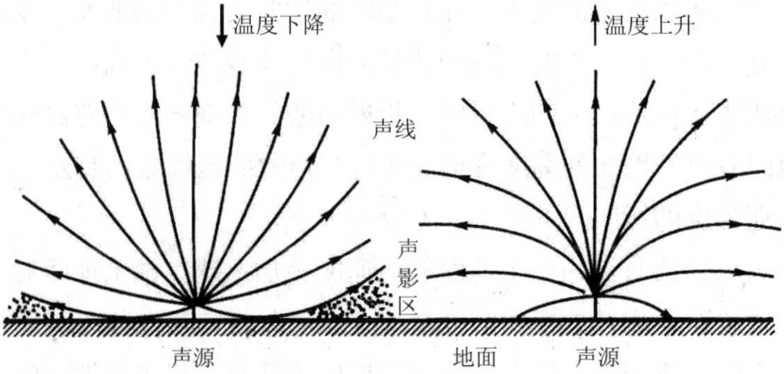

图 2-21 温度梯度对声波的折射

例如，在晴朗的白天，大气温度随高度而下降。反之，在晴天的夜晚，地面由于热辐射和热传导迅速冷却，靠近地面的空气温度下降，而离地面较高处却仍保持较高的温度。因此，地面上声源所发射的噪声在白天传播较近，而在夜晚传播较远。

2.3.2 声波在传播中的衰减

一般情况下，人们会感觉到离噪声源近时噪声大，离噪声源远时噪声小。这是因为噪声在传播过程中不仅可能产生反射、折射、衍射等现象，还会在传播过程中引起衰减。这些衰减通常包括声能随距离的发散传播引起的衰减和空气吸收、地面吸收、屏障和气象条件引起的衰减等，其总衰减量一般可等于各衰减量之和。下面将介绍几种主要的衰减及规律。

2.3.2.1 声波的扩散衰减

声源发出的噪声在媒质中传播时，其声压或声强将随着传播距离的增加而逐渐衰减。声波在传播过程中波阵面要扩展，波阵面面积随着距离声源的距离增加而不断扩大，这样通过单位面积的能量就相应减少。由于波阵面扩展引起的声强随距离而减弱的现象称为扩散衰减（也称发散衰减）。

2.3.2.1.1 点声源的扩散衰减

当声源的尺寸与它所辐射的声波波长相比很小时，近似地可把这个声源看作理想点声源。点声源辐射的声波是以声源为中心按球面波的方式向四面八方扩散，如图 2-22（a）所示。由于声源的功率是一个恒量，所以距离声源越远，声能分布的面积越大，则通过单位面积的声能就越小。由于波前面积与距离 r 的平方成正比，因此，声强按 r 的平方的反比规律衰减。如果在距离声源 r_1（m）处的声压级为 L_{p1} 时，则在距离声源 r_2（m）处的声压级 L_{p2} 可用下式计算：

$$L_{p2}=L_{p1}-20\lg\left(\frac{r_2}{r_1}\right) \tag{2-52}$$

可以看出，在自由声场中或半自由声场中，当 r_1 不变、r_2 加倍时，声压级 L_{p2} 降低了 20 lg 2，即衰减值增加了约 6 dB。

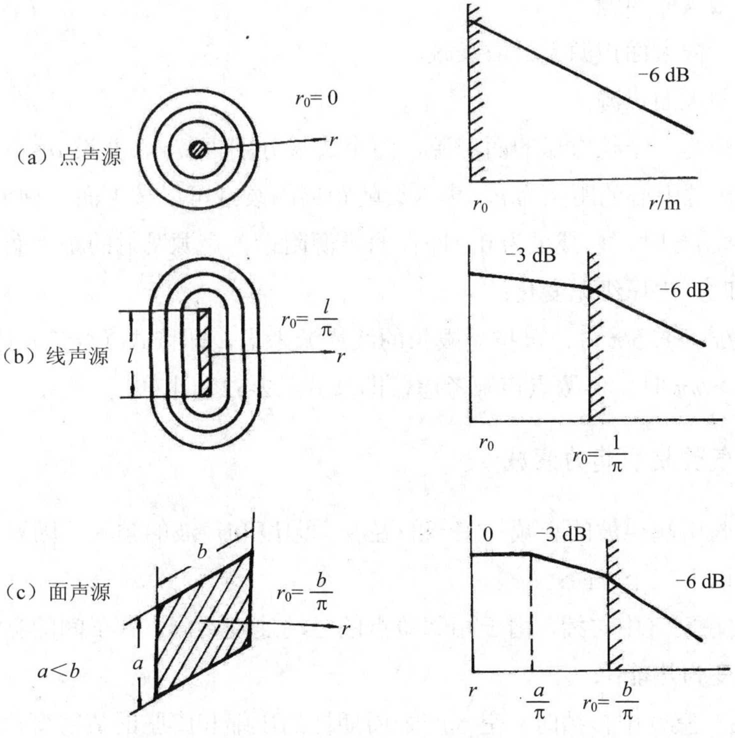

图 2-22　声源随距离增加的衰减

2.3.2.1.2　线声源的扩散衰减

高速行驶的火车，川流不息的车辆形成的交通干线等都可以看成线声源，线声源发出的声波是一个柱面波。在自由声场中，一个无限长的线声源，其声压级随着距离的衰减可用式（2-53）计算：

$$L_{p2}=L_{p1}-10\lg\left(\frac{r_2}{r_1}\right) \tag{2-53}$$

如果线声源的长度不能看成无限长，设其长度为 l 时［图 2-22（b）］，则声压级随距离 r 的衰减分两种情况：

① 当 $r \leqslant l/\pi$ 时，可以按无限长的线声源考虑，即可按式（2-53）计算；

② 当 $r > l/\pi$ 时，可以按点声源考虑，即按式（2-52）计算。

2.3.2.1.3 面声源的扩散衰减

（1）无限大面声源

理想的无限大面声源无扩散衰减。

（2）有限大面声源

假设声源为一个长方形的面声源，两个边长分别为 a、b 并设 $a<b$［图 2-22（c）］，设距声源中心的距离为 r，声压级随距离的衰减可以按下面三种情况考虑。

① 当 $r \leqslant a/\pi$ 时，衰减量为 0，即在面声源附近，声源发射的是平面波，当距离发生变化时，声压级无变化；

② 当 $a/\pi < r \leqslant b/\pi$ 时，可按无限长的线声源考虑，即按式（2-53）计算；

③ 当 $r > b/\pi$ 时，可按点声源考虑，即按式（2-52）计算。

2.3.2.2 空气吸收引起的衰减

空气吸收引起声波的衰减与空气的温度、湿度和声波的频率等因素有关，其原因主要有以下三个方面：

① 声波在空气中传播，由于相邻质点的运动速度不同，分子间的黏滞力使一部分声能转变为热能；

② 声波在空气中传播时，空气产生周期性的压缩和膨胀的疏密变化，相应地出现空气温度的升高和降低，温度梯度的出现导致热交换，使一部分声能转变为热能；

③ 空气中的主要成分 O 和 N 在一定状态下，其分子的平动能、转动能和振动能处于一种平衡状态。当有声扰动时，这三种能量发生转化，打破原来的平衡，

需要一定的时间来建立新的平衡，这种由原来的平衡到建立新的平衡的变化过程将使声能耗散。

上述三个原因使得声波在空气中传播时出现吸收衰减。空气中的声压衰减常数 α 如表 2-9 所示，单位为 dB/100 m，即指在空气中声波传播 100 m 衰减的分贝数，当然也有用 dB/1 000 m 来表示的。

表 2-9 空气中声传播的吸收衰减常数 单位：dB/100 m

温度/℃	湿度/%	频率/Hz					
		125	250	500	1 000	2 000	4 000
30	10	0.09	0.19	0.35	0.82	2.60	8.80
	20	0.06	0.18	0.37	0.64	1.39	4.19
	30	0.04	0.15	0.38	0.68	1.20	3.01
	50	0.03	0.10	0.33	0.75	1.30	2.53
	70	0.02	0.08	0.27	0.74	1.41	2.25
	90	0.02	0.06	0.24	0.70	1.50	2.06
20	10	0.08	0.15	0.38	1.21	4.09	10.92
	20	0.07	0.15	0.27	0.62	1.86	6.70
	30	0.05	0.14	0.27	0.51	1.29	4.12
	50	0.04	0.12	0.28	0.50	1.04	2.62
	70	0.03	0.10	0.27	0.54	0.96	2.31
	90	0.02	0.08	0.26	0.56	0.99	2.14
10	10	0.07	0.19	0.61	1.99	4.50	7.01
	20	0.06	0.11	0.29	0.94	3.02	9.09
	30	0.05	0.11	0.22	0.61	2.10	7.02
	50	0.04	0.11	0.20	0.41	1.17	4.20
	70	0.04	0.10	0.20	0.38	0.92	2.76
	90	0.03	0.10	0.21	0.38	0.81	2.28
0	10	0.10	0.30	0.89	1.81	2.30	2.61
	20	0.05	0.15	0.50	1.48	3.78	5.79
	30	0.04	0.10	0.31	1.08	3.23	7.48
	50	0.04	0.08	0.19	0.60	2.11	6.70
	70	0.04	0.08	0.16	0.42	1.40	5.12
	90	0.03	0.08	0.15	0.36	1.03	4.10

声波在空气中传播，若声波的衰减主要包括扩散衰减和空气吸收时，考虑为点声源（设其辐射球面波或半球面波），如果在距离声源 r_1 处的声压级为 L_{p1} 时，则在距离声源 r_2 处经衰减后的声压级 L_{p2} 可用式（2-54）计算：

$$L_{p2}=L_{p1}-20\lg\left(\frac{r_2}{r_1}\right)-\alpha(r_2-r_1) \tag{2-54}$$

如果考虑无限长的线声源，则有

$$L_{p2}=L_{p1}-10\lg\left(\frac{r_2}{r_1}\right)-\alpha(r_2-r_1) \tag{2-55}$$

【例 2-7】点声源在空气相对湿度为 20%、气温为 20℃以下辐射噪声。已知距声源 20 m 处的 500 Hz 和 4 000 Hz 的噪声声压级均为 100 dB，分别求 120 m、800 m 处的声压级各为多少？

解：求解的过程列于表 2-10，表中 r_1=20 m。计算结果见第 6 行。

表 2-10　求解过程

传播距离 r_2/m	120		800	
频率/Hz	500	4 000	500	4 000
$20\lg\left(\frac{r_2}{r_1}\right)$/dB	15.6	15.6	32.0	32.0
衰减常数 α/（dB/100 m）	0.27	6.7	0.27	6.7
$\alpha(r_2-r_1)$/dB	0.3	6.7	2.1	52.3
L_{p2}/dB	84.1	77.7	65.9	15.7

可以看出，离声源较近的地方，扩散衰减占主导地位；离声源较远处，空气吸收使高频噪声衰减很快，而低频噪声衰减不明显。可见低频噪声能够传播到较远的地方，而且会在很大范围内形成噪声污染，因此对低频噪声要给予充分注意。

2.3.2.3　地面构筑物引起的衰减

声波在传播途径中遇到屏障和建筑物发生反射时，可使噪声降低。当声源与接收点之间存在密实材料形成的障碍物时会产生显著的附加衰减。这样的障碍物一般称为声屏障。声屏障既可以是专门建造的墙或板，又可以是道路两旁的建筑物或低凹路面两侧的路堤等。声波遇到屏障时会产生反射、透射和衍射三种传播现象。屏障的作用就是阻止直达声的传播，隔绝透射声，并使衍射声有足够的衰减。声屏障的附加衰减与声源及接收点相对屏障的位置、屏障的高度及结构，以及声波的频率密切相关。一般而言，屏障越高，声源及接收点离屏障越近，声波频率越高，声屏障的附加衰减越大。

树木和草坪能够使传播的声波产生衰减，树干对高频率的声波起散射作用，树叶的周长接近和大于声波波长时，有较大的吸收作用。绿化带的降噪效果与林带宽度、高度、位置、配置以及树木种类等有密切关系。结构良好的林带有明显的降噪效果。例如，日本近年来的调查结果表明，40 m 宽的结构良好的林带可以降低噪声 10～15 dB。

【习题】

1．什么是声源？声源可以分为哪些类型？

2．简述声波的定义以及声波是如何产生与传播的？

3．① 当空气温度为 40℃时，试计算空气中的声速，并求在该温度下频率为 500 Hz 纯音的波长；② 当空气温度为 20℃时，试计算空气中的声速，并求在该温度下频率为 1 000 Hz 纯音的波长。

4．什么是声压、声强和声功率？它们之间的关系是什么？

5．试计算 1 000 Hz 纯音在钢和空气中的波长，并进行比较。

6．什么是声的频谱？频谱分析的意义是什么？

7．简述声波叠加的基本原理。

8．① 某一声音声压为 2.5 Pa，其声压级是多少？② 某一声源的声强为 0.1 W/m^2，其声强级是多少？③ 某一汽车喇叭发出 0.2 W 的声功率，其声功率级是多少？

9．解释声源的指向性以及如何对其进行描述？

10．什么是声波的衍射？什么情况下声波才能发生衍射？

11．气象条件是如何影响声的传播的？

12．空气对声波的吸收原因是什么？

13．已知空气密度为 1.21 kg/m^3，声速为 340 m/s。若有两个不相干的声波在声场某点的声压幅值分别为 5 Pa 和 4 Pa，请问在该点的总声压和平均声能密度是多少？

14．已知空气密度为 1.21 kg/m^3，声速为 340 m/s。水的密度为 998 kg/m^3，声速为 1 483 m/s。声波斜入射时的入射角 θ=10°。试计算：

① 声波由空气入射到水面时的反射角和折射角；

② 声波由水入射到水与空气交界面时的反射角和折射角；

③ 哪种情况存在全反射临界角，其值为多少？

15．在某测量点处噪声的倍频带声压级如下所示，计算该噪声的总声压级。

中心频率/Hz	63	125	250	500	1 000	2 000	4 000	8 000
声压级/dB	82	90	93	95	100	70	75	70

16. 若在某点测得机器 1、机器 2、机器 3 运转时的声压级分别为 85 dB、87 dB、91 dB，当 3 台机器都停止时，测得声压级为 82 dB。试求仅由 3 台机器在该点产生的声压级。

17．如果有大、中、小 3 种机器，每台发出的声压级分别为 90 dB、75 dB 和 60 dB，试就下述四种情况求车间内的总声压级是多少分贝？设车间内有：

① 1 台大机器和 10 台中机器；

② 1 台大机器和 10 台小机器；

③ 1 台大机器和 100 台中机器；

④ 1 台大机器和 100 台小机器。

18．*m* 个相同的声源同时发声时，声压级比一个这样的声源单独发声时的声压级大多少分贝？要再增加相同的分贝数，还需要增加多少个这样的声源？

19．在车间内测量某机器的噪声，机器运转时测得声压级为 87 dB，机器没有运转时的本底噪声为 79 dB，试求机器发出的声压级是多少分贝？

20．某风机工作时，在机体周围四个方向测得声压级分别为 96 dB（A）、100 dB（A）、90 dB（A）、97 dB（A），试求该噪声声压级的平均值。

21. 两台机器的声功率级分别为 108 dB 和 117 dB，某测量点到两台机器的距离分别为 5 m 和 9 m，求测量点处总声压级为多少分贝？

22．噪声从 0.8 m 宽，1.2 m 长的窗口进入室内，窗口处声压级为 65 dB，求通过窗口进入室内的声功率是多少瓦？

23．小汽笛发出的声功率为 0.1 W，试求：① 它的声功率级；② 距汽笛 10 m 处的声压级。

24．飞机发动机的声功率级可达 165 dB，为了保护人耳不受损害，在人耳处声压级应小于 120 dB，求飞机起飞时人至少应离开跑道多远？

25．距广场上的扬声器 40 m 处的直达声压级不小于 80 dB，如把扬声器看作是点声源，它的声功率至少为多少？声功率级是多少？

26．某点声源辐射半球面波，在距离声源 1 m 处测得声压级为 90 dB，若空气吸收的衰减可忽略不计，问 10 m 处和 20 m 处的声压级各是多少分贝？

27．一点声源在半自由声场中辐射半球面波，气温为 20℃、相对温度为 20%。在距离声源 10 m 处，测得 1 000 Hz 的声压级为 100 dB。问 100 m 处该频率的声压级为多少分贝？

第 3 章　噪声评价与标准

【本章导读】

由于噪声的大小通常与人的主观反应密切相关，仅仅通过声压、声强和声频率这些物理量来判断声音的强弱，并不能表现人对声音的主观感觉；同时，噪声变化也存在较为复杂的特点，因此对声音的评价方式需要考虑更多的因素，本章从主观度量出发，介绍几种使用较为广泛的噪声基本评价量和噪声评价方法，并结合《噪声污染防治法》对现行的环境质量标准、产品噪声标准和噪声排放标准进行系统介绍。完成对本章的学习后，学生能利用现行噪声标准，应用噪声的各种评价量对环境噪声进行评价，并能在实际的噪声控制工程中进行各种噪声问题的定性和定量评判。

3.1　噪声的评价量

声波的声强大小、频率高低和波形特点使人们对不同的声音有着不同的感受，这 3 个参数被称为表征声音性质的三要素。将这 3 个要素从物理的角度度量声音，涉及的物理量包括声压（声压级）、声强（声强级）、声功率（声功率级）等已在第 2 章中说明。当频率一定时，声压（声压级）越大，声音听起来就越响，但人耳对声音的感觉不仅与声音强度有关，还与声音的频率特性有关。

可见，声压、声强等物理量只能反映声音在物理上的强弱，并不能表现人对声音的主观感觉。但噪声最终是作用在人耳上的，这就存在对噪声主观度量的问题，即需要按照人对噪声的心理和生理特点，引出相应的主观度量度。因此，确定噪声的物理量与人的主观听觉之间的关系比噪声的客观评价更为重要。

根据噪声的定义，可从主观的角度（人的听觉）来度量声音，如响度级、响度、计权网络声级等。

3.1.1 响度级和响度

3.1.1.1 响度级

一个声音对人产生的影响与印象取决于它的频率和声压级。频率相同时，相差 1 dB，感觉不明显；相差 3 dB，感到有变化；相差 10 dB，感觉响度相差 1 倍。声压级相同时，人耳对不同频率下声音的主观反应也完全不一样：对高频敏感，感觉刺耳；对低频不敏感，可以忍受。当声压级相同时，100 Hz 与 1 000 Hz 的声音相比，后者要响得多。有些声压级不同、频率也不同的声音，人耳听上去却是一样响的，例如，60 dB、1 000 Hz 的声音和 68 dB、100 Hz 的声音听起来响声相近。

为了将不同声压级、不同频率的声音在人的主观感觉上进行量化，引入了响度级的概念。响度级的确定是同基准音比较得出的。国际标准化组织规定：以 1 000 Hz 纯音为基准，当某一噪声听起来与该纯音一样响时，该纯音的声压级值就是待定噪声的响度级值。响度级用符号 L_N 表示，单位为“方”（phon）。例如，频率 45 Hz、声压级 95 dB 的纯音和频率 3 800 Hz、声压级 70 dB 的纯音，听起来与频率 1 000 Hz、声压级 80 dB 的纯音同响，则频率为 45 Hz、3 800 Hz 的纯音的响度级为 80 phon。由于在确定响度级时考虑了人耳特性，并将声音的强度与频率用同一单位——响度级统一了起来，这样既反映了声音在客观物理角度上的强弱，又反映了声音在主观感觉角度上的强弱。

用与基准音相比较的方法，通过实验，可以得到整个可听范围内纯音的响度级。如果把响度级相同的点都连接起来，便得到一组曲线簇，即等响曲线。图 3-1 是 ISO 推荐的等响曲线。在每一条曲线上，尽管各个噪声的声压级和频率各不相同，但是它们听起来同样响，即具有相同的响度级。

从等响曲线中可以看出：

（1）等响曲线上的数字为该等响曲线的响度级。

（2）对 1 000 Hz 的纯音来说，其响度级（方值）与声压级（分贝值）相等。

（3）人耳对于高频声，特别是 1 000～4 000 Hz 的声音最敏感，对于低频声，特别是 1 000 Hz 以下的声音很迟钝，对 8 000 Hz 以上的特高频声也不敏感，因此在等响曲线中出现了中间低、两边高的图像。

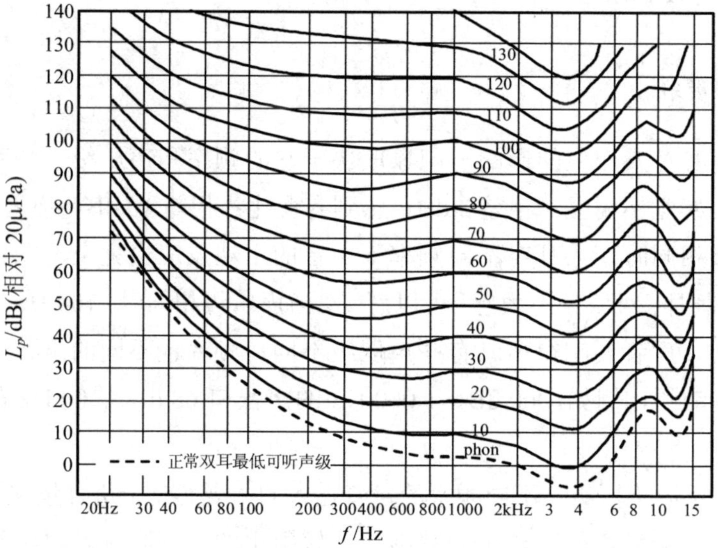

图 3-1 等响曲线

（4）当声压级较低时，频率越小，声压级与响度级相差越大。如声压级都是 40 dB 时，1 000 Hz 的声音是 40 phon，80 Hz 的声音是 20 phon，而 50 Hz 的声音接近 0 phon（低于听阈），人耳是听不到的。

（5）当声压级较高时，如声压级大于 100 dB，等响曲线随频率变化平缓。这说明声音强度达到一定程度后，人耳对高、低频声音的分辨能力下降，声压级相同的各频率声音几乎一样响，与频率关系不大，这时的响度级主要取决于声压级。

（6）等响曲线图中最下面那条虚线是人耳实际听阈曲线（4.2 phon）。需要说明的是，声压级的基准声压之所以取 2×10^{-5} Pa，是因为原来认为这个基准声压是人耳在 1 000 Hz 时的听阈压，因此把它规定为 0 phon。后来经准确测量和统计平均，求出人耳的听阈值不是 0 phon，而是 4.2 phon。所以也常将等响曲线中的这条虚线称作最小可听阈。

3.1.1.2 响度

响度级反映了不同频率的声音具有等响感觉的特性，是建立在两个声音的主观比较上的，它只表示待研究的声音与哪个基准音响度相同，并没有表示出一个声音比另一个声音响多少倍。例如，响度级的方数变化两倍，并不意味着人耳听该声音响的程度变化也为两倍。为了消除这一缺陷，定量地对声音进行比较，声学工作者引入了响度的概念。

响度是与人对声音的主观感觉成正比的量，用符号 N 来表示，单位为“宋”（sone）。以 40 phon 为 1 sone，响度级每增加 10 phon，响度即增加 1 倍。即 40 phon 为 1 sone、50 phon 为 2 sone、60 phon 为 4 sone、70 phon 为 8 sone……。响度与响度级之间的关系可用数学式表示为

$$N = 2^{(L_N - 40)/10} \tag{3-1}$$

$$L_N = 40 + 10\log_2 N = 40 + 33.3\,\mathrm{lgN} \tag{3-2}$$

式中：L_N——响度级，方（phon）；

N——响度，宋（sone）。

用响度的变化来评价降噪措施的主观效果比较直观，易于理解和接受，并且和人的实际感觉相近。但是，响度一般不能直接测量，而是通过计算得到。斯蒂文斯（Stevens）根据大量的生理声学实验，并考虑掩蔽等听觉效应，对连续谱的噪声，提出根据倍频程声压级计算响度级的方法。首先，测得噪声的倍频程声压级；其次，由图 3-2 查得各倍频程的响度指数；最后，由式（3-3）计算出总响度。

$$N_{总} = N_{\max} + F(\sum N_i - N_{\max}) \tag{3-3}$$

式中：$N_{总}$—— 总响度，sone；

$N_{\max}$—— 各频带响度指数中最大者，sone；

$\sum N_i$—— 所有频带响度指数之和，sone；

F—— 修正系数，倍频程 $F = 0.3$，1/2 倍频程 $F = 0.2$，1/3 倍频程 $F = 0.15$。

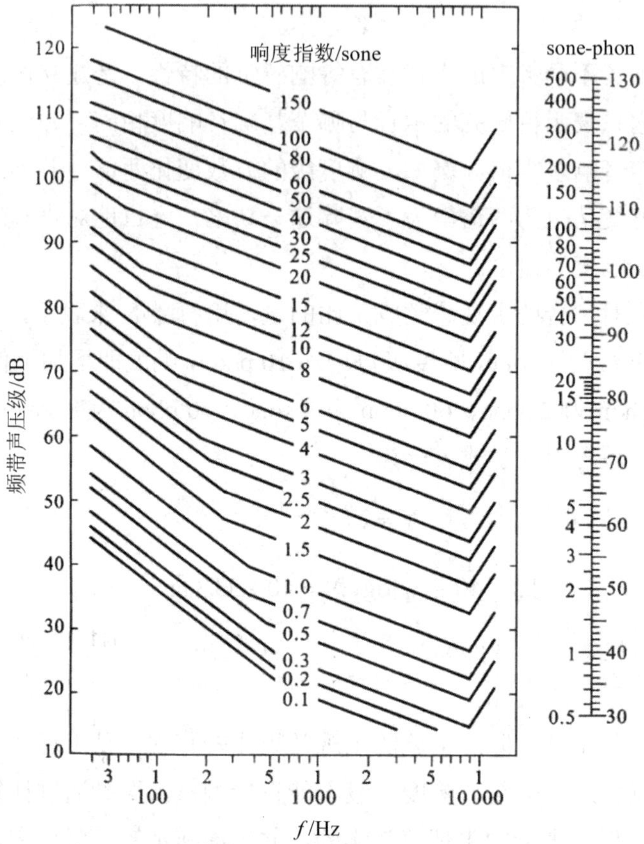

图 3-2　Stevens 等响度指数曲线

【例题 3-1】用倍频程滤波器测得某噪声各频带声压级如表第二行所示，试利用 Stevens 等响度指数曲线求该噪声的响度。

中心频率/Hz	63	125	250	500	1 000	2 000	4 000	8 000
声压级/dB	63	70	75	87	85	81	78	75
响度指数/sone	1.95	5.11	8.2	22.3	23.0	20.7	21.4	21.4

解：由题干已知数据，查图 3-2 得到相应的响度指数列于第三行。

由公式 $N_{总} = N_{\max} + F(\sum N_i - N_{\max})$，得：

$N_{总}$ =23+0.3×（1.95+5.11+8.2+22.3+23.0+20.7+21.4+21.4–23）=53.32

3.1.1.3　感觉噪声级和噪度

人们对一种声音的主观感觉与对这种声音的吵闹、厌烦的感觉并不一样，通过对噪声吵闹感觉的一系列研究，人们提出了一种新的主观评价量——感觉噪声级和噪度，其单位分别为 PN dB 和呐（noy）。响度是对噪声的主观评价，噪度是人们在主观上对噪声不需要或厌恶程度的度量，它不同于响度，但是可以与响度相比较，并使用同样的方法计算。一般来说，同响的噪声，高频声比低频声更令人厌烦；强度变化快的噪声比稳态噪声要吵；在强度相同的情况下，纯音或窄带噪声更为吵闹。与响度级、响度相似，感觉噪声级与噪度之间的关系为：中心频率为 1 000 Hz 的倍频程，声压级为 40 dB，规定其噪度为 1 noy，50 dB 时为 2 noy，60 dB 时为 4 noy……。感觉噪声级与噪度之间的关系用数学表达式表示如下。

$$PN = 2^{(L_{PN}-40)/10} \tag{3-4}$$

$$L_{PN} = 40 + 10\log_2 PN \tag{3-5}$$

式中：PN—— 噪度，noy；

　　L_{PN}—— 感觉噪声级，PN dB。

等感觉噪度曲线（图 3-3）与等响曲线的区别在于：它对受试者提出的不是两个声音是否等响的问题，而是两个噪声是否给人以相同的烦恼感觉的问题。等噪度曲线的形状与等响曲线相似，但高频部分下凹得更为突出。这说明人对高频声的烦恼和讨厌程度大于低频声。感觉噪声级适用于评价航空噪声对人的影响。

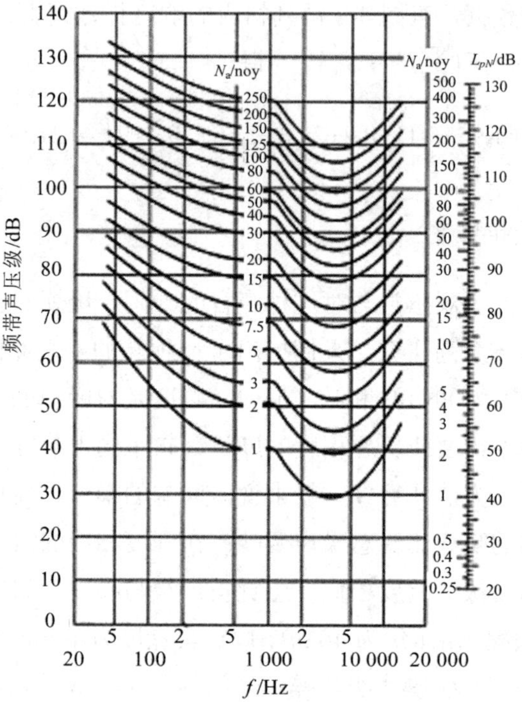

图 3-3 等感觉噪度曲线

3.1.2 计权声级

3.1.2.1 计权网络和计权声级

噪声对人的主观影响由声压级和频率共同决定，人耳对不同频率声音的响应曲线是不同的，但是由于人耳不能定量地判定出噪声的频率成分和相应强度，所以在噪声测量中，声学测量仪器往往需要加装信号处理设备以实现将接收的声信号进行模拟处理，使仪器反映的数据与人的主观感觉相接近。通常会在声学测量仪器中加入一套滤波网络，并参照等响曲线对某些人耳不敏感的频率进行适当的衰减，对那些人耳敏感的频率予以加强，以实现输出的信号与人耳听觉的主观感受尽可能地一致。这种修正的方法称为频率计权，实现频率计权的网络称为计权网络，经过计权网络测得的声级称为计权声级。常用的计权网络有 A、B、C、D、

E、SI 等多种计权网络，其中 A 计权和 C 计权最为常用；B 计权已逐渐被淘汰；D 计权主要用于测量航空噪声；E 计权和 SI 计权是近年来新出现的；E 计权是根据响度计算方法作出的，也叫耳朵计权；SI 计权是用于衡量噪声对语言干扰的。

A 计权网络是以 40 phon 等响曲线为基准设计的，其特点是模拟人耳对低频噪声（＜500 Hz）不敏感，衰减程度较大，对高频噪声则可不衰减或稍有放大。这样计权的结果，使得仪器的响应对低频声灵敏度低，对高频声灵敏度高。实践证明，A 计权基本上与人耳对声音的感觉相一致，国内外在噪声测量与评价中普遍采用 A 计权。

B 计权网络是以 70 phon 等响曲线为基准进行设计的，其特点是使通过的声音在低频段有一定程度的衰减。

C 计权网络是以 100 phon 等响曲线为基准进行设计的，其特点是只对人耳在可听声频范围内的高频段和低频段予以衰减，在大部分频域保持平直响应，让声音在不衰减的情况下通过。因此，可以认为 C 计权是对声音的客观量度，并以 C 计权得到的声级代表声压级。

D 计权网络是以 1 noy 等噪曲线为基准进行设计的，D 计权是对噪度参量的模拟，其特点是对高频段有较大程度的补偿。

图 3-4 显示了常用的 A、B、C、D 计权网络的衰减特性；表 3-1 列出了 A、B、C、D 计权网络频率的计权衰减值。分别用 A、B、C 和 D 计权网络计权后测得的声压级值分别称为 A 声级、B 声级、C 声级和 D 声级；分别记作 L_A、L_B、L_C 和 L_D，单位分别为 dB（A）、dB（B）、dB（C）和 dB（D）。

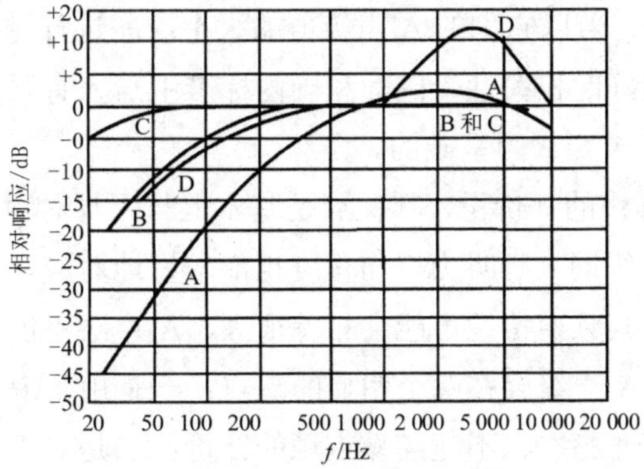

图 3-4　计权网络频率特性

表 3-1 计权网络频率特性修正值

中心频率 f/Hz	相应值，L/dB			
	A 计权	B 计权	C 计权	D 计权
16	−56.7	−28.5	−8.5	−22.6
31.5	−39.4	−17.1	−3.0	−16.7
63	−26.2	−9.3	−0.8	−10.9
125	−16.1	−4.2	−0.2	−5.5
250	−8.6	−1.3	0	−1.6
500	−3.2	−0.3	0	−0.3
1 000	0	0	0	0
2 000	1.2	−0.1	−0.2	7.9
4 000	1.0	−0.7	−0.8	11.1
8 000	−1.1	−2.9	−3.0	5.5
16 000	−6.6	−8.4	−8.5	−0.7

噪声评价，即如何将噪声的客观物理量与人的主观感受结合起来，得出与主观响应相对应的评价量，用以评价噪声对人的影响程度。这是一个十分复杂的问题，迄今为止，噪声评价量和评价方法已有上百种。本书将介绍几种常见和公认的评价量。

3.1.2.2 A 声级

有关噪声评价的长期实践表明，当时间上连续时，频谱比较均匀，无显著纯音成分的宽频带噪声，若以它们的 A 声级值的大小次序进行排列，则与人们主观听感的响度次序有很好的相关性。国际和国内标准中与人有联系的各种噪声评价量，绝大部分都是以 A 声级为基础的。

以 A 声级作为噪声的评价量，其优点是基本上与人耳对声音的感觉一致，简便实用；此外，A 声级同人耳听力损伤程度也能较好地对应。但是，当两个声源 A 声级大小一样时，其频谱特性可能会相差很大，A 声级不能全面地反映噪声源的频谱特性。因此，A 声级存在两个明显的缺点：一是由于缺少时间参量，A 声级一般不能直接用于非稳态、不连续噪声源的评价；二是对于低频成分占优势的强噪声环境，其 A 声级符合噪声劳动卫生标准，但对长期暴露于该环境的工作人员来说可能会造成高血压、心脏病等。

【例题 3-2】用频带分析仪测得某噪声各倍频程中心频率声压级如下表所示，试计算出该噪声的 A 声级。

中心频率/Hz	63	125	250	500	1 000	2 000	4 000	8 000
声压级/dB	90	85	80	75	75	72	58	46
A 计权修正值	−26.2	−16.1	−8.6	−3.2	0	1.2	1.0	-1.1

解：由表 3-1 查出 A 计权修正值见表第三行。

根据 2.2.5.1 中级的叠加计算公式（2-33），求出该噪声的 A 声级：

$$L_A = 10\lg(\sum_{i=1}^{n} 10^{\frac{L_{Ai}}{10}}) = 10\lg\left[10^{0.1(90-26.2)} + 10^{0.1(85-16.1)} + 10^{0.1(80-8.6)} + 10^{0.1(75-3.2)} + 10^{0.1(75-0)} + 10^{0.1(72+1.2)} + 10^{0.1(58+1)} + 10^{0.1(46-1.1)}\right]$$

$$= 80\ \text{dB（A）}$$

3.1.2.3　等效连续 A 声级

对于一个非稳态噪声，如交通噪声，其特点是噪声随车流量而呈现起伏或不连续变化，此时用计权声级只能测出某一时刻的噪声值，即瞬时值。为了简单地用一个类似 A 计权声级的数值来表示某一时段内交通噪声的大小，我们提出了用一个在相同时间内声能与之相等的连续稳定的 A 声级来表示该时段内不稳定噪声的声级，即用某一时间间隔内 A 计权声压级的能量平均意义上的等效声级来评价不稳态噪声对人的影响，记为等效连续 A 声级（简称为等效声级），用符号 L_{eq} 或 $L_{Aeq,T}$ 表示，单位为［dB（A）］，它反映了在噪声起伏变化的情况下，噪声受者实际接受噪声能量的大小，可用式（3-6）表示：

$$L_{eq} = 10\lg\frac{1}{T}\int_0^T 10^{\frac{L_A}{10}}\mathrm{d}t \tag{3-6}$$

式中：L_{eq} —— 在 t 时段内的等效连续 A 声级，dB（A）；

T —— 噪声暴露的时间，h 或 min；

L_A —— 在 t 时间内，A 声级变化的瞬时值，dB（A）。

在实际测量中往往不是连续采样，而是离散采样，因此式（3-6）可写为

$$L_{eq}=10\lg\frac{1}{\sum t_i}\left(\sum 10^{0.1L_{Ai}}t_i\right) \tag{3-7}$$

式中：L_{Ai}—— t_i时段内的 A 声级，dB（A）；

t_i—— 第 i 段时间，h 或 min。

如果采样的时间间隔 Δt 一定时，则式（3-6）可表示为

$$L_{eq}=10\lg\left[\frac{1}{n}\sum_{i=1}^{n}10^{0.1L_{Ai}}\right]=10\lg\left(\sum_{i=1}^{n}10^{0.1L_{Ai}}\right)-10\lg n \tag{3-8}$$

式中：n—— 在规定时间 T 内采样的总数，$n=\frac{T}{\Delta t}$；

L_{Ai}—— 第 i 次测量的 A 声级。

为运算方便，可任选一参考声级 L_S，以减少指数运算的幂次，即

$$L_{eq}=L_s+10\lg\left[\frac{1}{n}\sum_{i=1}^{n}10^{0.1(L_{Ai}-L_s)}\right] \tag{3-9}$$

【例题 3-3】某交警，在一天 8 h 的工作时间内，4 h 接触 95 dB 的噪声，2 h 接触 90 dB 的噪声，2 h 接触 85 dB 的噪声，求该交警一天工作时间内的等效连续 A 声级。

$$\begin{aligned}L_{eq}&=L_s+10\lg\left[\frac{1}{n}\sum_{i=1}^{n}10^{0.1(L_{Ai}-L_s)}\right]\\&=80+10\lg\left[\frac{4}{8}10^{0.1(95-80)}+\frac{2}{8}10^{0.1(90-80)}+\frac{2}{8}10^{0.1(85-80)}\right]\\&=80+12.8=92.8\ \text{dB(A)}\end{aligned}$$

另外，对于企业车间噪声而言，一般将 80～115 dB（A）的噪声级范围按 5 dB（A）为一段划分，共划分为 8 段，并用其算术平均声级表示，如中心声级 80 dB（A）表示 78～82 dB（A）的声级范围，而对低于 78 dB（A）和高于 117 dB（A）的噪声级不计统计各段声级的暴露时间，用式（3-10）计算等效连续 A 声级：

$$L_{eq}=80+10\lg\frac{\sum_{1}^{n}10^{\frac{n-1}{2}}\cdot T_n}{T} \tag{3-10}$$

式中：n —— 各段声级的序号，n=1，2，3，…，8；

T_n —— 在 n 段下的暴露时间，min；

T —— 总暴露时间，min，若以一个工作日（8 h）计算，则 T 为 480 min。

【例题 3-4】一工人在 8 h 的工作时间内，暴露在 110 dB（A）下 1 h，100 dB（A）下 0.5 h，93 dB（A）下 1 h，84 dB（A）下 50 min，其余时间均暴露在 80 dB（A）下，求该工人在一个工作日内的等效连续 A 声级。

解：将已知声级与对应的暴露时间分别填入下表：

中心声级序号/n	1	2	3	4	5	6	7	8
中心声级/dB(A)	80	85	90	95	100	105	110	115
声级范围/dB(A)	78～82	83～87	88～92	93～97	98～102	103～107	108～112	113～117
暴露时间/min	280	50		60	30		60	

将数据带入式（3-10），得

$$L_{eq}=80+10\lg\frac{10^{\frac{1-1}{2}}\times 280+10^{\frac{2-1}{2}}\times 50+\cdots+10^{\frac{7-1}{2}}\times 60}{480}$$

$$=80+10\lg\frac{280+158+18\,974+3\,000+60\,000}{480}$$

$$=90\text{ dB（A）}$$

3.1.2.4 昼夜等效声级

考虑到噪声在夜间比昼间对人的影响更大，故引入昼夜等效声级用于全天候的噪声评价。在昼间和夜间的规定时间内测得的等效连续 A 声级分别称为昼间等效声级 L_d 或夜间等效声级 L_n，昼夜等效声级为昼间和夜间等效声级的能量平均值，用 L_{dn} 表示，单位为 dB（A）。

昼夜等效声级是在等效连续 A 声级的基础上发展起来的，主要用于评价城市区域环境噪声。在计算昼夜等效声级时，需要将夜间等效声级加上 10 dB 后再计算，公式如下：

$$L_{dn}=10\lg\left[\frac{1}{24}(15\times 10^{\frac{L_d}{10}}+9\times 10^{\frac{L_n+10}{10}})\right] \tag{3-11}$$

式中：L_d—— 白天（7：00—22：00）的等效声级，dB（A）；

L_n—— 夜间（22：00—7：00）的等效声级，dB（A）。

昼间和夜间的具体时间划分由当地政府按照当地习惯和季节的不同确定。

【例题 3-5】甲地区白天的等效声级为 64 dB（A），夜间为 45 dB（A）；乙地区白天的等效声级为 60 dB（A），夜间为 50 dB（A）。试问哪一地区的环境噪声对人的影响大？

解：根据式（3-11），可得

$L_{dn甲}=10\lg[15/24\times10^{64/10}+9/24\times10^{(45+10)/10}]=62$ dB（A）

$L_{dn乙}=10\lg[15/24\times10^{60/10}+9/24\times10^{(50+10)/10}]=60$ dB（A）

所以，甲地区的环境噪声对人的影响大。

3.1.2.5 统计声级（累计百分声级）

等效连续 A 声级解决了用一个数值表示不稳态噪声大小的问题，但对噪声能量进行平均后难以看出噪声的起伏变化情况，在处理随机起伏的噪声如道路交通噪声时，可使用统计的方法来解决这一问题，即统计声级（累计百分声级）。

将声级 L_i 及其在随机起伏噪声中出现的百分数绘图，如果某一时间内噪声大小的出现概率符合高斯分布（正态分布）规律，则声级 L_i 出现概率的分布函数为

$$f(L_i)=\frac{1}{\sqrt{2\pi\sigma}}\exp\left[-\frac{(L_i-\overline{L}_i)^2}{2\sigma^2}\right] \tag{3-12}$$

式中：L_i—— 测得的第 i 个声级；

$\overline{L}_i$—— 测得声级的算术平均值；

σ—— 平均值的标准偏差。

若总的采样数为 N，则有限个测量的标准偏差为

$$\sigma=\sqrt{\frac{1}{N-1}\sum_{i=1}^{N}(L_i-\overline{L}_i)^2} \tag{3-13}$$

根据正态分布的特点，落在$(\overline{L}_i\pm\sigma)$范围内的数据占总数的 68%，落在$(\overline{L}_i\pm2\sigma)$范围内的数据占总数的 95%。σ 越小，表示声级 L_i 分布越集中。

在实际处理过程中，当数据量较大并较好地符合正态分布时，可将测量的数据从大到小排列，将第 N%的数据算作百分声级 L_N。例如 L_{10}=85 dB，表示在整个测量

时间内，10%的测量时间噪声超过 85 dB，L_{10} 相当于是噪声平均峰值；L_{50}=70 dB，表示在整个测量时间内，50%的测量时间噪声超过 70 dB，L_{50} 相当于是噪声中值；L_{90}=60 dB，表示在整个测量时间内，90%的测量时间噪声超过 60 dB，L_{90} 相当于是噪声的本底值。

交通噪声常采用统计声级 L_N 作为评价量，有的国家以 L_{10} 作为道路交通噪声的评价量，近年来也有采用 L_5 和 L_{95} 的。

在正态分布的情况下，根据式（3-12）的分布函数，可以求出等效连续 A 声级与同一时段内的统计声级。计算关系式如下

$$L_{\mathrm{eq}} \approx L_{50} + \frac{d^2}{60} \tag{3-14}$$

式中：$d = L_{10} - L_{90}$，等效声级的标准偏差 σ 为

$$\sigma \approx \frac{1}{2}(L_{16} - L_{84}) \tag{3-15}$$

3.1.2.6　噪声污染级

噪声污染级 L_{NP} 既能反映噪声能量大小，又能反映噪声变化幅度的情况，是综合能量平均值和变动特性（用标准偏差表示）两者的影响而给出的对噪声的评价数值，单位为 dB。其计算关系式如下

$$L_{\mathrm{NP}} = L_{\mathrm{eq}} + K\sigma \tag{3-16}$$

式中：L_{NP} —— 噪声污染级，dB；

L_{eq} —— 等效声级，dB（A）；

K —— 常数，一般取 2.56；

σ —— 规定时间内噪声瞬时声压级的标准偏差，其定义见式（3-15）。

可以看到，式（3-16）中第一项与噪声的能量积累有关，第二项与噪声的变化幅度有关。噪声污染级 L_{NP} 常用于道路交通噪声、航空噪声和许多公共场合的噪声评价。

3.1.2.7　噪声评价曲线（NR 曲线）

前面所介绍的 A 声级、等效连续 A 声级、昼夜等效声级、统计声级（累计百

分声级）等评价量，都是建立在A计权的基础上并不考虑具体频率成分的单值评价量，不能避免低频声的潜在危害，同时也不能给出具体的频谱分析，不利于噪声的评价和控制设计。1962年，C. W. Kosten和Vanos基于等响曲线，提出一组噪声评价曲线（NR曲线），见图3-5。曲线号数与该曲线1 000 Hz的声压级值相同。1971年，NR曲线被ISO在1996号文件的附录中采用，并逐渐在国际上推广开来。

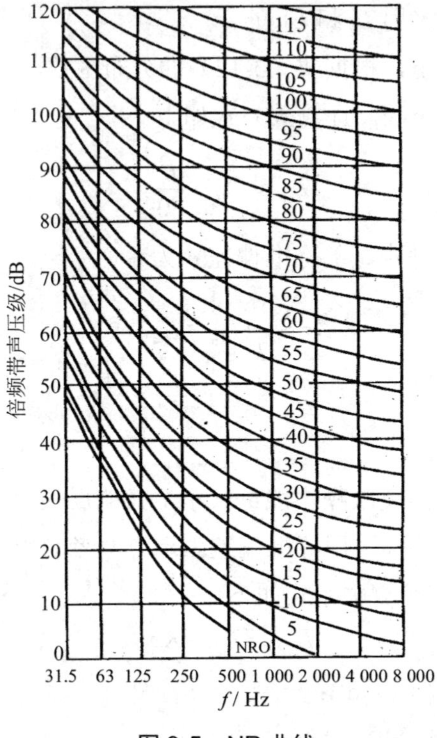

图3-5 NR曲线

NR曲线有两个方面的重要作用。一方面是对某种噪声环境，主要是室内环境噪声作出评价。其方法是将一组待评价的倍频程噪声谱叠在图3-5上，确定各倍频程声压级的NR值，选取各倍频程的NR值中的最大值再加上1，确定为该待评价噪声的NR数；确定NR数也可用计算公式进行计算，各倍频程的中心频率的声压级和NR数之间有如下关系：

$$N=\frac{L_P-a}{b} \quad 或 \quad L_p=a+bN \tag{3-17}$$

式中：N—— NR 数；

a，b—— 倍频程各中心频率队的系数，其值可查表 3-2；

L_p—— 各中心频率下 NR 数对应的声压级值，dB。

表 3-2 不同中心频率的系数 a 和 b

中心频率/Hz	63	125	250	500	1 000	2 000	4 000	8 000
a/dB	35.5	22.0	12.0	4.8	0	−3.5	−6.1	−8.0
b/dB	0.790	0.870	0.930	0.974	1.000	1.015	1.025	1.030

同时，NR 数与 A 声级有较好的相关性，它们之间有如下近似关系：

$$L_A \approx N + 5 \tag{3-18}$$

近年来，各国规定的噪声标准大多以 A 声级或等效连续 A 声级作为评价标准，如生产车间噪声标准规定为 90 dB，则根据式（3-18），90 dB 相当于 NR 数为 85。由此可知，NR-85 曲线可作为车间噪声声压级值的允许标准。

NR 曲线另一方面的重要用途，是用于室内环境噪声控制设计。如各类声功能要求较高的宾馆、酒店、公共场所的噪声控制和厅堂音质设计，往往使用某一 NR 曲线所对应的倍频程声压级进行设计。

3.1.2.8 语言干扰级

（1）掩蔽效应

人耳在倾听一个声音的同时，如果存在另一个声音，则会影响到对所听声音的听觉效果。人耳对一个声音的听觉灵敏度因为另一个声音的存在而降低，这一现象称为掩蔽效应。例如，在吵闹的数控生产车间里，人们听不见对方的讲话，这是因为语言被数控机床噪声所掩蔽。为了有效地控制噪声，保证语言信息的有效传递，就要找出不同声音之间的掩蔽规律。

掩蔽的现象和规律是很复杂的。通常，被掩蔽纯音的频率接近掩蔽音时，掩蔽量大，即频率相近的纯音掩蔽效果就会显著；掩蔽音的声压级越高，掩蔽量越大，掩蔽的频率范围就会越宽，掩蔽音对比其频率低的纯音掩蔽作用小，而对比其频率高的纯音掩蔽作用强。也就是说，低频音对高频音掩蔽作用大，而高频音对低频音的掩蔽作用小；低频音的声压级越高，对高频音的掩蔽作用就越大，且作用的频率范围也就越宽。

（2）语言干扰级

人们在交谈时，背景噪声的大小会影响交谈的清晰度，为了确定背景噪声对交谈的干扰程度，常用语言干扰级来进行描述。语言声的能量主要集中在 500～1 000 Hz，辅音的频率成分以中高频为主。虽然辅音的能量较小，但对语言清晰度的影响很大。在研究噪声对语言的干扰问题时，应考虑接近语言声的能量集中区和辅音的频率范围的噪声级大小。

常用的语言干扰级（SIL）是由白瑞纳克（Leo L. Beranek）提出的，它是中心频率 600～4 800 Hz 的 3 个倍频程声压级的算术平均值。后来的研究发现，低于 600 Hz 的低频噪声的影响不能忽略，于是对原有的语言干扰级进行了修改，提出以 500 Hz、1 000 Hz、2 000 Hz 为中心频率的 3 个倍频程的评价声压级来表示，称为更佳语言干扰级（PSIL），常用于评价飞机座舱的噪声或特定场合下的噪声，计算公式如下：

$$\mathrm{PSIL}=\frac{L_{500}+L_{1\,000}+L_{2\,000}}{3} \tag{3-19}$$

式中：PSIL —— 更佳语言干扰级，dB；

L_{500}，$L_{1\,000}$，$L_{2\,000}$ —— 500 Hz、1 000 Hz、2 000 Hz 中心频率下的声压级，dB。

更佳语言干扰级与讲话声音的大小、交谈者距离之间的关系如表 3-3 所示。表 3-3 中分贝值表示以稳态连续噪声作为背景噪声的 PSIL 值，表中所列的是男性的语言信息；对于女性，应将干扰级降低 5 dB。

表 3-3 更佳语言干扰级 单位：dB

对话者间距/m	声音正常	声音提高	声音很响	声音非常响
0.15	74	80	86	92
0.30	68	74	80	86
0.60	62	68	74	80
1.20	56	62	68	74
1.80	52	58	64	68
3.70	46	52	58	64

3.1.2.9 暴露声级

对于单次或离散噪声事件，如飞机的一次起飞或降落过程、锅炉排空放气、一辆汽车驶过等，可以用暴露声级 L_{AE} 来表示这种单次噪声事件的大小，公式如下：

$$L_{AE}=10\lg\left[\frac{1}{T_0}\int_0^T\frac{p_A^2(t)}{p_0^2}\mathrm{d}t\right] \tag{3-20}$$

式中：$p_A(t)$—— A 计权瞬时声压值，Pa；

p_0—— 基准声压，Pa；

T_0—— 参考时间，一般不注明时取 T_0=1 s；

T—— 该噪声事件对声能有显著贡献的足够长的时间间隔，s。

暴露声级本身是单次噪声事件的评价量，可以由它计算 ΔT 段时间内的等效声级，如果在 ΔT 时段内有 n 个单次噪声事件，其暴露声级为 L_{AEi}，则 ΔT 时段内的等效声级为

$$L_{Aeq,\Delta T}=10\lg\left[\frac{T_0}{\Delta T}\sum_{i=1}^{n}10^{0.1L_{AEi}}\right] \tag{3-21}$$

3.1.3 噪声评价

环境噪声是普遍存在的公害之一，选择合适的评价方法和评价指数，正确进行区域环境噪声评价和交通噪声评价，将为环境噪声的综合防治、创建环境噪声达标区提供科学依据。

3.1.3.1 区域环境噪声评价方法

（1）算术平均值法

把评价区域各监测点的声级相加，求其算术平均值，即

$$\overline{L}=\frac{1}{n}\sum_{i=1}^{n}L_i \tag{3-22a}$$

式中：n—— 监测点个数；

L_i—— 第 i 个监测点测到的声级值，dB。

这种方法作为一种随机统计结果，有一定的参考价值。但每一点的声级值具

有较大的偶然性，离开具体噪声源的评价，对改善环境噪声质量和进行噪声治理都没有直接的意义。此外，求声级的算术平均值的意义也不大，因为超标值与不超标值进行平均并不能充分说明问题。目前，生态环境统计工作中常采用面积计权平均值，其计算公式如下：

$$\overline{L}=\sum_{i=1}^{n}\frac{L_iS_i}{S} \tag{3-22b}$$

式中：L_i——某功能区第 i 个监测点测到的声级值，dB；

S_i——第 i 个监测点的覆盖面积，km^2；

S——功能区测量覆盖总面积，km^2。

（2）标准指数法

标准指数法简明直观，常应用在声环境质量现状评价中。其计算公式如下：

$$P_i=\frac{L_i}{L_s} \tag{3-23}$$

式中：L_{i}——评价量，如 L_{eq}（dB）；

L_{s}——标准值；

P_i——标准指数，$P_i>1$ 为超标，$P_i\leqslant 1$ 为达标。

例如，某一城市设功能区噪声测点 88 个，某年按有关规定，对每一测点进行 2～4 次的噪声 24 h 连续测量。在测量期间均为无雨、无雪、小（静）风天气，全市的测量仪器均经计量校验合格。经测量，全市共获得 442 个功能定点噪声，按现行标准值和式(3-23)，有 300 个点的标准值数大于 1，环境噪声超标率为 67.9%。

（3）噪声污染指数

对区域环境噪声作综合评价时常用噪声污染指数法，其计算公式如下：

$$P_N=\frac{\overline{L}_{eq}}{L_b} \tag{3-24}$$

式中：$\overline{L}_{eq}$——区域的平均等效 A 声级，dB；

L_b——基准值，一般以室外高烦恼度噪声级 75 dB 为基准。

通过式（3-24）计算出 P_N 后，可用表 3-4 查出环境噪声质量的等级。

表 3-4　环境噪声质量等级

等　级	分级名称	P_N	$\bar{L}_{eq}$/dB
一	安静	＜0.60	＜45
二	较安静	0.60～＜0.67	45～＜50
三	一般	0.67～＜0.75	50～＜56
四	吵闹	0.75～＜1.0	56～＜75
五	很吵闹	≥1.0	≥75

（4）噪声冲击指数

要合理地评价噪声对环境的影响，除了要考虑噪声的强度、频率分布和波动等性质外，还应考虑受某一声级影响的人口数，即人口密度这一因素。人口密度较低条件下的高声级与人口密度较高条件下的低声级对人群造成的总体干扰相仿，为了评价区域环境噪声质量，我们引入噪声冲击指数（NII）的概念，与一般噪声对单个人的作用不同，它表示在人类社会生活环境中噪声长期或短期作用于某区域内全部人群的危害的总影响。噪声冲击指数可以用式（3-25）计算：

$$\mathrm{NII}=\frac{\mathrm{T}W_iP_i}{\sum_i P_i}=\frac{\sum_i W_iP_i}{\sum_i P_i} \tag{3-25}$$

式中：$\mathrm{T}W_iP_i$ —— 噪声冲击的总计权人口数，人；

P_i —— 全年或某段时间内，昼夜等效声级 L_{dni} 影响的人口数，人；

$\sum_i P_i$ —— 总人口数，人；

W_i —— 昼夜等效声级 L_{dni} 的干扰计权因子，其数值可见表 3-5。

表 3-5　L_{dni} 范围的干扰因子

L_{dn}/dB	W_i	L_{dn}/dB	W_i
35～40	0.01	65～70	0.54
40～45	0.02	70～75	0.83
45～50	0.05	75～80	1.20
50～55	0.09	80～85	1.70
55～60	0.18	85～90	2.31
60～65	0.32	—	—

由式（3-25）可知，噪声冲击指数就是目标区域每人平均所受到的噪声冲击量，可以用来对两个区域的声环境质量进行比较，也可以计算和比较采取噪声控制前后的效果。噪声冲击指数越大，表示噪声污染越严重，可通过表 3-6 来确定噪声评价等级。

表 3-6　区域噪声影响评价等级

NII	≤0.03	≤0.07	≤0.25	≤0.44	≤1	＞1
等级	1	2	3	4	5	6
	优	良	合格	差	很差	恶化

【例题 3-6】某居住区暴露在不同昼夜等效声级下的噪声的人数如表所示，请根据已知数据计算该区域的噪声冲击指数 NII，并说明该区域的噪声评价等级。

解：由已知数据，通过查表 3-5 可得昼夜等效声级 $L_{\mathrm{dn}i}$ 相对应的 W_i 见表第三列，计算可得计权人口见表第四列。

$$\mathrm{NII}=\frac{\mathrm{T}W_iP_i}{\sum_i P_i}=\frac{\sum_i W_iP_i}{\sum_i P_i}=\frac{20.05}{80.9}=0.248\ \mathrm{dB（A）}$$

因为 0.248＜0.25，查表 3-6 可知该居住区域的噪声评价等级为 3 级，属合格。

L_{dn} /dB（A）	P_i/万人	W_i	W_iP_i/万人
50～＜55	32.4	0.09	2.92
55～＜60	21.3	0.18	3.83
60～＜65	15.2	0.32	4.86
65～＜70	9.1	0.54	4.91
70～＜75	1.5	0.83	1.25
75～＜80	0.2	1.20	0.24
80～＜85	1.2	1.70	2.04
合计	80.9	—	20.05

3.1.3.2　交通噪声评价

在大多数城市中，交通噪声是最主要的环境噪声源。交通噪声主要包括道路交通噪声、航运噪声、铁路噪声和航空噪声等，这里我们主要介绍道路交通噪声、铁路噪声和航空噪声的评价。

（1）道路交通噪声

① 算数平均法。我国规定等效连续 A 声级 L_{eq} 和统计声级 L_N 为道路交通噪声评价量。有的城市用全市各交通干线的 L_{eq} 和 L_N 的算术平均值和最大值及标准偏差来表示全市的道路交通噪声水平，用于城市间交通噪声的比较。一般而言，道路交通噪声的等效声级和统计声级的平均值应采用加权算术平均的方法来计算，具体计算公式如下：

$$L = \frac{1}{l}\sum_{i=1}^{n} l_i L_i \tag{3-26}$$

式中：l—— 全市道路交通干线的总长度，km；

l_i—— 第 i 段干线的长度，km；

L_i—— 第 i 段干线测得的等效声级或统计声级，dB。

② 交通噪声指数。交通噪声指数 TNI 是城市交通噪声评价的一个重要参数，它是在 24 h 的周期内进行大量的室外 A 声级采样的基础上，统计得到随机噪声峰值 L_{10} 和本底噪声值 L_{90}，其计算公式如下：

$$\mathrm{TNI} = 4\left(L_{10} - L_{90}\right) + L_{90} - 30 \tag{3-27}$$

式中：$4\left(L_{10} - L_{90}\right)$——噪声覆盖的范围，说明噪声的变化幅度，幅度越大就越吵；

L_{90}—— 本底噪声状况，其值越大越吵；

30—— 修正因子。

交通噪声指数 TNI 只适用于机动车辆噪声对周围环境干扰的评价，而且只限于车流量较大及附近无固定和偶发性强声源的时间和地段。对于车流量较小的环境，L_{10} 和 L_{90} 的差值较大，得到的 TNI 值也很大，容易夸大噪声的实际干扰程度。

（2）铁路噪声

随着轨道列车的提速和运输量的增加，铁路噪声对沿线居民的干扰问题日益突出，如何正确地评价铁路噪声的污染和对周边环境的影响显得尤为重要。

铁路噪声评价方法主要有以下几种：

① 主要考虑铁路噪声对环境的客观影响程度及范围，可用等效连续 A 声级

作为评价指标；

② 主要考虑噪声级出现的时间概率或累积概率，可用统计声级、交通噪声指数作为评价指标；

③ 结合铁路环境噪声级的大小，综合考虑影响人口数量的因素，即铁路噪声对沿线居民的实际干扰因素。事实上，有些铁路沿线居民区的噪声级虽然比较高，但由于受其影响的人数较少，其对居民的干扰并不大。相反，沿线人口密度大的居民区噪声级虽然不高，但其对居民的干扰却很大。因此，以噪声级计权影响人口数（LWP）的评价方法来综合评价铁路环境噪声对沿线居民的实际影响较为合适，其计算公式如下：

$$\mathrm{LWP} = \sum_{i=1}^{n} W_i P_i \tag{3-28}$$

式中：W_i—— 某一噪声级的计权因子，无因子量；

P_i—— 某一噪声级作用下的人口数。

该方法是对每一噪声级确定一个计权因子，然后把计权因子与该噪声级作用下的人口数相乘。具体做法是将评价区域内的噪声级按大小分成 n 个声级段，先分别求出每一声级段的影响人数，然后再把所有声级段的影响人数相加，求出总的噪声级计权人口数 LWP。

（3）航空噪声

① 有效感觉噪声级

有效感觉噪声级是在感觉噪声级 L_{PN} 的基础上，加上对持续时间和噪声中存在的可闻纯音或离散频率修正后的声级，用 L_{EPN} 表示，单位为 dB。适用于带有明显纯音峰值的喷气式飞机噪声评价。

② 计权有效连续感觉噪声级

计权有效连续感觉噪声级 L_{WECPN} 是在有效感觉噪声级的基础上发展起来的，它用于一段监测时间内系列飞行事件的航空噪声评价。其特点在于，既考虑了 24 h 内飞机通过一固定点的飞行引起的总噪声级，也考虑了不同时段的飞行所造成的不同环境影响。《机场周围飞机噪声环境标准》（GB 9660—88）中规定采用此评价法。计算公式如下：

$$L_{\mathrm{WECPN}} = \overline{L}_{\mathrm{EPN}} + 10\lg\left(N_1 + 3N_2 + 10N_3\right) - 39.4 \tag{3-29}$$

式中：$\overline{L}_{EPN}$ ——N 次飞行的有效感觉噪声级的能量平均值，dB；

N_1——07：00—19：00 的飞行次数；

N_2——19：00—22：00 的飞行次数；

N_3——22：00—07：00 的飞行次数。

3.2 噪声评价标准

采用 3.1 中各种噪声评价量，可以从各个方面描述噪声对人的影响程度；而从保护人的身心健康和享受宁静的工作生活环境的角度出发，必须对环境噪声加以控制，制定与噪声控制相关的标准，确定限值。我国目前的环境噪声标准分为声环境质量标准、环境噪声排放标准、产品噪声辐射标准和环境噪声管理标准等几大类。

3.2.1 声环境质量标准

为贯彻《中华人民共和国环境噪声污染防治法》，防治噪声污染，保障城乡居民正常生活、工作和学习的声环境质量，2008 年 8 月 19 日，环境保护部发布《声环境质量标准》（GB 3096—2008），并于 2008 年 10 月 1 日实施。该标准是对《城市区域环境噪声标准》（GB 3096—93）和《城市区域环境噪声测量方法》（GB/T 14623—93）的修订，主要修改内容如下：

——扩大了标准适用区域，将乡村地区纳入标准适用范围；

——将环境质量标准与测量方法标准合并为一项标准；

——明确了交通干线的定义，对交通干线两侧 4 类区环境噪声限值作了调整；

——提出了声环境功能区监测和噪声敏感建筑物监测的要求。

2014 年 12 月 2 日，环境保护部发布《声环境功能区划分技术规范》（GB/T 15190—2014），并于 2015 年 1 月 1 日实施，该规范代替《声环境功能区划分技术规范》（GB/T 15190—94），主要对城镇各声环境功能区进行分类。

3.2.1.1 声环境功能区分类

按区域的使用功能特点和环境质量要求，声环境功能区分为以下五种类型：

0 类声环境功能区：指康复疗养区等特别需要安静的区域。

1 类声环境功能区：指以居民住宅、医疗卫生、文化教育、科研设计、行政办公为主要功能，需要保持安静的区域。

2 类声环境功能区：指以商业金融、集市贸易为主要功能，或者居住、商业、工业混杂，需要维护住宅安静的区域。

3 类声环境功能区：指以工业生产、仓储物流为主要功能，需要防止工业噪声对周围环境产生严重影响的区域。

4 类声环境功能区：指交通干线两侧一定距离之内，需要防止交通噪声对周围环境产生严重影响的区域，包括 4 a 类和 4 b 类两种类型。4 a 类为高速公路、一级公路、二级公路、城市快速路、城市主干路、城市次干路、城市轨道交通（地面段）、内河航道两侧区域；4 b 类为铁路干线两侧区域。

3.2.1.2 环境噪声限值

各类声环境功能区适用表 3-7 规定的环境噪声等效声级限值。

表 3-7 环境噪声限值 单位：dB（A）

声环境功能区类别		时段	
		昼间	夜间
0 类		50	40
1 类		55	45
2 类		60	50
3 类		65	55
4 类	4 a 类	70	55
	4 b 类	70	60

注：1）表中 4b 类声环境功能区环境噪声限值，适用于 2011 年 1 月 1 日起环境影响评价文件通过审批的新建铁路（含新开廊道的增建铁路）干线建设项目两侧区域。

2）在下列情况下，铁路干线两侧区域不通过列车时的环境背景噪声限值，按昼间 70 dB（A）、夜间 55 dB（A）执行：a）穿越城区的既有铁路干线；b）对穿越城区的既有铁路干线进行改建、扩建的铁路建设项目。既有铁路是指 2010 年 12 月 31 日前已建成运营的铁路或环境影响评价文件已通过审批的铁路建设项目。

3）各类声环境功能区夜间突发噪声，其最大声级超过环境噪声限值的幅度不得高于 15 dB（A）。

3.2.1.3 乡村声环境功能的确定

乡村区域一般不划分声环境功能区，根据环境管理的需要，县级以上人民政府生态环境主管部门可按以下要求确定乡村区域适用的声环境质量要求：

① 位于乡村的康复疗养区执行 0 类声环境功能区要求；

② 村庄原则上执行 1 类声环境功能区要求，工业活动较多的村庄以及有交通干线经过的村庄（指执行 4 类声环境功能区要求以外的地区）可局部或全部执行 2 类声环境功能区要求；

③ 集镇执行 2 类声环境功能区要求；

④ 独立于村庄、集镇之外的工业、仓储集中区执行 3 类声环境功能区要求；

⑤ 位于交通干线两侧一定距离内的噪声敏感建筑物执行 4 类声环境功能区要求。

3.2.1.4　交通环境噪声标准

1．不同类型交通干线的定义

（1）铁路

以动力集中方式或动力分散方式牵引，行驶于固定钢轨线路上的客货运输系统。

（2）高速公路

专供汽车分向、分车道行驶，并应全部控制出入的多车道公路，其中：

四车道高速公路应能适应将各种汽车折合成小客车的年平均日交通量 25 000～55 000 辆；

六车道高速公路应能适应将各种汽车折合成小客车的年平均日交通量 45 000～80 000 辆；

八车道高速公路应能适应将各种汽车折合成小客车的年平均日交通量 60 000～100 000 辆。

（3）一级公路

供汽车分向、分车道行驶，并可根据需要控制出入的多车道公路，其中：

四车道一级公路应能适应将各种汽车折合成小客车的年平均日交通量 15 000～30 000 辆；

六车道一级公路应能适应将各种汽车折合成小客车的年平均日交通量 25 000～55 000 辆。

（4）二级公路

供汽车行驶的双车道公路。

双车道二级公路应能适应将各种汽车折合成小客车的年平均日交通量5 000～15 000辆。

（5）城市快速路

城市道路中设有中央分隔带，具有四条以上机动车道，全部或部分采用立体交叉与控制出入，供汽车以较高速度行驶的道路，又称汽车专用道。

城市快速路一般在特大城市或大城市中设置，主要起联系城市内各主要地区、沟通对外联系的作用。

（6）城市主干路

联系城市各主要地区（住宅区、工业区以及港口、机场和车站等客货运中心等），承担城市主要交通任务的交通干道，是城市道路网的骨架。主干路沿线两侧不宜修建过多的车辆和行人出入口。

（7）城市次干路

城市各区域内部的主要道路，与城市主干路结合成道路网，起集散交通的作用兼有服务功能。

（8）城市轨道交通

以电能为主要动力，采用钢轮—钢轨为导向的城市公共客运系统。按照运量及运行方式的不同，城市轨道交通分为地铁、轻轨以及有轨电车。

（9）内河航道

船舶、排筏可以通航的内河水域及其港口。

2．城市港口及江河两岸区域环境噪声标准

《城市港口及江河两岸区域环境噪声标准》（GB 11339—89）中规定了城市港口及江河两岸区域环境噪声限值，具体见表3-8。

表3-8　城市港口及江河两岸区域环境噪声标准　　单位：dB（A）

适用区域	昼间	夜间
一类区域	60	50
二类区域	70	55

注：1）一类区域是指港区内住宅、文教、医院、机关所在地区及船流量60艘/h以下的江河两岸区域；

2）二类区域是指船流量60艘/h以上的江河两岸区域。

3．机场周围飞机噪声环境标准

《机场周围飞机噪声环境标准》（GB 9660—88）规定了机场周围飞机噪声的环境标准，适用于机场周围受飞机通过所产生噪声影响的区域。该标准采用一昼夜的计权等效连续感觉噪声级作为评价量，用 L_{WECPN} 表示，dB。具体标准见表 3-9。

表 3-9 机场周围飞机噪声环境标准 单位：dB

适用区域	标准值
一类区域	≤70
二类区域	≤75

注：1）一类区域：特殊住宅区；居住、文教区；
2）二类区域：除一类区域以外的生活区；
3）本标准适用的区域地带范围由当地人民政府划定。

3.2.1.5 工业企业噪声卫生标准

工业企业噪声卫生标准是原卫生部和原国家劳动总局颁发的试行标准，并颁布了《工业企业噪声控制设计规范》（GBJ 87—85）。该标准在大量测试分析和调查的基础上制定，充分考虑了保护职工的身体健康和标准的可行性。工业企业噪声控制设计规范中提出了工业企业厂区内各类地点噪声 A 声级的噪声限值，具体见表 3-10。

表 3-10 工业企业厂区内各类地点噪声标准

序号	地点类别		噪声限值/dB（A）
1	生产车间及作业场所（工人每天连续接触噪声 8 h）		90
2	高噪声车间设置的值班室、观察室、休息室等	无电话通话要求	75
		有电话通话要求	70
3	精密装配线、精密加工车间的工作地点、计算机房（正常工作状态）		70
4	车间所属办公室、实验室、设计室（室内背景噪声级）		70
5	主控制室、集中控制室、通讯室、电话总机室、消防值班室（室内背景噪声级）		60
6	厂部所属办公室、会议室、设计室、中心实验室（包括试验、化验、计量室）（室内背景噪声级）		60
7	医务室、教室、哺乳室、托儿所、工人值班室（室内背景噪声级）		55

注：表中所列的室内背景噪声级，系在室内无声源发声的条件下，从室外经由墙、门、窗（门窗启闭为常规状态）传入室内的室内平均噪声级。

工业企业噪声卫生标准规定：工业企业生产车间和作业场所的工作地点的噪声标准为 85 dB（A）。有工业企业暂时达不到标准时，可适当放宽为 90 dB（A）。对在每个工作日中接触噪声不足 8 h 的工种，按照“等能量”原理进行修正，即暴露时间减半，允许噪声可相应提高 3 dB（A），但在任何情况下，噪声最高不得超过 115 dB（A）。工业企业噪声卫生标准值见表 3-11。

表 3-11　工业企业噪声卫生标准

每个工作日接触噪声时间/h	允许标准/dB（A）	
	新建、扩建、改建企业标准	现有企业参照标准
8	85	90
4	88	93
2	91	96
1	94	99
最高不得超过 115		

3.2.1.6　室内环境噪声允许标准

为保证生活及工作环境的宁静，世界各国都发布了室内环境噪声标准，但由于地域差异，各国及地区的标准并不完全一致。ISO 推荐的环境噪声允许标准是：住宅区室外环境噪声的允许噪声级为 35～45 dB（A），并根据不同时间、不同地区等条件进行修正，修正值见表 3-12 及表 3-13，对住宅区室内噪声，用时间和地区条件修正后再用表 3-14 进行修正。ISO 提出的非住宅区室内环境噪声标准见表 3-15。我国民用建筑室内允许噪声级见表 3-16。

表 3-12　一天内不同时间环境噪声标准修正　　单位：dB（A）

时间	修正值
白天	0
晚上	–5
深夜	–15～–10

表 3-13　不同地区环境噪声标准修正　　单位：dB（A）

地区	修正值
乡村住宅、医院、疗养院	0
市郊区住宅、小马路	+5
城市住宅区	+10
工商业和交通混合区	+15
城市中心	+20
工业区	+25

表 3-14　室内噪声标准修正　　单位：dB（A）

条件	修正值
开窗	−10
关闭单层窗户	−15
关闭双层窗户或不能开的窗户	−20

表 3-15　非住宅区室内环境噪声标准　　单位：dB（A）

场所	修正值
办公室、商店、教室、会议室、小餐厅	35
大餐厅、打印室、体育馆	45
大的打印室	55
车间（根据不同用途）	45～75

表 3-16　我国民用建筑室内允许标准　　单位：dB（A）

建筑物类型	房间功能或要求	允许噪声级			
		特级	一级	二级	三级
医院	病房、休息室	—	40	45	50
	门诊室	—	55	55	60
	手术室	—	45	45	50
	测听室	—	25	25	30
住宅	卧室、书房	—	40	45	50
	起居室	—	45	50	50
学校	有特殊安静要求	—	40	—	—
	一般教室	—	—	50	—
	无特殊安静要求	—	—	—	55

建筑物类型	房间功能或要求	允许噪声级			
		特级	一级	二级	三级
旅馆	客房	35	40	45	55
	会议室	40	45	50	50
	多用途大厅	40	45	50	—
	办公室	45	50	55	55
	餐厅、宴会厅	50	55	60	—

3.2.2 环境噪声排放标准

3.2.2.1 社会生活环境噪声排放标准

《社会生活环境噪声排放标准》（GB 22337—2008）自 2008 年 10 月 1 日起实施。本标准根据现行法律对社会生活噪声污染源达标排放义务的规定，对营业性文化娱乐场所和商业经营活动中可能产生环境噪声污染的设备、设施规定了边界噪声排放限值和测量方法。

（1）边界噪声排放限值

社会生活噪声排放源边界噪声不得超过表 3-20 规定的排放限值。在社会生活噪声排放源边界处无法进行噪声测量或测量的结果不能如实反映其对噪声敏感建筑物影响程度的情况下，噪声测量应在可能受影响的敏感建筑物窗外 1 m 处进行。当社会生活噪声排放源边界与噪声敏感建筑物距离小于 1 m 时，应在噪声敏感建筑物的室内测量，并将表 3-17 中相应的限值减 10 dB（A）作为评价依据。

表 3-17 社会生活噪声排放源边界噪声排放限值 单位：dB（A）

边界外环境功能区类别	时段	
	昼 间	夜 间
0	50	40
1	55	45
2	60	50
3	65	55
4	70	55

（2）结构传播固定设备室内噪声排放限值

在社会生活噪声排放源位于噪声敏感建筑物内情况下，噪声通过建筑物结构传播至噪声敏感建筑物室内时，噪声敏感建筑物室内等效声级不得超过表 3-18 和表 3-19 规定的限值。对于在噪声测量期间发生非稳态噪声（如电梯噪声等）的情况，最大声级超过限值的幅度不得高于 10 dB（A）。

表 3-18 结构传播固定设备室内噪声排放限值（等效声级） 单位：dB（A）

声环境功能区类别	A 类房间		B 类房间	
	昼间	夜间	昼间	夜间
0	40	30	40	30
1	40	30	45	35
2、3、4	45	35	50	40

注：1）A 类房间是指以睡眠为主要目的，需要保证夜间安静的房间，包括住宅卧室、医院病房、宾馆客房等；

2）B 类房间是指主要在昼间使用，需要保证思考与精神集中、正常讲话不被干扰的房间，包括学校教室、会议室、办公室、住宅中卧室以外的其他房间等。

表 3-19 结构传播固定设备室内噪声排放限值（倍频带声压级） 单位：dB

声环境功能区类别	时段	房间类型	室内噪声倍频带声压级限值				
			31.5	63	125	250	500
0	昼间	A、B 类房间	76	59	48	39	34
	夜间	A、B 类房间	69	51	39	30	24
1	昼间	A 类房间	76	59	48	39	34
		B 类房间	79	63	52	44	38
	夜间	A 类房间	69	51	39	30	24
		B 类房间	72	55	43	35	29
2、3、4	昼间	A 类房间	79	63	52	44	38
		B 类房间	82	67	56	49	43
	夜间	A 类房间	72	55	43	35	29
		B 类房间	76	59	48	39	34

（3）测量结果修正

具体测量方法在下一章将详细介绍，本章仅对测量结果修正作一说明：噪声测量值与背景噪声值相差大于 10 dB（A）时，噪声测量值不作修正；噪声测量值与背景噪声值相差在 3～10 dB（A）时，噪声测量值与背景噪声值的差值取整后，按表 3-20 进行修正；噪声测量值与背景噪声值相差小于 3 dB（A）时，应采取措施降低背景噪声后再作修正，仍无法满足要求的，应按环境噪声监测技术规范的有关规定执行。

表 3-20　社会生活环境噪声结果修正　　单位：dB（A）

差值	3	4～5	6～10
修正值	–3	–2	–1

3.2.2.2 工业企业厂界环境噪声排放标准

《工业企业厂界环境噪声排放标准》（GB 12348—2008）自 2008 年 10 月 1 日实施，该标准是对《工业企业厂界噪声标准》（GB 12348—90）和《工业企业厂界噪声测量方法》（GB 12349—90）的第一次修订。与原标准相比修订内容如下：

—— 将《工业企业厂界噪声标准》（GB 12348—90）和《工业企业厂界噪声测量方法》（GB 12349—90）合并为一个标准，名称改为《工业企业厂界环境噪声排放标准》；

—— 修改了标准的适用范围、背景值修正表；

—— 补充了 0 类区噪声限值、测量条件、测点位置、测点布设和测量记录；

—— 增加了部分术语和定义、室内噪声限值、背景噪声测量、测量结果和测量结果评价的内容。

由于该标准中结构传播固定设备室内噪声排放限值和测量结果修正与社会生活环境噪声排放标准一致，这里重点讲述工业企业厂界环境噪声排放限值，具体标准如表 3-21 所示。

表 3-21　工业企业厂界环境噪声排放限值　　单位：dB（A）

厂界外声环境功能区类别	昼间	夜间
0	50	40
1	55	45

厂界外声环境功能区类别	昼间	夜间
2	60	50
3	65	55
4	70	55

注：1）夜间频发噪声的最大声级超过限值的幅度不得高于 10 dB（A）；
2）夜间偶发噪声的最大声级超过限值的幅度不得高于 15 dB（A）；
3）工业企业若位于未划分声环境功能区的区域，当厂界外有噪声敏感建筑物时，由当地县级以上人民政府参照 GB 3096 和 GB/T 15190 的规定确定厂界外区域声环境质量要求，并执行相应的厂界环境噪声排放限值；
4）当厂界与敏感建筑物距离小于 1 m 时，厂界环境噪声应在噪声敏感物的室内测量，并将表 3-21 中相应的限值减 10 dB 作为评价依据。

3.2.2.3 铁路边界噪声限值

《铁路边界噪声限值及其测量方法》（GB 12525—1990）于 1991 年 3 月 1 日实施，2008 年进行了修改。该标准规定了城市铁路边界处铁路噪声的限值及其测量方法，适用对城市铁路边界噪声的评价。具体限值见表 3-22 和表 3-23。

表 3-22 既有铁路边界铁路噪声限值（等效声级 L_{eq}） 单位：dB（A）

时段	噪声限值
昼间	70
夜间	70

注：1）既有铁路边界铁路噪声按表 3-25 的规定执行，既有铁路是指 2010 年 12 月 31 日前已建成运营的铁路或环境影响评价文件已通过审批的铁路建设项目；
2）改、扩建既有铁路，铁路边界铁路噪声按表 3-22 的规定执行。

表 3-23 新建铁路边界铁路噪声限值（等效声级 L_{eq}） 单位：dB（A）

时段	噪声限值
昼间	70
夜间	60

注：新建铁路（含新开廊道的增建铁路）边界铁路噪声按表 3-23 的规定执行，新建铁路是指自 2011 年 1 月 1 日起环境影响评价文件通过审批的铁路建设项目（不包括改、扩建既有铁路建设项目）。
该标准中铁路噪声系指机车车辆运行中所产生的噪声；铁路边界系指距铁路外侧轨道中心线 30 m 处；背景噪声应比铁路噪声低 10 dB（A）以上，若两者声级差小于 10 dB（A），则按表 3-24 修正。

表 3-24 铁路噪声结果修正 单位：dB（A）

差值	3	4～5	6～9
修正值	−3	−2	−1

3.2.2.4 建筑施工场界噪声限值

《建筑施工场界噪声限值》（GB 12523—2011）是由环境保护部于 2011 年 11 月 5 日发布，并于 2012 年 7 月 1 日实施，代替原《建筑施工场界噪声限值》（GB 12523—90）和《建筑施工场界噪声测量方法》（GB 12524—90），本标准适用于城市建筑施工期间施工场地产生的噪声。具体见表 3-25。

表 3-25 建筑施工场界噪声排放限值（等效声级 L_{eq}） 单位：dB（A）

噪声限值	
昼间	昼间
70	55

背景噪声值比噪声测量值低 10 dB（A）以上时，不修正；噪声测量值与背景噪声值相差在 3～10 dB（A）时，噪声测量值与背景噪声值的差值修约后，按表 3-26 进行修正；噪声测量值与背景噪声值小于 3 dB（A）时，应采取措施降低背景噪声后，视前两种情况执行，仍无法满足前两种要求的，应按环境噪声监测技术规范的有关规定执行。

表 3-26 测量结果修正 单位：dB（A）

差值	3	4～5	6～10
修正值	−3	−2	−1

3.2.3　产品噪声辐射标准

环境噪声控制的基本要求是在声源处将噪声控制在一定范围内。从这个意义上来讲，应对所有机电产品制定噪声允许标准，超过标准的产品不允许进入市场。我国对产品噪声的标准还在不断地完善中，这些产品噪声标准包括各类家用电器产品（制冷器具、空气调节器具等），办公类用品（计算机、打印机等），以及其他机电产品（车辆、供配电设备等）。由于产品种类繁多，因而噪声标准也很多，在此只介绍部分产品的噪声标准。

3.2.3.1　汽车加速行驶车外噪声限值

《汽车加速行驶车外噪声限值及测量方法》（GB 1495—2002）规定了新生产汽车加速行驶车外噪声的限值，也规定了新生产汽车加速行驶车外噪声的测量方法。该标准适用于 M 和 N[①]类汽车。就车外噪声而言，一种车型是指下列主要方面没有差别的一类汽车：

① 车身外形或结构材料（特别是发动机机舱及其隔声材料）；

② 车长和车宽；

③ 发动机型式（点燃式或压燃式、二冲程或四冲程、往复或旋转式活塞），气缸数及排量，化油器的数量和型式或燃油喷射系统的型式，气门布置，额定功率及相应转速；或驱动电机的型式（针对电动汽车）；

④ 传动系，挡位数及其速比；

⑤ GB 1495—2002 中第 3.2 和 3.3 定义的降噪系统或部件。

除了 M_1 和 N_1 类以外的汽车，如果在上述第②条和第④条方面的差别不会导致噪声测量方法（如挡位选择）的变化，具有同样型式的发动机和（或者）不同总传动比时，可视为同一车型。汽车加速行驶时，其车外最大噪声级不应超过表 3-27 规定的限制。

① 汽车分类按 GB/T 15089—1994《机动车辆分类》的规定。

表 3-27 汽车加速行驶车外噪声限值

汽车分类	噪声限值/dB（A）	
	第一阶段	第二阶段
	2002 年 10 月 1 日—2004 年 12 月 30 日生产的汽车	2005 年 1 月 1 日以后生产的汽车
M_1	77	74
M_2（GVM≤3.5 t），或 N_1（GVM≤3.5 t）：		
GVM≤2 t	78	76
2 t＜GVM≤3.5 t	79	77
M_2（3.5 t＜GVM≤5 t），或 M_3（GVM＞5 t）：		
P＜150 kW	82	80
P≥150 kW	85	83
N_2（3.5 t＜GVM≤12 t），或 N_3（GVM＞12 t）：		
P＜75 kW	83	81
75 kW≤P＜150 kW	86	83
P≥150 kW	88	84

注：1）GVM 是最大总重量（t）；
2）P 是发动机额定功率（kW）；
3）M_1，M_2（GVM≤3.5 t）和 N_1 类汽车装用直喷式柴油机时，其限值加 1 dB（A）；
4）对于越野汽车，其 GVM＞2 t 时：如果 P＜75 kW，其限值增加 1 dB（A），如果 P≥150 kW，其限值增加 2 dB（A）；
5）M_1 类汽车，若其变速器前进挡多于四个，P＞140 kW，P/GVM 之比大于 75 kW/t，并且用第三挡测试时其尾端出线的速度大于 61 kW/h，则其限值增加 1 dB（A）。

3.2.3.2 摩托车和轻便摩托车加速行驶噪声限值

《摩托车和轻便摩托车加速行驶噪声限值及测量方法》（GB 16169—2005）规定了摩托车（赛车除外）和轻便摩托车加速行驶噪声限值及测量方法，适用于摩托车和轻便摩托车的型式核准和生产一致性检查。摩托车型式核准试验加速行驶噪声限值见表 3-28，轻便摩托车型式核准试验加速行驶噪声限值见表 3-29。

表 3-28 摩托车型式核准试验加速行驶噪声限值

发动机排量（V_h）/mL	噪声限值/dB（A）			
	第一阶段		第二阶段	
	2005 年 7 月 1 日前		2005 年 7 月 1 日起	
	两轮摩托车	三轮摩托车	两轮摩托车	三轮摩托车
＞50 且≤80	77	82	75	80
＞80 且≤175	80		77	
＞175	82		80	

表 3-29 轻便摩托车型式核准试验加速行驶噪声限值

设计最高车速（V_m）/（km/h）	噪声限值/dB（A）			
	第一阶段		第二阶段	
	2005 年 7 月 1 日前		2005 年 7 月 1 日起	
	两轮轻便摩托车	三轮轻便摩托车	两轮轻便摩托车	三轮轻便摩托车
＞25 且≤50	73	76	71	76
≤25	70		66	

3.2.3.3 三轮汽车和低速货车加速行驶车外噪声限值

《三轮汽车和低速货车加速行驶车外噪声限值及测量方法》（GB 19757—2005）自 2005 年 7 月 1 日起实施。该标准依据 GB 7258—2004《机动车运行安全技术条件》将“三轮农用运输车”更名为“三轮汽车”，将“四轮农用运输车”更名为“低速货车”，并规定了三轮汽车和低速货车加速行驶车外噪声限值及测量方法。本标准适用于三轮汽车和低速货车的型式核准和生产一致性检查。具体限值见表 3-30。

表 3-30 三轮汽车或低速货车加速行驶车外噪声限值

试验性质	实施阶段	噪声限值/dB（A）	
		装多缸柴油机的低速货车	三轮汽车及装单缸柴油机的低速货车
型式核准	第 I 阶段	≤83	≤84
	第 II 阶段	≤81	≤82
生产一致性检查	第 I 阶段	≤84	≤85
	第 II 阶段	≤82	≤83

3.2.3.4 汽车定置噪声

《汽车定置噪声限值》（GB 16170—1996）对城市道路允许行驶的在用汽车规定了定置噪声的限值。汽车定置是指车辆不行驶，发动机处于空载运转状态。定置噪声反映了车辆主要噪声——发动机噪声和排气噪声的状况。具体标准如表3-31所示。

表 3-31 各类车辆定置噪声 A 声级限值

单位：dB（A）

车辆类型	燃料种类	车辆出厂日期	
		1998 年 1 月 1 日前	1998 年 1 月 1 日起
轿车	汽油	87	85
微型客车、货车	汽油	90	88
轻型客车、货车、越野车	汽油，$n \leqslant 4\ 300$ r/min	94	92
	汽油，$n > 4\ 300$ r/min	97	95
	柴油	100	98
中型客车、货车、大型客车	汽油	97	95
	柴油	103	101
重型客车	$N \leqslant 147$ kW	101	99
	$N > 147$ kW	105	103

注：N——按生产厂家规定的额定功率；n——生产厂家规定的额定转速。

3.2.3.5 摩托车和轻便摩托车定置噪声标准

自 2005 年 7 月 1 日起，《摩托车和轻便摩托车定置噪声排放限值及测量方法》（GB 4569—2005）代替 GB 16169—1996 中的定置噪声限值部分和 GB/T 4569—1996 中的定置噪声测量方法部分。本标准为第二次修订，与 GB 16169—1996 和 GB/T 4569—1996 相比，主要变化如下，具体标准见表 3-32。

——摩托车定置噪声限值按新的发动机排量进行了分类；

——测量的取值要求发生了变化。

表 3-32　摩托车和轻便摩托车定置噪声排放限值

发动机排量（V_h）/mL	噪声限值/dB（A）	
	第一阶段	第二阶段
	2005 年 7 月 1 日前生产的摩托车和轻便摩托车	2005 年 7 月 1 日起生产的摩托车和轻便摩托车
≤50	85	83
＞50 且≤125	90	88
＞125	94	92

3.2.3.6　家用制冷器具噪声声功率级限值

《家用制冷器具 冷藏冷冻箱噪声声功率级限值》（GB/T 8059.2—1995）规定的限值见表 3-33，本标准适用于 500 L 以下的封闭式电机驱动压缩式家用冷藏冷冻箱的噪声性能检验。

表 3-33　家用制冷器具 冷藏冷冻箱噪声声功率级限值

制冷器容积/L	声功率级/dB（A）
≤250	52
＞250	55

3.2.3.7　房间空气调节器噪声限值

《房间空气调节器噪声限值》（GB/T 7725—1996）规定的限值见表 3-34，本标准适用于制冷量在 14 000 W 以下的空气冷凝器、全封闭电机—压缩机的房间空气调节器的噪声性能检验。

表 3-34　房间空气调节器噪声限值　单位：dB（A）

额定制冷量/W	室内噪声		室外噪声	
	整体式	分体式	整体式	分体式
＜2 500	≤53	≤45	≤59	≤55
2 500～4 500	≤56	≤48	≤62	≤58
4 500～7 100	≤60	≤55	≤65	≤62
＞7 100	—	≤62	—	≤68

此外，我国现行环境噪声标准还包括环境噪声监测标准和环境噪声管理标准。

3.2.4 环境噪声监测标准

《环境噪声监测技术规范 噪声测量值修正》(HJ 706—2014) 本标准规定了背景噪声测量方法，噪声测量值修正方法。适用于监测与评价环境噪声时对噪声测量值的修正。本标准自 2015 年 1 月 1 日起实施。具体修正标准见表 3-35。

表 3-35 3 dB≤ΔL_1≤10 dB 时噪声测量值修正表 单位：dB

差值（ΔL_1）	3	4～5	6～10
修正值	–3	–2	–1

注：其中 ΔL_1=噪声测量值–背景噪声值；背景噪声：被测量噪声源以外的声源发出的环境噪声的总和；噪声测量值：对被测噪声源进行噪声监测，测量得到的等效声级或倍频带声压级。噪声测量值包含了被测噪声源排放的噪声和其他环境背景噪声。

【习题】

1. 响度级与响度的定义是什么？等响曲线有何作用？
2. 什么是掩蔽效应？人耳的掩蔽规律如何？
3. 声级与声压级的异同点如何？
4. 测得各倍频程的声压级如表所示，试求总响度和总响度级。

fc /Hz	63	125	250	500	1 000	2 000	4 000	8 000
声压级/dB	60	62	64	70	72	78	72	55

5. 距某机器设备 1 m 处测得下列一组倍频程的声压级，试求该点的总 A 声级。

fc/Hz	63	125	250	500	1 000	2 000	4 000	8 000
声压级/dB	75	66	64	72	70	82	75	60

6. 工人甲在一天 8 h 的工作时间内接触的噪声值为 82 dB（A），工人乙在 4 h 内接触 80 dB（A）的噪声，2 h 内接触 84 dB（A）的噪声，2 h 内接触 86 dB（A）的噪声，谁受到的噪声危害大？

7．某工人在一天 8 h 的车间工作时间内，4 h 接触 98～102 dB（A）的噪声；2 h 接触 88～92 dB（A）的噪声；2 h 接触 83～87 dB（A）的噪声。试求该工人一天工作时间的等效连续 A 声级。

8．对某区域噪声监测，测得的结果如表所示，试求该区域的昼夜等效声级。

昼夜	白天（7：00—22：00）				夜晚（22：00—7：00）		
时间/h	3	5	3	4	2	3	4
声级/dB（A）	55	60	62	65	45	50	53

9．一声功率为 W 的点声源，在三个刚性平面交界处，若测点距声源 5 m 处的声压级是 100 dB，距声源 500 m 处的学校，噪声是否达标？（注：该学校执行一类标准，该校为寄宿学校。）

10．某城市交通主干道各路段现场实测噪声值如表所示，试求该目标道路的噪声现状值。

路段序号	1	2	3	4	5	6	7	8
路段长度/m	600	700	650	700	1 000	800	500	550
声级/dB（A）	60	65	62	70	75	68	65	72

11．录音室需要在声功能要求很高的环境中进行，按规定，录音室各倍频程的允许声级如表所示，假定环境噪声为 65 dB（A），试求该录音室的隔声要求。

fc/Hz	63	125	250	500	1 000	2 000	4 000	8 000
声级/dB（A）	59	47	33	18	20	27	28	36

第 4 章　噪声测量

【本章导读】

噪声测量不仅是噪声污染控制工程的主要技术步骤，也是各种机械设备和交通运输工具的重要质量指标，可作为环境噪声监测、控制以及研究的重要手段。在不同的声环境下，应考虑噪声源和振源特性的不同，因此所需的测量仪器和测量方法也会有所不同。本章主要介绍环境噪声测量中常用的一些仪器设备和相关的测量方法。

4.1　噪声测量仪器

4.1.1　声级计

声级计是最基本的噪声测量仪器，在把声信号转换成电信号时，可以模拟人耳对声波反应速度的时间特性、对高低频有不同灵敏度的频率特性以及不同响度时改变频率特性的强度特性，是根据人耳的等响特性而制定的测量声级大小的仪器。它的频率响应与人耳的等响曲线相适应，其频响曲线由频率计权网络，即一种特殊的滤波器来完成。声级计广泛用于环境噪声、机器噪声、车辆道路交通噪声、室内噪声以及其他各种噪声的测量。

4.1.1.1　类型

（1）按其精度

国际电工委员会 IEC 651 号标准以及国标 GB/T 3785.1—2010 把声级计分为两种、四类，即精密声级计（0 型、1 型）和普通声级计（2 型、3 型）（见表 4-1）。两种级别的声级计的性能指标具有同样的中心值，仅是容许误差不同，而且随着级别数字的增大，容许误差放宽。其中，环境噪声的测量中主要用 1 型和 2 型。根据 GB/T 14623—93 规定，用于城市区域环境噪声测量的仪器精度为 2 型以上的积分声级计。

表 4-1 声级计精度分类

类型	0 型	1 型	2 型	3 型
误差/dB	±0.4	±0.7	±1	±1.5
用途	在实验室作为标准仪器使用	在实验室作为声学仪器使用	现场测量的通用仪器	噪声监测和普及型声级计

ISO 及国际电工委员会（IEC）规定普通声级计的频率范围是 20～8 000 Hz，精密声级计的频率范围是 20～12 500 Hz。

（2）按体积

按其体积大小可分为台式声级计、便携式声级计和袖珍式声级计。

（3）按用途

按其用途可分为一般声级计、脉冲声级计、积分声级计、噪声暴露计（又称为噪声测量计）、统计声级计（又称为噪声统计分析仪）和频谱声级计等。

4.1.1.2 工作原理

声级计主要由传声器、放大器、衰减器、计权网络、电表电路及电源等部分组成（图 4-1）。仪器上有阻尼开关能反映人耳听觉动态特性；“快”档：用于测定起伏不大的稳定噪声；“慢”档：用于测定噪声起伏超过 4 dB 的噪声。对于无规则起伏的连续噪声，如果测量它的平均值，一般用“慢”档；如果要测量某种噪声变化的最大值，而没有“最大保持”档时，应该用“快”档，观察它的最大指示值。

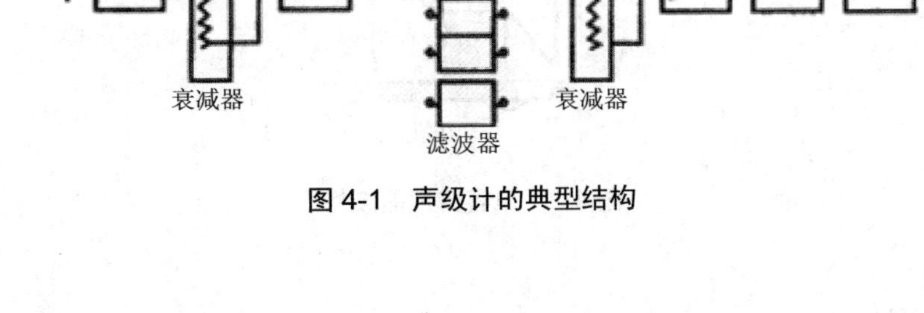

图 4-1 声级计的典型结构

声压由传声器（又称为话筒）膜片接收后，将声压信号转换成电信号，经前置放大器作阻抗变换后送到第一级衰减器，（由于表头指针范围只有 20 dB，而声音变化范围可高达 140 dB，必须用衰减器来衰减较强的信号，一般每挡衰减 10 dB）由输入级放大器进行定量放大，放大后的信号由计权网络进行计权。它的设计是模拟人耳对不同频率有不同敏感性的听觉响应。输出的信号出第二级衰减器衰减到定额值，随即送到后级放大器放大，经 RMS 检波器（均方根检波电路）后，送出有效电压由电表显示所测量的声压级分贝值。

4.1.1.3　主要构成

（1）传声器

这是一种将声压转换成电压的声电换能器。传声器的类型很多，它们的转换原理及结构各不相同。要求测试用的传声器在测量频率范围内有平直的频率响应、动态范围大、无指向性、本底噪声低、稳定性好等优点。在声级计中，大多选用空气电容传声器和驻极体电容传声器。

① 电容传声器。由一个非常薄的金属膜（或涂金属的塑料膜片）和一个相距很近的后极板组成。膜片和后极板相互绝缘，构成一个电容传声器。电容传声器具有性能稳定、动态范围宽、频率响应平直、体积小等优点，但其内阻高，需要用阻抗变换器与衰减器和放大器匹配才能正常工作。电容传声器的结构如图 4-2 所示。电容传声器的主要技术指标有灵敏度、频率响应范围和动态范围。

② 驻极体电容传声器。是在膜片与后极板之间填充驻极体，用驻极体的极化电压来代替外加的直流极化电压。

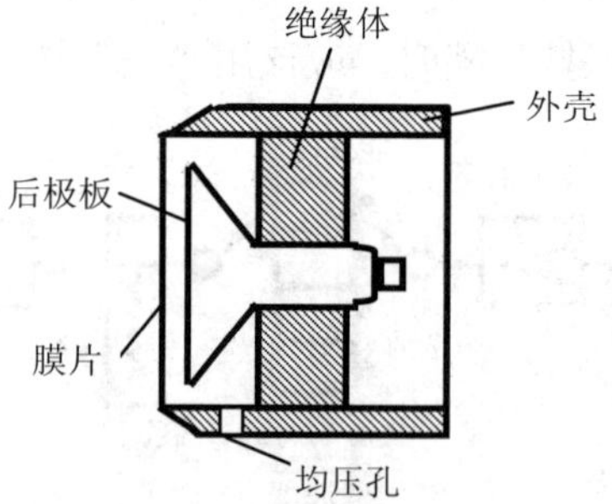

图 4-2　电容传声器结构

此外，由于传声器在声场中会引起声波的散射作用，特别是会使高频段的频率响应受到明显影响，这种影响随声波入射方向的不同而变化。根据传声器在声场中的频率响应不同，一般分为声场型（自由场和扩散场）传声器和压强型传声器。测量正入射声波（声波传播方向垂直于传声器膜片）采用自由场型传声器较好，对无规入射声波应采用扩散场型或压强型传声器，如采用自由场型传声器，应加一无规入射校正器，使传声器的扩散场响应接近平直。

（2）放大器

声级计的放大器部分，要求在音频范围内响应平直，有足够低的本底噪声。精密声级计的声级测量下限一般在 24 dB 左右，如果传声器灵敏度为 50 mV/Pa，则放大器的输出电压约为 15 μV，因此要求放大器的本底噪声应低于 10 μV。当声级计使用"线性"(L)档，即不加频率计权时，要求在线性频率范围内的本底噪声低于 10 μV。

声级计内的放大器，要求具有较高的输入阻抗和较低的输出阻抗，并有较低的线性失真，放大系统一般包括输入放大器和输出放大器两组。

（3）衰减器

声级计的量程范围较大，一般为 25～130 dB。但检波器和指示器不可能有这么宽的量程范围，这就需要设置衰减器，其功能是将接到的强信号给予衰减，以免放大器过载。衰减器分为输入衰减器和输出衰减器。声级计中，前者位于输入放大器之前，后者接在输入放大器和输出放大器之间。为了提高信噪比，一般测量时应尽量将输出衰减器调至最大衰减档，在输入放大器不过载的前提下，将输入衰减器调至最小衰减档，使输入信号与输入放大器的电噪声有尽可能大的差值。

（4）滤波器

声级计中的滤波器包括 A、B、C、D 计权网络和 1/1 倍频程或 1/3 倍频程滤波器。A 计权声级应用最为普遍，而且只有 A 计权的普通声级计可以做成袖珍式的，其价格低、使用方便，多数普通声级计还有"线性"档，可以测量声压级，用途更为广泛。在一般噪声测量中选用 1/1 倍频程或 1/3 倍频程带宽的滤波器就足够了。

将模拟电路检波输出的直流信号不输入指示器，而反馈给 A/D 转换器，或将传声器前置放大输出的交流信号直接进行模数转换，然后对数字信号进行分析处理后以数字显示、打印或贮存各种结果，这类声级计称为数字声级计。由于软件可以根据要求编制，因此数字声级计具有多用性的优点，可以根据需要提供瞬时声级、最大声级、统计声级、等效连续声级、噪声暴露声级等数据。

（5）声级计的主要附件

① 防风罩。在室外测量时，为避免风噪声对测量结果的影响，在传声器上罩一个防风罩，通常可降低风噪声 10～12 dB。但防风罩的作用是有限的，如果风速超过 20 km/h，即使采用防风罩，它对较低的声压级的测量结果仍有影响。显然，所测噪声声压级越高，风速的影响就越小。

② 鼻形锥。若要在稳定的高速气流中测量噪声，应在传声器上装配鼻形锥，使锥的尖端朝向来流，从而降低气流扰动产生的影响。

③ 延长电缆。当测量精度要求较高或在某些特殊情况下，测量仪器与测试人员相距较远。这时可用一种屏蔽电缆连接电容传声器（随接前置放大器）和声级计。屏蔽电缆长度为几米至几十米，电缆的衰减很小，通常可以忽略。但是如果插头与插座接触不良，将会带来较大的衰减。因此，对连接电缆后的整个系统需要用校准器再次校准。

（6）声级计的校准

为保证测量的准确性，声级计使用前后要进行校准，通常使用活塞发生器、声级校准器或其他声压校准仪器对声级计进行校准。

① 活塞发声器。这是一种较精确的校准器，它在传声器的膜片上产生一个恒定的声压级（如 124 dB）。活塞发声器的信号频率一般为 250 Hz，所以在校准声级计时，频率计权必须放在“线性”档或“C”档，不能在“A”档校准。应用活塞发声器校准时，要注意环境大气压对它的修正，特别是在海拔较高地区进行校准时不能忘记这一点。使用时要注意校准器与传声器之间的紧密配合，否则读数不准。国产的 NX6 活塞发声器，它可以产生（124±0.2）dB 的声压级，频率 250 Hz，非线性失真不大于 3%。

② 声级校准器。这是一种简易校准器，如国产 ND9 校正器。因为它的信号频率是 1 000 Hz，使用它进行校准时声级计可置任意计权开关位置。因为在 1 000 Hz 处，任何计权或线性响应灵敏度都相同。校准时，对于 1 英寸①或 24 mm 外径的自由声场响应电容传声器，校准值为 93.6 dB；对于 1/2 英寸或 12 mm 外径的自由

① 1 英寸=25.4 mm。

声场响应传声器，校准值为 93.8 dB。

校准器应定期送至计量部门进行鉴定。

4.1.2 频谱分析仪

在实际测量中很少遇到单频声，一般都是由许多频率组合而成的复合声，因此常需要对声音进行频谱分析。若以频率为横坐标，以反映相应频率处声信号强弱的量（如声压、声强、声压级等）为纵坐标，即可绘出声音的频谱图（图 4-3）。

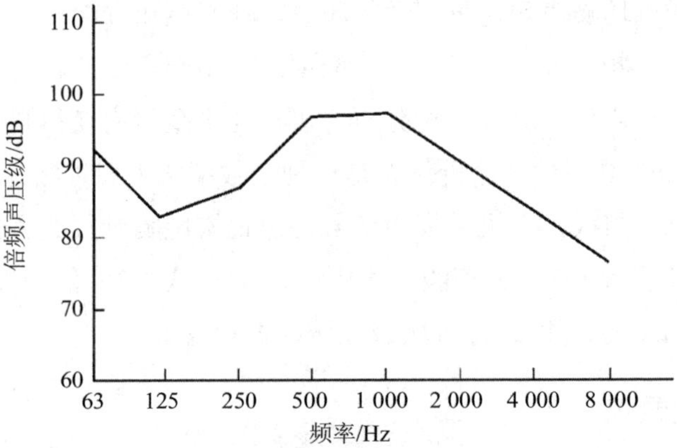

图 4-3 某鼓风机的噪声频谱

频谱分析是观察和测量信号幅度和信号失真的一种快速方法，其显示结果可以直观反映出输入信号的傅立叶变换的幅度。信号频域分析的测量范围极其宽广，超过 140 dB，这就使得频谱分析仪成为适合现代通信和微波领域的多用途仪器。频谱分析实质上是考察给定信号源、天线或信号分配系统的幅度与频率的关系，这种分析能给出有关信号的重要信息，如稳定度、失真、幅度以及调制的类型和质量等。利用这些信息，可以进行电路或系统的调试，以提高效率或验证在所需要的信息发射和不需要的信号发射方面是否符合不断涌现的各种规章条例。

一般情况下，进行频谱分析时，都采用倍频程划分频带。如要进行更详细的频谱分析，就要用窄频带分析仪，例如用 1/3 频程划分频带。

声级计、积分声级计或噪声统计分析仪，与 1/1 倍频程滤波器或 1/3 倍频程滤波器结合就组成了频谱分析仪，如 AWA5633A 型数显声级计或 AWA5610B 型积分声级计加 AWA5721 型倍频程滤波器组成一般用途的频谱分析仪，可进行 1/1 倍频程频谱分析；AWA5671 型积分声级计和 AWA6218 型噪声统计分析仪加上 AWA5721 型 1/1 倍频程滤波器或 AWA5722 型 1/3 倍频程滤波器组成频谱分析仪，可进行 1/1 倍频程、1/3 倍频程频谱分析，并在 LCD 上列表显示每个频带的声压级或显示频谱分布图，还可以通过 UPS40TS 打印机打印列表或频谱分布图。有的仪器将声级计和滤波器装在一个机壳内组成频谱分析仪，如 AWA6270 型噪声频谱分析仪，它既可以进行 1/1 倍频程、1/3 倍频程分析，也可以进行噪声的统计分析，还可以用于机场噪声和建筑声学的测量，使用更加方便。

近年来，实时频谱分析仪已被广泛应用。采用数字滤波、FFT 等先进数字信号处理技术，对噪声信号进行实时分析，可在几十毫秒内获得整个频率范围的频谱分析图。AWA6290 型频谱分析仪就是一种全数字化 I 型声级计，由主机及笔记本电脑（或微机）组成，主机采集声信号，笔记本电脑进行数字信号处理。它可以同时测量并显示 A（或 C）声级、声压级、1/1（或 1/3）倍频程频谱图及列表、8192 线 FFT 分析，也可以进行时域或频域数据存盘。

4.1.3 磁带记录仪

在现场测量中有时受到测试场地或供电条件的限制，不可能携带复杂的测试分析系统。磁带记录仪具有携带简便、直流供电等优点，能将现场信号连续不断地记录在磁带上，带回实验室重放分析（图 4-4）。测量使用的磁带记录仪除要求畸变小、抖动少、动态范围大以外，还要求在 20～20 000 Hz 频率（至少要求在所分析频带内）有平直的频率响应。磁带记录仪的品种繁多，有的采用调频技术可以记录直流信号，有的本身带有声级计功能（传声器除外），有的具有两种以上的走带速度。近期开发的记录仪可达数十个通道，信号记录在专用的录像带上。

除了模拟磁带记录仪，数字磁带记录仪在声和振动测量中也已广泛应用，具有精度高、动态范围大、能直接与微机连接等优点。为了能在回放时确定所录信号声压级的绝对值，必须在测量前后对测量系统进行校准。在磁带上录入一段校准信号作为基准值。在重放时所有的记录信号都与这个基准值进行比较，便可得到所录信号的绝对声压级。

对于多通道磁带记录仪，通常可以选定其中的一个通道来记录测试状态，以及测量者口述的每项测试记录的测量条件、仪器设置和其他相关信息。

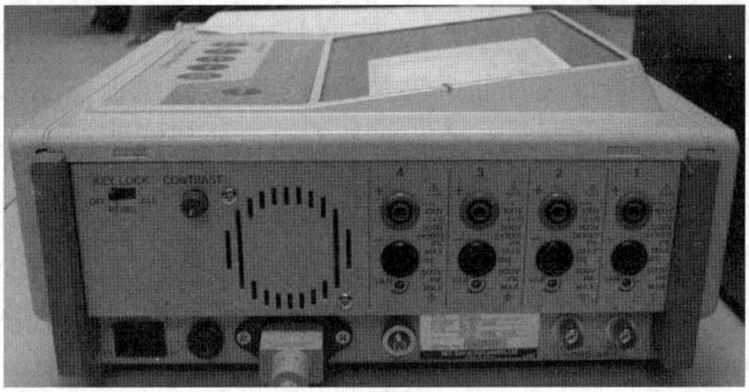

图 4-4　磁带记录仪

4.1.4　读出设备

噪声或振动测量的读出设备是相同的，读出设备的作用是让观察者得到测量结果。读出设备的形式很多，最常用的设备有：一种是能将输出的数据以指针指示或数字显示的方式直接读出的设备，目前以数字显示的形式居多，如声级计面板上的显示窗；另一种是将输出的数据以几何图形的形式描画出来，如声级记录仪和 *X-Y* 记录仪。它可以在预印的声级及频率刻度纸上做迅速而准确的曲线图描绘，以便于观察和评定测量结果，并与频率分析仪做同步操作，为频率分析及响应等提供自动记录。需要注意的是，以上这些能读出幅值的设备通常读出的是被测信号的有效值，但有些设备也能读出被测信号的脉冲值和幅值。还有一种数字打印机，将输出信号通过模数转换（A/D）变成数字由打印机打出。此种读出设备常用于实时分析仪，用计算机操作进行自动测试和运算。

4.1.5　实时分析仪

在进行频率分析时，噪声必须依次通过相邻的滤波器，无论是自动记录还是手动调节，一次频率分析都需要一定的时间才能完成，窄带分析则需要更多的时间。但有的噪声持续时间很短，如行驶中的汽车、飞机、火车发出的噪声，以及转瞬即逝的脉冲声级等，对这类噪声进行频谱分析，必须使用具有瞬时频率分析功能的装置。实时分析仪就是把瞬时噪声信号立即全部显示在屏幕上，存储后可以利用电平记录仪、计算机等记录或打印。

经常使用的实时分析仪有两种：一种是 1/3 倍频带实时分析仪；另一种是窄带实时分析仪。1/3 倍频带实时分析仪是将输入信号通过前置放大器，输给多个并联的 1/3 倍频程滤波器，每一个滤波器都有自己的检波器、积分器和储存电路。通过开关和逻辑电路在显示器上显示，几十毫秒的时间即可显示一个频谱。窄带实时分析仪是利用时间压缩原理，把输入信号存入数字储存器，通过模/数转换系统中的高速取样，用模拟滤波器分析。窄带实时分析仪分辨率很高。如果把窄带实时分析仪和小型电子计算机连接起来，可以组成一个数据自动采集和处理系统。

简便、迅速和准确地测量和分析噪声的前提是选择合理的测量系统和仪器组合。测量仪器的选择和组合是根据测量目的及现场条件等确定的。各种测量仪器的组合见图 4-5。

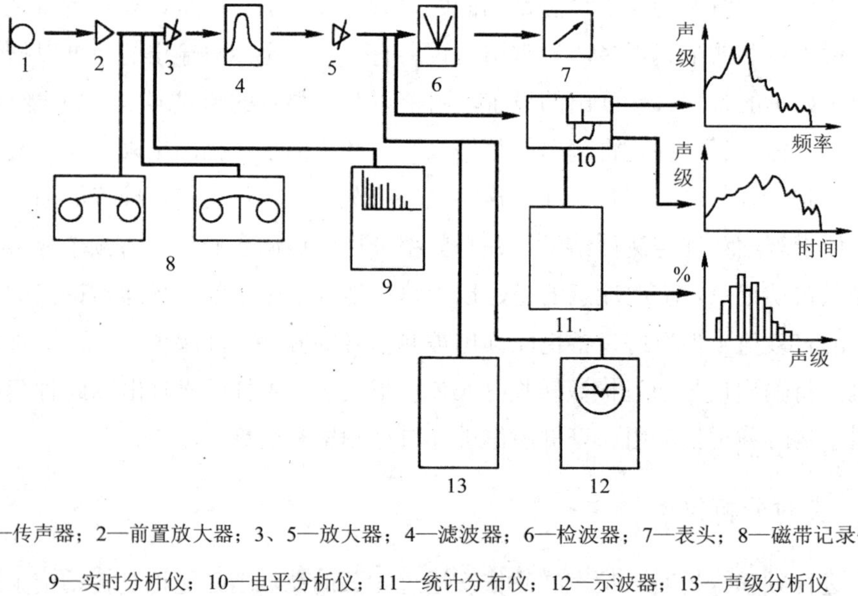

1—传声器；2—前置放大器；3、5—放大器；4—滤波器；6—检波器；7—表头；8—磁带记录仪；9—实时分析仪；10—电平分析仪；11—统计分布仪；12—示波器；13—声级分析仪

图 4-5 测量系统的仪器组合

4.2 噪声测量方法

4.2.1 环境噪声测量

环境噪声监测的目的和意义：及时、准确地掌握城市噪声现状，分析其变化趋势和规律；了解各类噪声源的污染程度和范围，为城市噪声管理、治理和科学研究提供系统的监测资料。

4.2.1.1 声环境功能区噪声测量

为评价不同声功能区昼间、夜间的声环境质量，了解功能区环境噪声的时空分布特征，需对不同声功能区环境噪声进行测量，其要求如下所述。

测量仪器精度为 2 型及 2 型以上的积分平均声级计或环境噪声自动监测仪，其性能符合 GB 3785 和 GB/T 17181 的规定，并定期进行校验。测量前后必须在测量现场进行声学校准，前后校准示值偏差不得大于 0.5 dB，否则测量结果无效。校准所用仪器应符合 GB/T 15173 对 1 级或 2 级声校准的要求。测量时传声器应加风罩。

测量应在无雨雪、无雷电天气，风速为 5 m/s 以下时进行。根据监测对象和目的，可选择以下三种测点条件（指传声器所置位置）进行环境噪声的测量：

① 一般户外，距离任何反射物（地面除外）至少 3.5 m 外测量，距地面高度 1.2 m 以上。必要时可置于高层建筑上，以扩大监测受声范围。使用监测车辆进行测量，传声器应固定在距车顶部 1.2 m 处。

② 在噪声敏感建筑物外，距墙壁或窗户 1 m 处，距地面高度 1.2 m 以上。

③ 在噪声敏感建筑物内，距离墙面和其他反射面至少 1 m，距窗约 1.5 m 处，距地面高在 1.2～1.5 m。

测量记录内容应包括：日期、时间、地点及测定人员；使用仪器型号、编号及其校准记录；测定时间内的气象条件（风向、风速、雨雪天气状况）；测量项目及测量结果；测量依据标准；测点示意图；声源及运行工况说明（如交通噪声测量的交通流通量等）；其他应记录的事项。

测量方法有定点监测法和普查监测法两种。

（1）定点监测法

选择能反映各类功能区声环境质量特征的监测点 1 至若干个，进行长期定点监测，每次测量的位置高度要保持不变。

对于 0、1、2、3 类声环境功能区，该监测点为户外长期稳定、距地面高度为声场空间分布的可能最大值处，其位置应能避开反射面和附近的固定噪声源；4 类声环境功能区监测点应设于 4 类区内第一排噪声敏感建筑物户外交通噪声空间垂直分布的可能最大处。

声环境功能区监测每次至少进行一昼夜 24 h 的连续监测，得出每小时及昼间、夜间的等效 L_{eq}、L_D、L_n 和最大声级 L_{max}。用于噪声分析目的，可适当增加监测项目，如累积百分声级 L_{10}、L_{50}、L_{90} 等。监测应避开节假日和非正常工作日。

各监测点位测量结果需独立评价，以昼间等效声级和夜间等效声级作为评价各监测点位声环境质量是否达标的基本依据。一个功能区设有多个测点时，应按点次分别统计昼间、夜间的达标率。

全国重点环保城市以及其他有条件的城市和地区宜设置环境噪声自动监测系统，进行不同声环境功能区监测点的连续自动监测。环境噪声自动监测系统主要由自动监测子站和中心站及通信系统组成，其中，自动监测子站由全天候户外传声器、智能噪声自动监测仪、数据传输设备等构成。

（2）普查监测法

① 0～3 类声环境功能区普查监测

将要普查监测的某一声环境功能区划分成若干个等大的正方格，网格要完全覆盖住被普查的区域，且有网格总数应多于 100 个。以网格中心为测点，测点条件为一般户外条件。监测分别在昼间工作时间和夜间 22：00—24：00（时间不足可顺延）进行。每次每个测点测量 10 min 的连续等效 A 声级 L_{eq}。同时记录噪声主要来源。监测应避开节假日和非正常工作日。

将全部网格中心测点测得的 10 min 的等效声级做算术平均运算，所得到的平均值代表某一声环境功能区的总体环境噪声水平，并计算标准偏差。根据每个网格中心的噪声值及对应的网格面积，统计不同噪声影响水平的面积百分比，以及昼间、夜间的达标面积比例。有条件的可估算受影响人口。

② 4 类声环境功能区普查监测

以自然路段、站、场、河段等为基础，考虑交通运行特征和两侧噪声敏感建筑物分布情况，划分典型路段（包括河段）。在每个典型路段对应的 4 类区边界上（指 4 类区内无噪声敏感建筑物存在时）或第一排噪声敏感建筑物外（指 4 类区内有噪声敏感建筑物存在时）选择 1 个测点进行噪声监测。这些测点应与站、场、码头、岔路口、河流汇入口等相隔一定距离，避开这些点的噪声干扰。

监测分昼、夜两个时段进行。分别测量如下规定时间内的等效声级 L_{eq} 和交通流量，对铁路、城市轨道交通线路（地面段），应同时测量最大声级 L_{max}，对道路交通噪声应同时测量累积百分声级 L_{10}、L_{50}、L_{90}。

根据交通类型的差异，规定的测量时间为：铁路、城市轨道交通线路（地面段）、内河航道两侧昼、夜各测量不低于平均运行密度的 1 h，若城市轨道交通线路（地面段）的运行车次密集，测量时间可缩短至 20 min。高速公路、一级公路、二级公路、城市快速路、城市主干路、城市次干路两侧昼、夜各测量不低于平均运行密度的 20 min 值。监测应避开节假日和非工作日。

将某条交通干线各典型路段测得的噪声值，按路段长度进行加权算术平均，以此得出某条交通干线两侧 4 类声环境功能区的环境噪声平均值。也可对某一区域内的所有铁路、确定为交通干线的道路、城市轨道交通（地面段）、内河航道按前述方法进行长度加权统计，得出针对区域某一交通类型的环境噪声平均值。根据每个典型路段的噪声值及对应的路段长度，统计不同噪声影响水平下的路段百分比，以及昼间、夜间的达标路段比例。有条件的可估算受影响人口。对某条交通干线或某一区域、某一交通类型采取抽样测量的，应统计抽样路段比例。

4.2.1.2　机动车辆噪声测量

交通噪声是城市噪声的主要污染源。而交通噪声的声源是机动车辆本身及其组成的车流。由于车辆噪声随着行驶状况不同会有变化，因此测定的车辆噪声级，既要反映车辆的特性，又要代表车辆行驶的通常状况。国标《机动车辆噪声测量方法》（GB 1496—79）和《声学—机动车辆定置噪声测量方法》（GB/T 14365—93）具体规定了机动车辆的车外噪声、车内噪声和定置噪声的测试规范。

与城市环境密切相关的是车辆行驶时的车外噪声。车外噪声测量需要在平坦开阔的场地。在测试中心周围 25 m 半径范围内不应有大的反射物。测试跑道应有 20 m 以上平直、干燥的沥青路面或混凝土路面，路面坡度不超过 0.5%。

测试话筒位于 20 m 跑道中心 0 点两侧，各距中线 7.5 m，距地面高度 1.2 m，用三角架固定（图 4-6）。话筒平行于路面，其轴线垂直于车辆行驶方向。本底噪声（包括风噪声）至少应比所测车辆噪声低 10 dB，为了避免风噪声干扰，可采用防风罩。声级计用 A 计权，“快”档读取车辆驶过时的最大读数。测量时要避免测试人员对读数的影响。各类车辆按测试方法所规定的行驶档位分别以加速和匀速状态驶入测试跑道。同样的测量往返进行一次。车辆同侧两次测量结果之差不应大于 2 dB。若只用一个声级计测量，同样的测量应进行四次，即每侧测量 2 次。取每侧 2 次声级的平均值中最大值作为被测车辆的最大噪声级。

车内噪声主要是影响驾驶人员对车外声音信号的识别和车内人员的舒适性，而对环境影响不大。定置噪声测量则主要用来分析鉴别车辆各部位的噪声源。对这两种测量方法在此不作详细介绍。

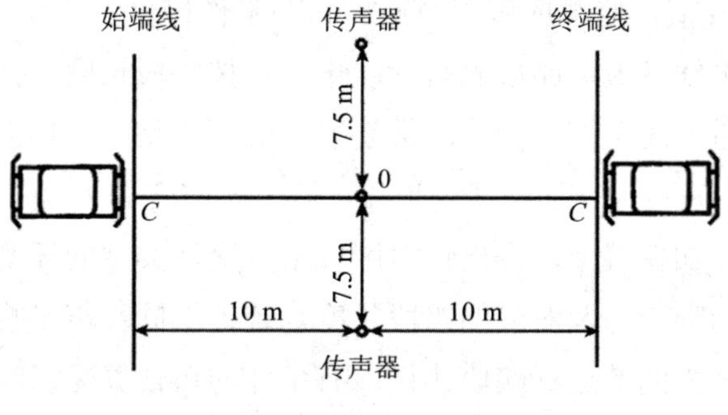

图 4-6 机动车辆噪声测试位置

4.2.1.3 航空噪声测量

（1）航空噪声测量的类型

航空噪声测量的类型主要有：飞机的噪声检测；测量单个飞行事件的噪声；测量一系列飞行事件引起的噪声等内容。《表述地面听到飞机噪声的方法》（ISO 3891—1978）、《机场周围飞机噪声测量方法》（GB 9661—88）和国际民航组织（ICAO）《航空器噪声》有关规定都详细叙述了航空噪声的测量方法。

测量飞机噪声用 D 计权，飞机噪声的基本评价量是感觉噪声级 L_{PN}。其他评价量都是由 L_{PN} 演变而得。

（2）航空噪声测量条件

气候条件应无雨、无雪，地面上 10 m 高处的风速不大于 5 m/s，相对湿度不超过 90%；测量传声器应为无指向性的，安装地点应开阔、平坦，传声器离地面 1.2 m，被测飞机噪声最大值至少超过背景噪声 20 dB。

① 飞机的噪声检测：国际民航组织规定了 3 个测量点，即起飞、降落和边线测量点。起飞测量点在跑道的中心线上，沿起飞方向离飞机起飞点 6 km 处；降落测量点亦在跑道中心线上，沿降落方向离降落点 2 km 处；边线测量点离跑道边 0.65 km 处，且与飞机降落点和起飞时离地点距离相同的位置。

② 测量单个飞行事件的噪声：飞机场周围单架飞机的噪声用最大感觉噪声级 $L_{PN_{max}}$ 和有效感觉噪声级 EPNL（或 LEPN）表示。

当飞机飞过测量点上空，由记录设备得到 $L_{D_{max}}$ 和 $t_2 \sim t_1$, $L_{D_{max}}$ 是最大 D 声级，$t_2 \sim t_1$ 是由记录设备导出的 D 计权声级在最大值下降 10 dB 时的开始时刻和最终时刻之间的时间间隔，有效感觉噪声级 EPNL 由下式求得：

$$\mathrm{EPNL} = L_{PN_{max}} + 10\lg\frac{t_2 - t_1}{2T_0} \text{（dB）} \tag{4-1}$$

式中：T_0=10 s。感觉噪声级 L_{PN} 与 D 声级 L_D 之间有近似的固定差值，即：

$$L_{PN} = L_D + 6.6 \text{（dB）} \tag{4-2}$$

③ 测量相继一系列飞行事件的噪声级：在单个飞行事件的噪声级的基础上，计算相继 N 次事件所引起的噪声级，它是 N 个有效感觉噪声的能量平均值。对某一个测量点通过 N 次飞行的有效感觉噪声级的能量平均值为：

$$\overline{\mathrm{EPNL}} = 10\lg\left(\frac{1}{N}\sum_{i=1}^{N}10^{\mathrm{EPNL}_i/10}\right) \text{（dB）} \tag{4-3}$$

式中：EPNL_i —— 某一次飞行的有效感觉噪声级。

④ 在一段监测时间内测量飞行事件所引起的噪声：在某一监测点或评价位置，我国国家标准以计权有效连续感觉噪声级 WECPNL 为飞机噪声的评价量，它的计算公式为：

$$\mathrm{WECPNL} = \overline{\mathrm{EPNL}} + 10\lg(N_1 + 3N_2 + 10N_3) - 39.4 \quad \text{(dB)} \tag{4-4}$$

式中：$\overline{\mathrm{EPNL}}$—— 在评价时间内 N 次飞行的有效感觉噪声级的能量平均值；

N_1—— 评价时间内白天的飞行次数；

N_2—— 评价时间内傍晚的飞行次数；

N_3—— 评价时间内夜间的飞行次数。

一天内三段时间的具体划分由当地政府决定。评价时间可以是一昼夜（24 h）、一星期或更长时间，视航运班次能重复的周期而定。

4.2.2 工业企业噪声测量

工业企业噪声问题分为两类：一类是工业企业内部的噪声；另一类是工业企业对外界环境的影响。内部噪声又分为生产环境噪声和机器设备噪声。

4.2.2.1 生产环境噪声测量

《工业企业噪声控制设计规范》（GBJ 87—85）规定生产车间及作业场所工人每天连续接触噪声 8 h 的噪声限制值为 90 dB。这个数值是指工作人员在操作岗位上的噪声级。测量时传声器应置于工作人员的耳朵附近，测量时工作人员应从岗位上暂时离开，以避免声波在工作人员头部引起的散射声使测量产生误差。对于流动的工种，应在流动的范围内选择测点，高度与工作人员耳朵的高度相同，求出测量值的平均值。

对于稳定噪声只测量 A 声级，如果是不稳定的连续噪声，则在足够长的时间内进行（能够代表 8 h 内变化幅度的部分时间）取样，计算等效连续 A 声级 L_{eq}。如果用积分声级计，就可以直接测定规定时间内的噪声暴露量。对于间断性的噪声，可测量不同 A 声级下的暴露时间，计算 L_{eq}。将 L_{eq} 按从小到大的顺序排列，并分成数段，每段相差 5 dB，以其算术中心表示为 70 dB、75 dB、80 dB……115 dB，如 70 dB 表示 68～72 dB，75 dB 表示 73～77 dB，以此类推。然后将一个工作日内的各段声级暴露时间进行统计。

车间内部各点声级分布变化＜3 dB 时，只需要在车间选择 1～3 个测点；若声级分布差异＞3 dB，则应按声级大小将车间分成若干区域，使每个区域内的声级差异＜3 dB，相邻两个区域的声级差异应≥3 dB，并在每个区域选取 1～3 个测点。这些区域必须包括所有工人观察和管理生产过程而经常工作活动的地点和范围。

4.2.2.2 机器噪声现场测量

机器噪声的现场测量应遵照各有关测试规范进行（包括国家标准、行业规范等），必须设法避免或减小环境的背景噪声和反射声的影响，如使测点尽可能地接近机器声源；除待测机器外尽可能地关闭其他运转设备；减少测量环境的反射面；增加吸声面积等。对于室外或高大车间内的机器噪声，在没有其他声源影响的条件下，测点可选得远一点，一般情况可按如下原则选择测点：

① 小型机器（外形尺寸＜0.3 m），测点距表面 0.3 m；

② 中型机器（外形尺寸在 0.3～1 m），测点距表面 0.5 m；

③ 大型机器（外形尺寸＞1 m），测点距表面 1 m。

特大型机器或有危险性的设备，可根据具体情况选择较远位置为测点。测点数目可视机器的大小和发声部位的多少选取 4 个、6 个、8 个等。测点高度以机器半高度为准或选择在机器轴水平线的水平面上，传声器对准机器表面，测量 A、C 声级和倍频带声压级，并在相应测点上测量背景噪声。

对空气动力性的进、排气噪声测点应取在吸气口轴线上，距管口平面 0.5 m 或 1 m（或等于一个管口直径）处；排气噪声测点应取在排气口轴线 45 º 方向上或管口平面上，距管口中心 0.5 m、1 m 或 2 m 处，见图 4-7。进、排气噪声应测量 A、C 声级和倍频程声压级，必要时测量 1/3 倍频程声压级。

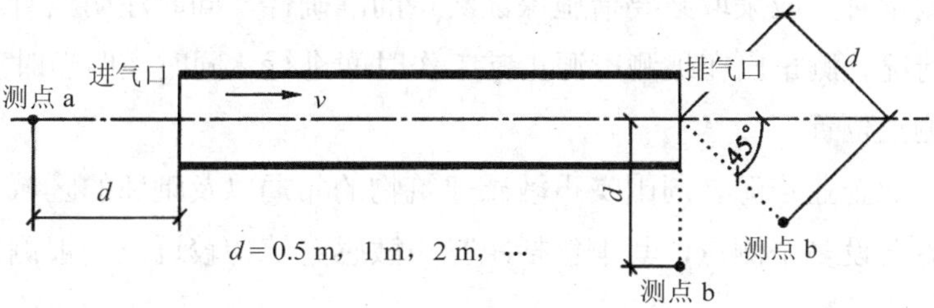

（a）进气口噪声测点　　（b）排气口噪声测点

图 4-7 进、排气噪声测量点位置

机器设备噪声的测量由于测点位置的不同，所得结果也不同。为了便于对比，各国的测量规范对测点的位置都有专门的规定，有时由于具体情况不能按照规范要求布置测点时，则应注明测点的位置，必要时还应将测量场地的声学环境表示出来。

4.2.2.3　厂界噪声测量

《工业企业厂界环境噪声排放标准》（GB 12348—2008），规定了工业企业和固定设备厂界环境噪声排放限值及测量方法。适用于工业企业噪声排放的管理、评价及控制。机关、事业单位、团体等对外环境排放噪声的单位也按本标准执行。

（1）测量仪器

测量仪器为积分平均声级计或环境噪声自动监测仪，其性能应不低于GB 3785和GB/T 17181对2型仪器的要求。测量35 dB以下的噪声应使用1型声级计。校准所用仪器应符合GB/T 15173对1级或2级声校准的要求。当需要进行噪声的频谱分析时，仪器性能应符合GB/T 3241中对滤波器的要求。

测量仪器和校准仪器应定期检定合格，并在有效使用期限内使用；每次测量前后必须在测量现场进行声学校准，前后校准示值偏差不得大于0.5 dB，否则测量结果无效。

传声器应加风罩。测量时仪器时间计权特性设为“F”档，采样时间间隔不大于1 s。

（2）测量条件

测量应在无雨雪、无雷电天气，风速为5 m/s以下时进行。不得不在特殊气象条件下测量时，应采取必要措施保证测量的准确性，同时注明当时所采取的措施及气象情况。测量应在被测声源正常工作时间进行，同时注明当时工况。

（3）测点位置

根据工业企业声源、周围噪声敏感建筑物的布局以及毗邻的区域类别，在工业企业厂界布设多个测点，其中包括距噪声敏感建筑物较近及受被测声源影响大的位置。

一般情况下，测点应选在工业企业厂界外1 m，高度1.2 m以上、距任一反射面距离不小于1 m的位置。当厂界有围墙且周围有受影响的噪声敏感建筑物时，测点应选在厂界外1 m、高于围墙0.5 m以上的位置。当厂界无法测量到声源的实际情况时（如声源位于高空、厂界设有声屏障等），还应在受影响的噪声敏感建筑物户外 1 m 处另设测点。室内噪声测量时，室内测量点位设在距任一反射面至少 0.5 m 以上、距地面 1.2 m 高度处，在受噪声影响方向的窗户开启状态下测量。固定设备结构传声至噪声敏感建筑物室内，在噪声敏感建筑室内测量时，测点应距任一反射面至少 0.5 m 以上、距地面 1.2 m 以上、距外窗 1 m 以上，窗户关闭状态下测量。被测房间内的其他可能干扰测量的声源（如电视机、空调机、排风扇以及镇流器较响的日光灯、运转时出声的时钟等）应关闭。

（4）测量时段

分别在昼间、夜间两个时段测量。夜间有频发、偶发噪声影响时同时测量最大声级。被测声源是稳态噪声时，采用 1 min 的等效声级。被测声源是非稳态噪声时，测量被测声源有代表性时段的等效声级，必要时测量被测声源整个正常工作时段的等效声级。

（5）背景噪声测量

测量环境：不受被测声源影响且其他声环境与测量被测声源时保持一致。

测量时段：与被测声源测量的时间长度相同。

（6）测量记录

噪声测量时需做测量记录。记录内容应主要包括被测量单位名称、地址、厂界所处声环境功能类别、测量时的气象条件、测量仪器、校准仪器、测量位置、测量时间、测量时段、仪器校准值（测前、测后）、主要声源、测量工况、示意图（厂界、声源、噪声敏感建筑物、测点等位置）、噪声测量值、背景值、测量人员、校对员、审核人等相关信息。

（7）测量结果修正

噪声测量值与背景噪声值相差大于 10 dB（A）时，噪声测量值不作修正。若测量值与背景值差值小于 10 dB，应按表 4-2 进行修正。

表 4-2　测量结果修正

差值/dB（A）	3	4～5	6～10
修正值/dB（A）	−3	−2	−1

【习题】

1．试述声级计的构造、工作原理及使用方法。

2．如何选择交通噪声的测点，并试述其测量方法。

3．在监测某厂界噪声时发现厂界三侧都是 2 m 多高的砖墙。东边是大门临马路，大门两边是铁栅栏墙。西墙外是田地，北墙内有一风机房与墙外居民区相邻，南墙外是条河，请按《工业企业厂界噪声测量方法》说出监测方案。要点：

① 注意居民区室内的噪声监测；

② 如厂界有围墙测点应高于围墙；

③ 注意交通噪声的影响。

4．在空间某处测得环境背景噪声的倍频程声压级如表：

F_c/Hz	63	125	250	500	1 000	2 000	400	8 000
L_p/dB	90	97	99	83	76	65	84	72

求其线性声压级和 A 计权声压级。

5．在铁路旁某处测得：当货车经过时，在 2.5 min 内的平均声压级为 72 dB；当客车通过时，在 1.5 min 内的平均声压级为 68 dB；无车通过时的环境噪声约为 60 dB。该处白天 12 h 内共有 65 列火车通过，其中，货车 45 列、客车 20 列，计算该地点白天的等效连续声级。

第 5 章　噪声控制技术

【本章导读】

本章介绍噪声污染控制技术的原理及应用，对吸声、隔声、消声等实用技术作了全面阐述：吸声、隔声、消声原理；吸声材料、隔声构件、消声器的选择；降噪工程实际应用的设计计算方法等。通过对本章的学习，使学生能够结合吸声、隔声、消声技术对一些简单的工程项目进行设计计算，并能够合理选择降噪材料和结构，具有从事一般降噪处理工程设计的能力。

5.1　吸声降噪

在降噪措施中吸声是一种最有效的方法，因而在工程中被广泛应用。人们在室内接收的噪声包括由声源直接传来的直达声和室内各壁面反射回来的混响声（图 5-1）。

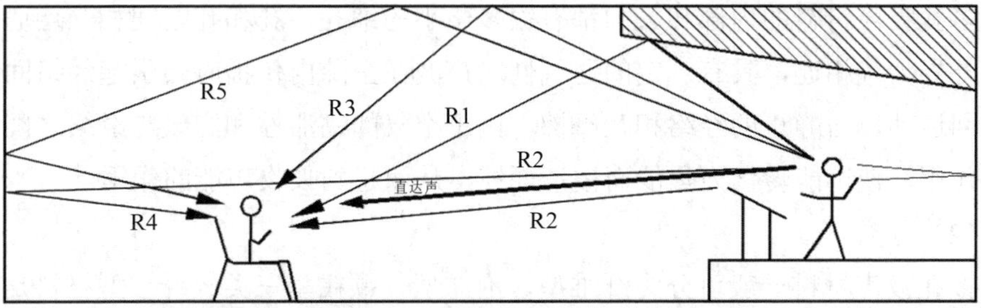

	直达	R1	R2	R3	R4	R5
延迟时间/ms	0	4.5	9.0	13.0	14.0	18.0

图 5-1　室内声场与吸声处理

吸声材料主要用来降低由于反射产生的混响声。许多工程实践证明，吸声材料使用得当，可以降低混响声级 5～10 dB（A），甚至更大些。如车间的内表面是未进行吸声处理过的坚硬材料，如混凝土、砖墙、玻璃、瓷砖等，由于混响声的叠加作用，同一噪声源在车间内离声源较远处的噪声级会比在室外提高 10～20 dB。所以必须采取吸声处理措施。

5.1.1 吸声材料和结构

吸声材料和结构最早用于对听闻音乐和语言有较高要求的建筑中，如音乐厅、剧院、播音室等。随着人们对声环境质量要求的提高，吸声材料和结构在一般建筑中也得到了广泛的应用。近年来，噪声控制问题逐渐引起了各国政府和科技工作者的重视，目前的主要解决办法是采用吸声材料进行吸声降噪处理。

5.1.1.1 吸声材料和结构的声学分类

任何材料或结构都具有一定的吸声能力，通常，平均吸声系数大于 0.2 的材料或结构称为吸声材料或吸声结构。

在噪声控制工程中，常用吸声材料和吸声结构来降低室内噪声，尤其是在空间较大、混响时间较长的室内，应用相当普遍。按吸声机理的差异，吸声体可以分为多孔吸声材料和共振吸声结构两大类。

5.1.1.1.1 多孔吸声材料

（1）吸声原理

多孔吸声材料的内部和表面都有很多微小的细孔，孔和孔之间相互连通并直接与外界大气相连，具有一定的通气性。声波在空隙内传播时会引起经络间的空气来回运动，与静止的经络相互摩擦，由于空气的黏滞性和空气与经络之间的热传导作用，使声能转化为热能而被消耗掉，从而起到吸收声能的作用。

（2）分类

多孔吸声材料一般可分为纤维型、泡沫型、颗粒型三类。纤维型材料是由无数细小纤维状材料组成，分为无机纤维和有机纤维两类。

1）无机纤维材料

无机纤维材料主要有玻璃棉、玻璃丝、矿渣棉、岩棉及其制品（图 5-2）。

图 5-2　玻璃棉加工制品

矿物纤维类材料应用已经有 100 多年的历史了。古代巴比伦人和中国人很早就曾开发利用天然存在的矿物质棉——石棉。1840 年，英国开始将熔化矿渣喷吹成纤生产矿渣棉——矿棉。1890 年，美国出现将熔化玻璃（二氧化硅）成纤——玻璃棉。20 世纪 20 年代美国、德国开始大量使用玄武岩烧制的棉——岩棉。1940 年，美国出现用天然高岭土经电弧炉熔融后喷吹成纤的棉——硅酸铝棉。

玻璃棉分短棉［直径（10～13）$\times10^{-12}$ m］、超细棉［直径（0.1～4）$\times10^{-18}$ m］以及中级纤维棉［直径（15～25）$\times10^{-21}$ m］3 种。其中，超细玻璃棉是最常用的吸声材料，它具有不可燃、密度小、防蛀、耐蚀、耐热、抗冻、隔热等优点。经过硅油处理的超细玻璃棉，还具有防火、防水和防潮的特点（图 5-3）。

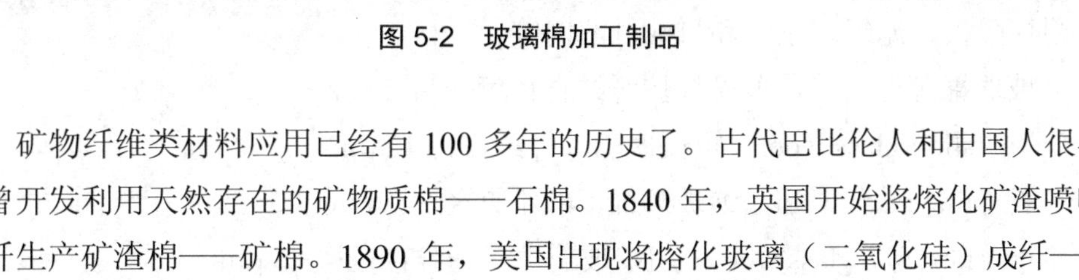

图 5-3　超细玻璃棉

矿物质棉体积密度小，导热系数低，吸声性能好，不燃、耐热、抗冻、耐腐蚀、不怕虫蛀、化学性能稳定，广泛地用于绝热、防火、吸声等方面。

① 离心玻璃棉

用离心法将高温玻璃熔液甩拉成丝，再喷胶、压制、成型，形成了多孔材料。

纤维蓬松交错，孔隙率大，具有很好的吸声性能。纤维直径一般在 4～6 μm（一根头发丝大概 20 μm）。离心玻璃棉具有容重轻、导热系数小、吸声系数高、阻燃性能好的特点。广泛用于热力设备、空调恒温、冷热管道、烘箱烘房、冷藏保鲜及建筑物的保温、隔热、降噪等方面。

② 超细玻璃棉

超细玻璃棉一般采用火焰熔化拉丝喷吹成直径 0.1～3.5 μm 的棉絮状玻璃微纤维，俗称为超细玻璃棉。其特点是化学稳定性高、吸附性好，常用作铅酸电池吸附性隔板、滤纸、空气和机油过滤网等。

玻璃棉源于欧美，玻璃棉按纤维直径可分为三类：

- short glass wool，短玻璃棉，纤维直径 12 μm；
- fine glass wool，细玻璃棉，纤维直径 3～6 μm；
- ultrafine glass wool，超细玻璃棉，纤维直径＜3.5 μm。

③ 玻璃棉的潜在环保问题

虽然玻璃棉具有吸声系数大、比重小的特点，但是其强度低、性脆易断裂、易飞扬、吸尘，使其在生产、运输、安装、使用过程中难免有粉尘洒落于空气，因此应用范围受到了严重限制。

玻璃棉在保温、隔热、吸声等建筑应用中用量巨大，但玻璃棉的环境问题目前尚存在较大争议。美国和加拿大 2002 年的研究报告显示，玻璃棉粉尘虽然可引起皮肤、眼睛、口鼻等器官的不良反应，但目前并无证据能证明可像石棉一样引起矽肺、胸膜间皮瘤等致命危害。欧、美、日、德等发达国家对玻璃棉的应用持谨慎态度。

2）泡沫塑料

泡沫型材料是由表面与内部皆有无数微孔的高分子材料制成。如聚氨酯泡沫塑料、微孔橡胶、海绵乳胶等。这类材料的优点是密度小、导热系数小、材质柔软等，其缺点是易老化、耐火性差。

3）有机纤维材料

有机纤维材料是使用棉、麻等植物纤维及木质纤维制品来吸声的，如棉麻、甘蔗、木丝、稻草等，其特点是成本低，但防火、防蛀和防潮性能差。

4）颗粒状吸声材料

颗粒状材料有膨胀珍珠岩、加气混凝土、矿渣水泥、蛭石混凝土和多孔陶土等。其中膨胀珍珠岩是将珍珠岩粉碎再急剧升温焙烧所得的多孔细小粒状材料，一般具有保温、防潮、不燃、耐热、耐腐蚀、抗冻等优点。

几种常用的多孔吸声材料如图 5-4 所示。

（a）岩棉

（b）岩棉

（c）矿棉

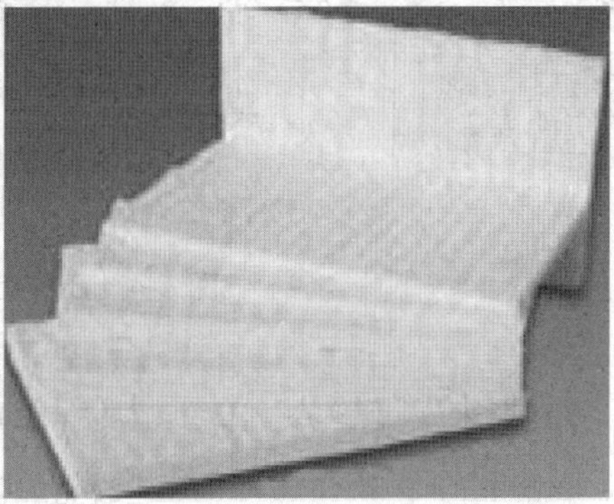

（d）硅酸铝棉

（e）泡沫玻璃

（f）开孔聚氨酯发泡

（g）动物纤维毡

（h）膨胀珍珠岩（蛭石）

图 5-4　几种常用的多孔吸声材料

5）未来发展趋势——新型环保吸声材料替代玻璃棉

吸声材料安装在房间的装修界面处，环保性是必须要面对的问题，部分发达国家对玻璃棉的使用进行了严格限制，我国也早已开始玻璃棉替代品的生产使用、玻璃棉的危害及防护措施研究，这些举措都推动了新型环保吸声材料（表 5-1）的迅速发展。近年来，经济发展促进了人们对新型环保材料支付能力的提高。在以后的吸声材料选择上，人们对玻璃棉潜在的健康危害将会越来越关注。

表 5-1 新型环保吸声材料

序号	材料名称	结构特点	优点	缺点	图片
1	木丝吸声板	木丝板采用长纤维木绒和天然的菱镁矿粉（水泥）压制而成。2.5 cm 厚单板 NRC 达 0.3～0.4，5 cm 厚单板 NRC* 可达 0.4～0.6	木丝肌理，装饰美观，有视觉个性；防火 B1 级，防霉、防潮性好；原材料环保，不含化学黏接剂（甲醛等）；板材强度高，不变形，耐冲击；既可用于装饰吸声，又可用于隔声墙体内吸声	密度较大，约 500 kg/m^3	 
2	铝纤维吸声板	采用 100～150 μm 的铝纤维作原料，在上、下层铝网板中间加设一层由铝丝制成的铝丝毡。上、下层铝网板均为菱形网孔。厚度一般在 0.8～2.0 mm，面密度 0.5～2.0 kg/m^2，单板（有空腔）NRC 为 0.3～0.4	防火 A 级，防水，具有散热和电磁屏蔽特性；原材料环保，不含化学黏接剂（甲醛等）；易弯曲、剪裁，纤维不会在空气中飘浮；具有薄板吸声特性，低频吸声效果好	视觉效果特殊。常需与其他吸声材料共用	 
3	聚酯纤维吸声板	聚酯纤维为石油化工产品，又名涤纶，纤维直径约为 12 μm，经阻燃处理压制成棉板状，成为聚酯纤维吸声板。常见厚度在 9 mm 左右，体积密度为 250 kg/m^2 左右。可形成不同厚度和不同体积密度	装饰美观，色彩丰富，可彩喷绘画；防火 B1 级，原材料环保，不含化学黏接剂（甲醛等）；易弯曲、剪裁，纤维不会在空气中飘浮；吸声效果好，可用作墙体内填吸声棉	价格高	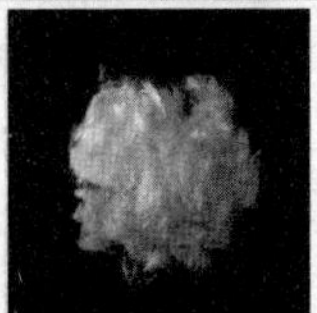  

序号	材料名称	结构特点	优点	缺点	图片
4	密胺泡沫（三聚氰胺海绵）	三聚氰胺（又名密胺，容重 1 570 kg/m³）为原料制造的开孔泡沫，属于氨基塑料族中固树脂塑料，硬度高，耐磨。内部为精细三维丝网结构	重量轻，体积密度在 10～30 kg/m³；防火 B1 级，原料环保，不含黏接剂（甲醛等）；易弯曲、剪裁、安装；洁净度高，空气中无漂浮物；吸声效果好，可用作墙体内填吸声棉	紫外线照射下有变色现象；除价格因素以外，是替代玻璃棉的重要材料之一	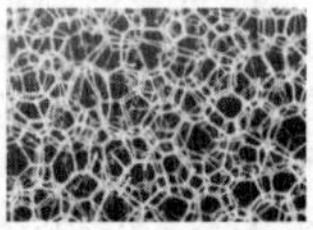 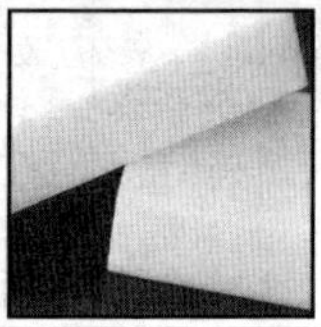
5	植物纤维素喷涂	植物纤维素是天然再循环纤维（如废旧木材、树皮、废纸等）粉碎后，经过化学处理而形成的一种喷覆式吸声装饰材料。体积密度在 100 kg/m³ 左右	防火 B1 级，喷涂操作便于施工；植物纤维环保性好；吸声效果好，可用作墙体内填吸声棉	黏合剂环保性差；黏合强度低，存在湿作业，除价格因素外，是替代玻璃棉的重要材料之一	
6	烧结铝、膨胀铝、泡沫铝	采用烧结、填入膨胀剂、发泡剂等方法，将铝制成多孔发泡形式。体积密度在 100～300 kg/m³	防火 A 级，洁净度高，轻质，吸声效果尚可；具有电磁屏蔽特性；易于加工，装饰独特	价格偏高，幅面一般较小	
7	砂岩板	材料分为基板和面层，基板为板状，通过龙骨固定于墙面或吊顶上。面层为砂浆状，通过抹灰敷涂于基板外表面，干燥后形成连续无接缝的装饰硬质表面。基板和面层均为砂岩材料，具有丰富的多孔性（孔隙率高达 45%～50%）	砂粒天然不燃烧，防火性可达 A 级不燃级。因砂粒在大火高温下会熔融并逐粒脱落，燃烧等级实验室检测确定为 A2 级；板材几乎全为天然无机物，无甲醛、苯等有害释放物，实验室检测低于国家标准 1/10。安装完毕后即可入住，环保性优于普通乳胶漆或壁纸	价格偏高和加工工艺复杂	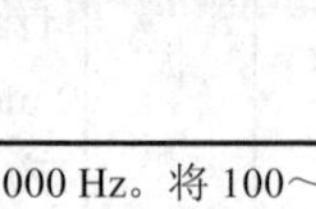 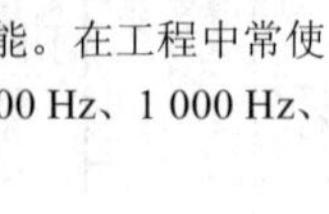

*：NRC 是指按照 ISO 标准和国家标准，吸声测试报告中吸声系数的频率范围是 100～5 000 Hz。将 100～5 000 Hz 的吸声系数取平均值是平均吸声系数，平均吸声系数反映了材料总体的吸声性能。在工程中常使用降噪系数 NRC 粗略地评价在语言频率范围内的吸声性能，这一值是材料在 250 Hz、500 Hz、1 000 Hz、2 000 Hz 四个频率的吸声系数的算术平均值。

5.1.1.1.2 共振吸声结构

建筑材料按一定的声学要求进行设计安装，使其具有良好的吸声性能，这种建筑构件称作共振吸声结构或吸声结构。常见的有穿孔板吸声结构、微穿孔板吸声结构、薄板和薄膜吸声结构等。

5.1.2 吸声系数、吸声量及声阻抗

5.1.2.1 吸声系数

当声波入射到吸声材料或结构表面上时，部分声能被反射，部分声能被吸收，还有一部分声能透过它继续向前传播。设单位时间内入射的声能为 E，反射的声能为 E_γ，吸收的声能为 E_α，透射的声能为 E_τ，反射系数和透射系数的计算公式为：

$$\gamma=E_\gamma/E \tag{5-1}$$

$$\tau=E_\tau/E \tag{5-2}$$

由于在研究吸声时，考虑的是声源所在空间，对该空间而言，不论是被材料本身所吸收的能量，还是透过材料所吸收的能量，都是从界面上消失的能量，因此如下定义吸声系数：

$$\alpha=(E_\alpha+E_\tau)/E \tag{5-3}$$

α 值的变化一般在 0～1，$\alpha=0$，表示声能全反射，材料不吸声；$\alpha=1$，表示声能全部被吸收，无声能反射。α 值越大，材料的吸声性能就越好。通常，$\alpha\geqslant2$ 的材料方可称为吸声材料。吸声系数的大小与吸声材料本身的结构、性质、使用条件、声波入射的角度和频率有关。实际应用中当然是希望材料本身吸收的声能 E 足够大，以增大 α 值。

5.1.2.2 正入射吸声系数和无规入射吸声系数

材料吸声系数的大小受到很多因素的影响，声波入射角是其中之一。入射角不同，吸声系数就不同。当声波垂直入射到材料表面时，叫作正入射。当声波从所有方向而不是特定方向，以不规则的方式入射时，叫作无规入射。如在一个较

大空间放一块材料，从噪声源发出的直达声，是以一定角度入射到材料表面的，但从各个壁面经过多次反射到达的声波，却是各个方向都有的，这就是无规入射。正入射时吸声系数叫正入射吸声系数，一般用α_0表示。它是在驻波管中测出的，驻波管法所用设备简单，方法简便。有些资料在列出吸声系数后注明是“驻波管法”，这表示所列吸声系数是正入射吸声系数。驻波管法测量的吸声系数与材料的实际相差较远，一般适用于不同材料吸声系数的对比测量，也可用于消声器的设计。

当声波从所有方向而不是特定方向，以不规则的方式入射，叫无规入射。无规入射吸声系数是在专门的声学房间——混响室中测出的，用α_s表示。混响室的三对表面都不平行，有的混响室在墙上做圆柱面，有的则干脆将墙面做成斜形；房子的墙面全部采用又光滑又硬的材料饰面（如瓷砖、水磨石等）。当我们在混响室中喊一声，声音能拖长十几秒，甚至二十几秒也不消失。有些资料在列出吸声系数后注明是“混响室法”，这表示所列吸声系数是无规入射吸声系数。采用吸声方法降低噪声时，应该使用无规入射吸声系数来进行有关的设计计算。一般工程上使用混响室法，但也可用驻波管法测量出材料的吸声系数α_0，再由表 5-2 换算出相应混响室法吸声系数α_s。α_0=0.56 时，可在表中第一列查出 0.50，并在第一行中查出 0.06，从两者交点即得α_s=0.81。

表 5-2 正入射与无规入射吸声系数近似换算

正入射	0.00	0.01	0.02	0.03	0.04	0.05	0.06	0.07	0.08	0.09
α_0	无规入射吸声系数α_s									
0.00	0.00	0.02	0.04	0.06	0.08	0.10	0.12	0.14	0.16	0.18
0.10	0.20	0.22	0.24	0.26	0.27	0.29	0.31	0.33	0.34	0.36
0.20	0.38	0.39	0.41	0.42	0.44	0.45	0.47	0.48	0.50	0.51
0.30	0.52	0.54	0.55	0.56	0.58	0.59	0.60	0.61	0.63	0.64
0.40	0.65	0.66	0.67	0.68	0.70	0.71	0.72	0.73	0.74	0.75
0.50	0.76	0.77	0.78	0.78	0.79	0.80	0.81	0.82	0.83	0.84
0.60	0.84	0.85	0.86	0.87	0.88	0.88	0.89	0.90	0.97	0.97
0.70	0.92	0.92	0.93	0.94	0.94	0.95	0.95	0.96	0.97	0.97
0.80	0.98	0.98	0.99	0.99	1.00	1.00	1.00	1.00	1.00	1.00
0.90	1.00	1.00	1.00	1.00	1.00	1.00	1.00	1.00	1.00	1.00

5.1.2.3　吸声量平均吸声系数

材料吸收声音的能量多少除与材料吸声系数有关以外，还与面积有关。吸声量亦称等效吸声面积。在一个大厅里放一块装饰吸音板与放成百上千块装饰吸音板的吸声效果肯定不一样。吸声量被规定为吸声系数与吸声面积的乘积，即

$$A=S\alpha \tag{5-4}$$

式中：A —— 吸声量，m^2；

α —— 某频率声波的吸声系数；

S —— 吸声面积，m^2。

在定义了吸声量后，吸声系数可理解为材料单位面积的吸声量。对整个房间而言，将房间的吸声量 A 与吸声面积 S 之比定义为房间的平均吸声系数，即 $\overline{\alpha}=\dfrac{A}{S}$；平均吸声系数是表示整个表面吸声强弱的特征物理量。

注意：房间中如果有开着的窗，并设它的周长远大于波长，那么射到窗口上的所有声能近似地都传输到房间外面，不再有声能反射回来，也就是说，此时它不受声传播截面变化的影响。因此，开窗面积相当于吸声系数为 1 的吸声面积。这样，某一面积的吸声能力就可用相当的开窗面积来表示，叫作该面积的吸声量或等效吸声面积。等效吸声面积可定义为吸声量等效于室内向自有敞开部分（$\alpha=1$）的面积。如果房间各壁面使用的是不同的吸声材料，则房间各壁面的总吸声量 A 为各壁面的吸声量之和，即

$$A=\sum_{i=1}^{n}A_i=\sum_{i=1}^{n}\alpha_i s_i \tag{5-5}$$

式中：A_i —— 第 i 种材料组成的壁面的吸声量，m^2；

α_i —— 第 i 种材料的吸声系数；

S_i —— 第 i 种材料组成的壁面的面积，m^2。

由此可以计算出房间的平均吸声系数 $\overline{\alpha}$ 为：

$$\bar{\alpha} = \frac{A}{S} = \frac{\sum_{i=1}^{n} \alpha_i s_i}{\sum_{i=1}^{n} s_i} \tag{5-6}$$

5.1.2.4 声阻抗

材料的声阻抗是在一定面积上的声压 p 和通过该面积上的体积速度 v 的复数比，用 Z_a 表示，其中 $Z_a = p/v$，单位为 $Pa \cdot s/m^3$。材料表面的声阻抗 Z_a 为平面声波正入射到材料表面时的声阻抗，根据材料声阻抗与所吸声声能量的关系，可以计算得到材料的吸声系数为：

$$\alpha = 1 - |r|^2 = 1 - \left| \frac{Z_0 - \rho_0 c}{Z_0 + \rho_0 c} \right|^2 \tag{5-7}$$

式（5-7）表明，只有材料表面的 Z_0 和媒质的特性阻抗一致时，入射声才能完全透过材料表面而被材料所吸收。Z_a 比 α 更能本质地说明材料的吸声特性，可以同时反映入射声与反射声之间相位上的关系；Z_a 是一个不变的常量，它不取决于外界的条件。而 α 只反映入射声与反射声之间数量上的关系。可以利用声阻抗来分析材料的阻抗、惯性、弹性及其与频率的关系，从而进一步了解材料的特性，为设计和改进材料吸声特性提供依据。

5.1.3 多孔性吸声材料

5.1.3.1 结构特征

多孔性材料表面及内部有大量空隙，空隙之间互相连通，材料的孔隙深入内部且通过表面与外界相通。只有材料的孔隙对表面开口、孔孔相连且空隙深入材料内部，才能有效地吸收声能。有些材料内部虽然有许多微小气孔，但气孔密闭，彼此不相通，当声波入射到材料表面时，很难进入到材料内部，只是使材料作整体振动，如聚苯、聚乙烯、闭孔聚氨酯等。还有些表面粗糙的材料，但内部没有空隙，也不具有良好的吸声性能，如拉毛水泥等。如图 5-5 所示。

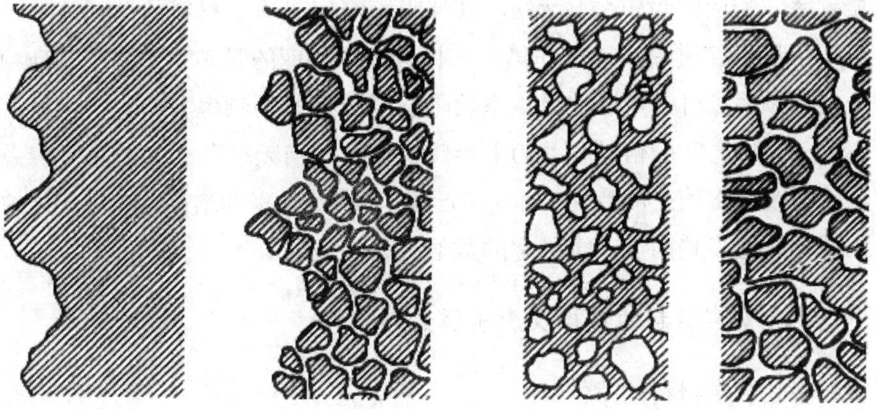

（a）粗糙表面与多孔材料的区别　　（b）闭孔材料与多孔材料的区别

图 5-5 不同材料表面的结构特征

5.1.3.2 吸声特性

一般来说，多孔吸声材料的吸声性能对高频声吸声效果好，而对低频声吸声效果差，这是因为吸声材料的孔隙尺寸与高频声波的波长相近所致。典型的多孔吸声材料的吸声频谱特性曲线如图 5-6 所示，是一条多峰曲线。

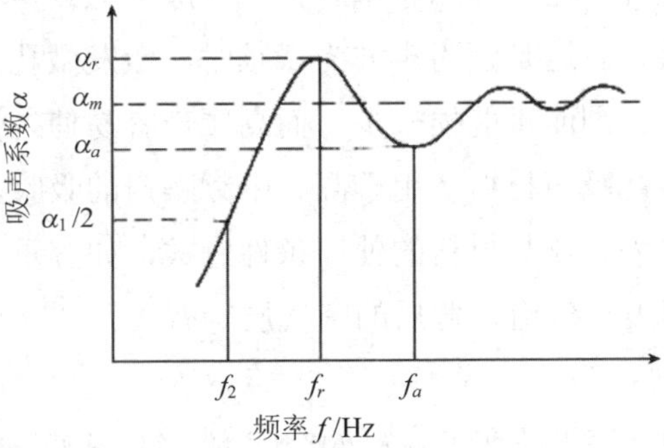

图 5-6 吸声材料的频谱特性曲线

由图 5-6 可知，在低频段吸声系数一般较低，当声波频率提高时，吸声系数相应增大，并有不同程度的起伏变化。第一个吸声峰值频率 f_r 叫作吸声材料的第一共振频率，相应的吸声系数为α_r，其他吸声峰值对应于材料的谐频共振。类似地，第一个吸声谷值频率 f_a 叫作第一共振频率，相应的吸声系数为α_a。当频率低于第一共振频率 f_z 时，可以取吸声系数降低至$\alpha_r/2$ 时的频率 f_a 作为吸声材料的下限频率，f_z 与 f_a 之间的倍频程数为下半频带宽度。当频率高于 f_r 时，吸声系数在吸声峰值与吸声谷值之间变化。即$\alpha_a \leqslant \alpha \leqslant \alpha_z$，随着频率的增高，起伏变化的幅度相应地减小，逐步趋向于一个稳定的数值α_m。

5.1.3.3 多孔吸声材料的特性及影响因素

（1）多孔吸声材料的特性

作为一种良好的多孔吸声材料，必须具备如下三个条件：

① 表面多孔；

② 内部孔隙率（多孔性吸声材料中空气体积与材料总体积之比）高；

③ 孔与孔相互连通。在这里空气体积指的是通气的孔穴，闭合的孔穴不算。一般的多孔性材料的孔隙率在 70%，多数达到 90%以上。如矿渣棉为 80%，超细玻璃为 90%以上。

（2）影响因素

多孔材料的吸声特性主要受入射声波和所用材料的性质影响。其中声波性质除和入射角度有关以外，还主要和频率有关。一般多孔吸声材料吸收高频声效果好，吸收低频声效果差。这是因为声波为低频时，激发微孔内空气与经络的相对运动少，摩擦损失小，因而声能损失少，而高频声容易使之快速振动，从而消耗较多的声能。所以多孔吸声材料多用于高、中频噪声的吸收。多孔吸声材料的特性除与本身物件有关外，还与材料的使用条件有关，如容重、厚度等。使用时的结构形式与温度、湿度、气流、背后的空气层等有关。

1）容重

改变材料的容重，等于改变了材料的空隙率（包括微孔数目与尺寸）和流阻。流阻表示气流通过多孔材料时，材料两面的压力差与空气流过材料的线速度之比。密度、容重大的材料孔隙率小、流阻偏大；松软、容重小的材料孔隙率大、流阻偏小，一般情况下，过大或过小的流阻对吸声性能都不利。如果吸声材料的流阻接近空气的声特性阻抗（415 Pa·s/m），则吸声系数较高。一般具有较高吸声系数的吸声材料，其流阻在 102～103 Pa·s/m。所以，对于多孔吸声材料来说，存在一个吸声性能最佳的容重范围。如常用超细玻璃棉的最佳容重范围是 147～245 N/m^3。通常，材料厚度一定时，随着容重的增加，较大吸声系数值将向低频方向移动。但当容重过大时，中、高频吸声性能会显著下降。

2）厚度

当多孔材料的厚度增加时，对低频声的吸收增加，对高频声影响不大。而对于一定的多孔材料，厚度增加一倍，吸声频率特性曲线的峰值则向低频方向移动近似一个倍频程。若吸声材料层背后为刚性壁面，当材料层厚为入射声波的某一波长时，可得该声波的最大吸声系数。实际工程中，考虑经济适用性及制作的方便性，对于中、高频噪声，一般可采用 2～5 cm 厚的常规成形吸声板；对低频吸声要求较高时，则采用 5～10 cm 厚的常规成形吸声板。

3）温度、湿度的影响

使用过程中温度升高会使材料的高频吸声性能提升，温度降低则使材料的低频吸声性能提高，所以在使用时应注意该材料的温度适用范围。湿度增大，会使孔隙内吸水量增加，堵塞材料上的细孔，使吸声系数下降，高频噪声先受到影响，因此对于湿度较大的车间或地下建筑的吸声处理，应选用吸水量较小的耐潮多孔材料，如防潮超细玻璃棉毡和矿棉吸声板等。

4）气流影响

当将多孔吸声材料用于通风管道和消声器内时，气流易吹散多孔材料，影响吸声效果，甚至飞散的材料会堵塞管道，损坏风机叶片，造成事故，应根据气流速度大小选择一层或多层不同的护面层。为了不影响多孔吸声材料中、高频吸声性能，护面用的板穿孔率应不小于 20%。在作喷浆、刷漆等表面处理时，注意勿堵塞洞孔。

5）背后空气层

若在材料层与刚性壁之间留有一定距离的空腔，可以改善对低频声的吸声性能，相当于增加了多孔材料的厚度，并且更为经济。通常，空腔增厚对吸收低频噪声有利。当腔深近似于入射声波的 1/4 波长时，吸声系数最大；当腔深为 1/2 波长或其整倍数时，吸声系数最小。使用时，空腔过厚不切实际，过薄又对低频噪声不起作用。故常取腔深为 5～10 cm。天花板上的腔深可根据实际需要及空间大小选取更大的距离。

6）饰面处理

多孔吸声材料就其成型状况而言，可分为两类。一类是板材，如木丝板、软质纤维板、膨胀珍珠岩板等；另一类是散料或毡状，如岩棉、超细玻璃棉、麻丝等。对于前者，材料表面不美观，常要进行粉刷或贴面纸处理；对于后者，其本身纤维容易散落，又不能保持一定的形状，要靠护面材料压住，护面材料如果不美观，也要进行饰面处理。软质纤维板、矿棉板、膨胀珍珠岩板等吸声板常常还要进行半穿孔处理。所谓半穿孔，指不穿透板材，一般是钻 2/3 板厚深度。这种处理不仅有良好的装饰作用（利用孔构成一定的图案），而且孔壁增加了与声波的接触面积，所以吸声系数也有所提高。从这个角度来看，孔应有一定的数量，有的商品装饰吸音板只是在板上象征性地钻了十几个孔眼，效果是微小的。

常用的吸声材料如表 5-3、表 5-4、表 5-5 所示。

表 5-3 纤维类多孔吸声材料吸声系数（管测法）

序号	材料名称	厚度/cm	密度/（kg/m^2）	腔厚/cm	各频率（Hz）的吸声系数					
					125	250	500	1 000	2 000	4 000
1	超细玻璃棉（棉径 4 μm）	2	20	—	0.04	0.08	0.29	0.66	0.66	0.66
		4	20	—	0.05	0.12	0.48	0.88	0.72	0.66
		2.5	15	—	0.02	0.07	0.22	0.59	0.94	0.94
		5	15	—	0.05	0.24	0.72	0.97	0.90	0.98
		10	15	—	0.11	0.85	0.88	0.83	0.93	0.97
2	沥青玻璃棉毡	3	80	—	—	0.10	0.27	0.61	0.94	0.99
3	酚醛玻璃棉毡	3	80	—	—	0.12	0.26	0.57	0.85	0.94
4	防水超细玻璃毡	10	20	—	0.25	0.94	0.93	0.90	0.96	—
5	矿棉渣	5	175	—	0.25	0.35	0.70	0.76	0.89	0.91
6	甘蔗纤维板	1.5	220	—	0.06	0.19	0.42	0.42	0.47	0.58
		2	220	—	0.09	0.19	0.26	0.37	0.23	0.21
		2	220	5	0.30	0.47	0.20	0.18	0.22	0.31
		2	220	10	0.25	0.42	0.53	0.21	0.26	0.29

序号	材料名称	厚度/cm	密度/（kg/m²）	腔厚/cm	各频率（Hz）的吸声系数					
					125	250	500	1 000	2 000	4 000
7	海草	1	100	—	0.10	0.10	0.14	0.25	0.77	0.86
		3	100	—	0.10	0.14	0.17	0.65	0.80	0.98
		5	100	—	0.10	0.19	0.50	0.94	0.85	0.86
8	工业毛毡	1	370	—	0.04	0.07	0.21	0.50	0.52	0.57
		3	370	—	0.10	0.28	0.55	0.60	0.60	0.59
		5	370	—	0.11	0.30	0.50	0.50	0.50	0.52
9	水泥木丝板	1.5	470	—	0.05	0.17	0.31	0.49	0.37	0.68
		1.5	470	3	0.08	0.11	0.19	0.56	0.59	0.74
		2.5	470	—	0.06	0.13	0.28	0.49	0.49	0.85

表 5-4　泡沫类和颗粒类吸声材料吸声系数

序号	材料名称	厚度/cm	密度/（kg/m²）	腔厚/cm	各频率（Hz）的吸声系数					
					125	250	500	1 000	2 000	4 000
1	聚氨酯泡沫塑料	3	45	—	0.07	0.14	0.47	0.88	0.70	0.77
		5	45	—	0.15	0.33	0.84	0.68	0.82	0.82
		8	45	—	0.20	0.40	0.95	0.90	0.98	0.85
2	氨基甲酸酯泡沫塑料	2.5	25	—	0.05	0.07	0.26	0.87	0.69	0.87
		5	36	—	0.21	0.31	0.86	0.71	0.86	0.82
3	泡沫玻璃	6.5	150	—	0.10	0.33	0.29	0.41	0.39	0.48
4	泡沫水泥	5	—	—	0.32	0.39	0.48	0.49	0.47	0.54
		5	—	5	0.42	0.40	0.43	0.48	0.47	0.55
5	加气微孔砖	3.5	370	—	0.08	0.22	0.38	0.45	0.65	0.66
		3.3	620	—	0.20	0.40	0.60	0.52	0.65	0.62
6	膨胀珍珠岩（自然堆放）	4	106	—	0.12	0.13	0.67	0.68	0.82	0.92
7	水玻璃膨胀珍珠岩制品	10	250	—	0.44	0.73	0.50	0.56	0.53	—
		10	350～450	—	0.45	0.65	0.59	0.62	0.68	—
8	水泥膨胀珍珠岩制品	6	300	—	0.18	0.43	0.48	0.53	0.33	0.51
9	石英砂吸声砖	6.5	1 500	—	0.08	0.24	0.78	0.43	0.40	0.40
10	水泥蛭石粉砌块	3	—	—	0.07	0.07	0.16	0.47	0.43	—
11	石棉蛭石板	3.4	420	—	0.22	0.30	0.39	0.41	0.50	0.50
		3.8	240	—	0.12	0.14	0.35	0.39	0.55	0.54

表 5-5 常用建筑材料吸声系数（混响法）

序号	材料名称		厚度/cm	腔厚/cm	各频率（Hz）的吸声系数					
					125	250	500	1 000	2 000	4 000
1	砖墙	清水面	—	—	0.02	0.03	0.04	0.04	0.05	0.07
		普通抹灰面	—	—	0.02	0.02	0.02	0.03	0.04	0.04
		拉毛水泥面	—	—	0.04	0.04	0.05	0.06	0.07	0.05
2	混凝土	未油漆毛面	—	—	0.01	0.01	0.02	0.02	0.02	0.03
		油漆面	—	—	0.01	0.01	0.01	0.02	0.02	0.02
3	水磨石		—	—	0.01	0.01	0.01	0.02	0.02	0.02
4	石棉水泥板		0.4	10	0.19	0.04	0.07	0.05	0.04	0.04
			0.6	10	0.08	0.02	0.03	0.05	0.03	0.03
5	板条抹灰、钢板条抹灰		—	—	0.15	0.10	0.06	0.06	0.04	0.04
6	木格栅		—	—	0.15	0.10	0.10	0.07	0.06	0.07
7	铺实木地板、沥青黏性混凝土		—	—	0.04	0.04	0.07	0.06	0.06	0.07
8	玻璃		—	—	0.35	0.25	0.18	0.12	0.07	0.04
9	木板		1.3	2.5	0.30	0.30	0.15	0.10	0.10	0.10
10	硬质纤维板		0.4	10	0.25	0.20	0.14	0.08	0.06	0.04
11	胶合板		0.3	5	0.20	0.70	0.15	0.09	0.04	0.04
			0.3	10	0.29	0.43	0.17	0.10	0.15	0.05
			0.5	5	0.11	0.26	0.16	0.14	0.04	0.04
			0.5	10	0.3	0.24	0.10	0.05	0.04	0.04

5.1.4 多孔吸声材料的使用方式和空间吸声体

5.1.4.1 使用方式

多孔性吸声材料大多是松散的，不能直接布置在室内或气流通道内。在实际使用中为了施工方便，一般将松散的各种多孔吸声材料加工成板、毡或砖等形状，如工业毛毡、木丝板、玻璃棉毡、膨胀珍珠岩吸声板、陶土吸声砖等（表 5-6）。使用时可将整块预制成型板直接吊装在天花板下或附贴在四周墙壁上。

多孔吸声材料在使用时一般需要护面层保护，防止失散。护面层材料可以是玻璃丝布、金属丝网、纤维板等透声材料，内填以松散的厚度为 5～10 cm 的多孔吸声材料。为防止多孔材料下沉，常选用透声织物缝制成袋，再内填吸声材料。

表 5-6　不同形式的吸声结构

适应流速/（m/s）	结构示意图
＜10	
10～＜23	
23～＜45	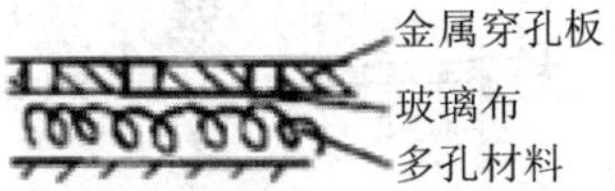
45～＜120	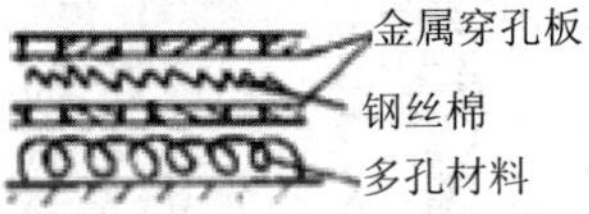

为保持固定的几何形状并防止机械损伤，在材料间要用木筋条（木龙骨）加固，材料外表面加穿孔罩面板保护（图 5-7）。常用的护面板材为木质纤维板或薄塑料板，特殊情况下用石棉水泥板或薄金属板等。护面板上开有圆形或狭缝形的孔，以圆形居多。穿孔率在不影响板材强度的条件下尽可能地加大，一般要求穿孔率不低于 20%。考虑到使用过程中小孔有可能堵塞，所以穿孔率最好在 25%以上，甚至达到 30%。

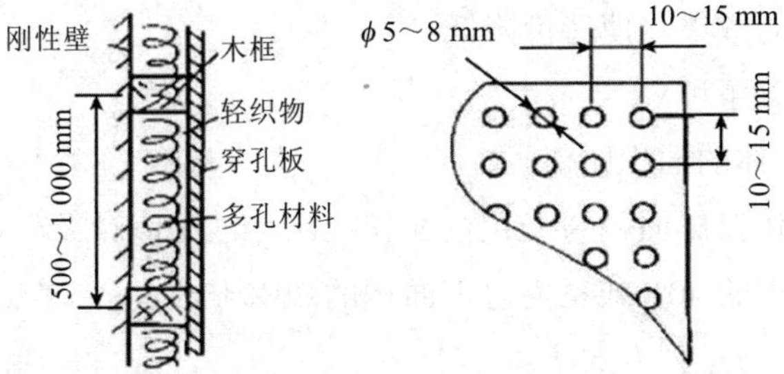

图 5-7　吸声板结构

5.1.4.2 空间吸声体

所有护面的多孔吸声结构做成各种各样形状的单块称作吸声体，彼此按一定间距排列，悬吊在天花板下，这样，吸声体除正对声源的一面可以吸收入射声能以外，通过吸声体间空隙衍射或反射到背面、侧面的声能也都能被吸收，这种悬吊的立体多面吸声结构称作空间吸声体。空间吸声体可以做成各种各样的形状：板状、球状、柱状、腰鼓状、圆锥状、十字形等（图 5-8）。

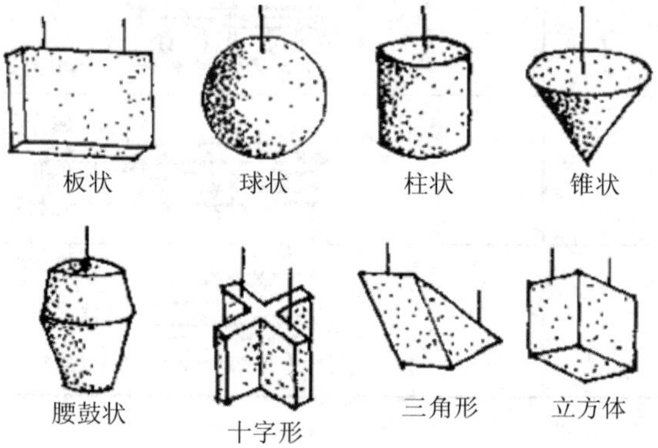

图 5-8 几种空间吸声体的形状

空间吸声体还可以任意组挂。如板状空间吸声体，既可平挂又可垂直挂。空间吸声体按照一定的规律排列，给枯燥的空间带来了生机。

空间吸声体由于有效的吸声面积比投影面积大得多，按投影面积计算其吸声系数可大于 1。因此，只要吸声体投影面积占悬挂平面面积的 40%左右，就能达到满铺吸声材料的效果，使造价降低。

（1）使用注意事项

① 空间吸声体的面积比值

指空间吸声体投影面积与天花板面积之比。该比值对吸声效果影响最大，通常取房间屋顶面积的 40%或室内总表面积的 20%左右。

② 吊装高度与排列方式

对于大型厂房，离顶高度一般宜为房间净高的 1/7～1/5；对于小型厂房，一般挂在离房顶 0.5～0.8 m 处。排列方式常用集中式、棋盘格式、长条式三种，其中以长条式效果最好。

③ 空间吸声体块面积与悬挂间距

此点应视房间面积、跨度、屋架、屋高、柱网等具体情况而定。单元尺寸大，单块面积可选 5～11 m^2；单元尺寸小，单块面积可选 2～4 m^2。大、中型厂房可取悬挂间距为 0.8～1.6 m，小型厂房可取 0.4～0.8 m。

（2）优点

空间吸声体在噪声控制工程中日益受到重视，不仅是由于其良好的装饰效果，更主要的是由于下述优点：

① 吸声效率高。与容重相同的超细玻璃棉相比，空间吸声体吸声系数高得多。在相同的投影面积条件下，板状空间吸声体的吸声效率比贴实吸声材料的普通方法提高 2 倍，圆柱和三棱柱形空间吸声体的吸声效率可提高 3.14 倍，而球形体、立方体形空间吸声体的吸声效率则可提高 4 倍。

② 安装方便。对一个已建成的高噪声车间，要做普通满铺吸声吊顶，一般要先搭满堂脚手架，在墙上埋木砖，在原顶棚下预埋吊筋，再钉大龙骨、中龙骨、小龙骨，铺吸声材料及加罩面材料，工作量很大，而且影响正常生产。而做空间吸声体则简单得多，可在原顶棚下适当位置埋膨胀螺丝，将空间吸声体吊挂；可在侧墙上安装钢架，将空间吸声体平铺其上；可在侧墙上安装花篮螺丝，利用拉紧的钢丝绳悬挂空间吸声体；还可直接将空间吸声体挂上。在侧墙上挂空间吸声体可利用射钉枪，同样十分方便。挂空间吸声体速度快，且不妨碍生产或对生产影响较小，这对于不能停产的车间很有益。空间吸声体维修也方便，哪个吸声体有了问题，直接取下即可。

③ 节省经费。吸声效率高，安装方便都意味着投资的节省，空间吸声体比满铺吸声吊顶要节省 1/3 以上的费用。

（3）分类

空间吸声体大致可分为以下 3 类：

① 大面积的平板体。如果板的尺寸比波长大，则其吸声情况大致相当于声波从板的两面无规入射。实验结果表明，板状空间吸声体的吸声量约为相同吸声板实贴壁面的 2 倍，设计时可按 1.7～1.8 倍考虑。因此，它具有较大的总吸声量，在实际工程中，与全平顶式相比，可节省一半左右的吸声材料，而吸声降噪效果

则基本相同。

② 离散的单元吸声体。可以设计成各种几何形状，如立方体、圆锥体、圆柱体、菱柱体或球体及瓦楞板等，其吸声机理比较复杂，因为每个单元吸声体的表面积与体积之比很大，所以单元吸声体的吸声效率很高。

③ 吸声尖劈。是一种楔子形空间吸声体，即在金属网架内填充多孔吸声材料（图 5-9），是常用于消声室或强吸声场所的一种特殊吸声结构。尖劈的吸声原理是：利用特性阻抗逐渐变化，即从尖劈端面特性阻抗接近于空气的特性阻抗，逐渐过渡到吸声材料的特性阻抗，这样吸声系数达到最高。该吸声结构低频特性极好，当吸声尖劈的长度约等于所需吸收声波最低频率波长的一半时，其吸声系数可达 0.99。

吸声尖劈的形状有等腰劈状、直角劈状、阶梯状、无规状等。尖劈劈部顶端一般为尖头状，若要求不高可适当缩短，即去掉尖部的 10%～20%，对吸声性能影响较小。吸声尖劈底部宽度取 20 cm 左右，尖劈长度取 80～100 cm，最低截止频率可达 70～100 Hz。吸声尖劈内部装填多孔吸声材料，外部罩以塑料窗纱、玻璃布或麻布。吸声尖劈的骨架由 $\Phi4$～$\Phi6$（mm）铅丝焊接而成。在实际安装时，吸声尖劈底板的后面设有穿孔共振器，或留有空气间隔层，同时应交错排列，避免方向一致，以提高吸声性能（图 5-10）。

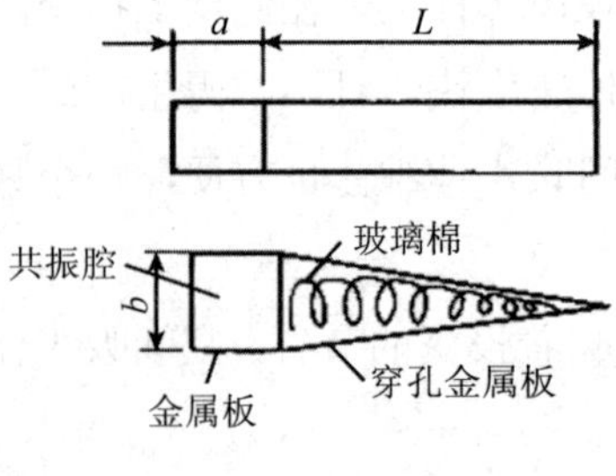

图 5-9 吸声尖劈的结构

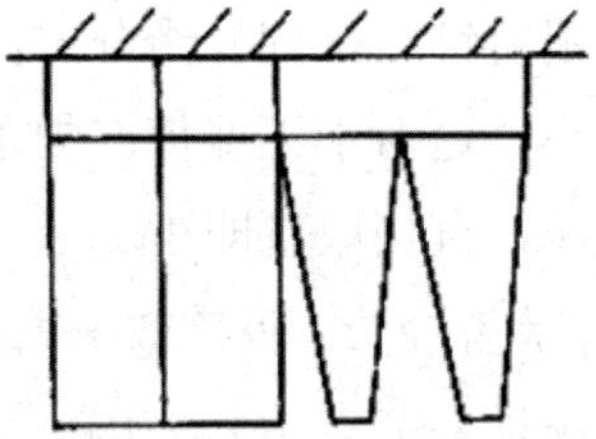

图 5-10 吸声尖劈的安装方式

5.1.5 吸声结构

根据对多孔吸声材料吸声特性的研究，多孔材料对中、高频噪声吸收性能较好，而对低频噪声吸收性能较差，若采用共振吸声结构则可以改善低频吸声性能。

利用共振原理做成的吸声结构称作共振吸声结构，可分为薄板共振吸声结构、穿孔板共振吸声结构与微穿孔板共振吸声结构三种类型。

5.1.5.1　薄板共振吸声结构

将薄的塑料、金属或胶合板等材料的周边固定在框架上，并将框架牢牢地与刚性板壁相结合，这种由薄板与板后的封闭空气层构成的系统就称作薄板共振吸声结构。用于薄板共振吸声结构的材料有胶合板、硬质纤维板、石膏板、石棉水泥板、金属板等。

薄板共振吸声结构实际近似于一个弹簧和质量块振动系统。薄板相当于质量块，板后的空气层相当于弹簧。当声波入射到薄板上，使其受激振后，由于板后空气层的弹性、板本身具有的劲度与质量，薄板就会产生振动，发生弯曲变形，因为板的内阻尼及板与龙骨间的摩擦，便将振动的能量转化为热能，从而消耗声能。当入射声波的频率与板系统的固有频率相同时，便可发生共振。板的弯曲变形越大，振动越剧烈，声能也就消耗得越多。

弹簧振子的固有频率由式（5-8）计算：

$$f_0=\frac{1}{2\pi}\sqrt{\frac{K}{M}} \tag{5-8}$$

式中：f_0—— 固有频率，Hz；

K—— 弹簧刚度（劲度），kg/s^2；

M—— 振动物体的质量，kg。

也可用式（5-9）估算：

$$f_0=\frac{600}{\sqrt{md}} \tag{5-9}$$

式中：m—— 薄板的面密度，m=板厚×板密度，kg/m^2；

d—— 空气层厚度，cm。

使用中，薄板厚度通常取 3～6 mm，空气层厚度一般取 3～10 cm，共振频率多为 80～300 Hz，故通常用于低频吸声。但吸声频率范围窄，吸声系数不高，为

0.2～0.5。常用薄板共振吸声结构的吸声系数见表 5-7。

表 5-7 常用薄板共振吸声结构的吸声系数

材料	构造/cm	各频率（Hz）下吸声系数					
		125	250	500	1 000	2 000	4 000
三夹板	空气层厚 5，框架间距 45×45	0.21	0.73	0.21	0.19	0.08	0.12
三夹板	空气层厚 10，框架间距 45×45	0.59	0.38	0.18	0.05	0.04	0.08
五夹板	空气层厚 5，框架间距 45×45	0.08	0.52	0.17	0.06	0.10	0.12
五夹板	空气层厚 10，框架间距 45×45	0.41	0.30	0.14	0.05	0.10	0.16
刨花压轧板	板厚 1.5，空气层厚 5，框架间距 45×45	0.35	0.27	0.20	0.15	0.25	0.39
木丝板	板厚 3，空气层厚 5，框架间距 45×45	0.05	0.30	0.81	0.63	0.70	0.91
木丝板	板厚 3，空气层厚 10，框架间距 45×45	0.09	0.36	0.62	0.53	0.71	0.89
草纸板	板厚 2，空气层厚 5，框架间距 45×45	0.15	0.49	0.41	0.38	0.51	0.64
草纸板	板厚 2，空气层厚 10，框架间距 45×45	0.50	0.48	0.34	0.32	0.49	0.60
胶合板	空气层厚 5	0.28	0.22	0.17	0.09	0.10	0.11
胶合板	空气层厚 10	0.34	0.19	0.10	0.09	0.12	0.11

若在薄板与龙骨的交接处放置增加结构阻尼的软材料，如海棉条、毛毡等，或在空腔中适当悬挂矿棉、玻璃棉毡等吸声材料，可使薄板共振结构的吸声性能得到明显改善，采用组合不同、单元大小不同或不同腔深的薄板结构，或直接采用木丝板、草纸板等可吸收中、高频噪声的板材，可以提高吸声频带。

5.1.5.2 穿孔板共振吸声结构

在薄板上穿以小孔，在其后与刚性壁之间留一定深度的空腔所组成的吸声结构为穿孔板共振吸声结构。按照薄板上穿孔的数目分为单孔共振吸声结构与多孔穿孔板共振吸声结构。

（1）单孔共振吸声结构

单孔共振吸声结构又称作亥姆霍兹共振吸声器或单腔共振吸声器。它是一个封闭的空腔，在腔壁上开一个小孔与外部空气相通（图 5-11），可用陶土、煤渣等烧制或水泥、石膏浇注而成。

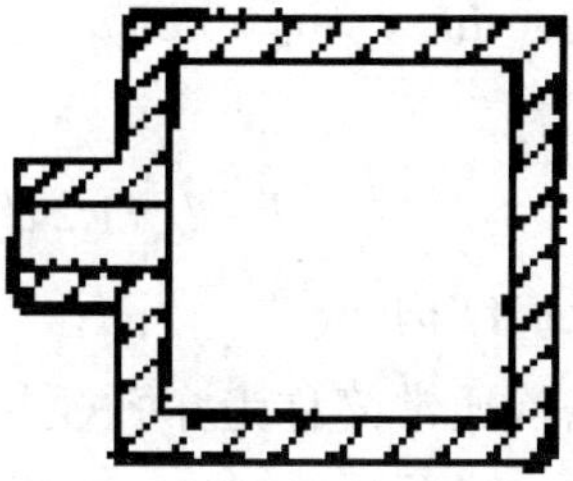

图 5-11　单孔共振吸声结构

这种结构的腔体中空气具有弹性，相当于弹簧。开孔孔颈中的空气柱很短，可视为不可压缩的流体，比拟为振动系统的质量 M，声学上称为声质量；有空气的空腔比作弹簧 K，能抗拒外来声波的压力，称为声顺；当声波入射时，孔颈中的气柱体在声波的作用下便像活塞一样做往复运动，与颈壁发生摩擦使声能转变为热能而损耗，这相当于机械振动的摩擦阻尼，声学上称为声阻。声波传到共振器时，在声波的作用下激发颈中的空气柱做往复运动，在共振器的固有频率与外界声波频率一致时发生共振，这时颈中空气柱的振幅最大并且振速达到最大值，因而阻尼最大，消耗声能也就最多，从而得到有效的声吸收。

亥姆雷兹共振器的使用条件是空腔小孔的尺寸比空腔尺寸小得多，并且外来声波波长大于空腔尺寸。这种吸声结构的特点是吸收低频噪声并且吸收频带较窄（频率选择性强），因此多用在具有明显音调的低频噪声场合。若在颈口处放置一些诸如玻璃棉之类的多孔材料，或加贴一薄层尼龙布等透声织物，可以增加颈口部分的摩擦阻力，增宽吸声频带。

其共振频率为：

$$f_r = \frac{c}{2\pi}\sqrt{\frac{S_0}{Vl_k}} \tag{5-10}$$

式中：c —— 声速，m/s，一般取 340 m/s；

S_0 —— 颈口面积，m^2；

V —— 空腔体积，m^3；

d —— 颈口直径，m；

l_0—— 颈的实际长度（即板厚），m；

l_k—— 孔颈有效长度，m，$l_k = l_0 + 0.85\,d$。

当空腔内壁贴多孔材料时，

$$l_k = l_0 + 1.2\,d \tag{5-11}$$

（2）多孔穿孔板共振吸声结构

多孔穿孔板共振吸声结构通常简称为穿孔板共振吸声结构（图 5-12），实际是单孔共振器的并联组合，故其吸声机理同单孔共振结构，但吸声状况大为改善，应用较为广泛。常用的穿孔板共振吸声结构如图 5-13 所示。当小孔均匀分布且孔径一致时，这种结构的共振频率 f_r 为：

$$f_r = \frac{c}{2\pi}\sqrt{\frac{P}{Dl_k}} \tag{5-12}$$

式中：c —— 声速，m/s；

P —— 穿孔率；

D —— 空腔厚度，m；

l_k—— 孔颈有效长度，m。

工程上一般取板厚为 1～10 mm，孔径为 2～15 mm，穿孔率为 0.5%～15%，空气层厚度以 50～250 mm 为宜。尺寸超过以上范围，多有不良影响。例如穿孔率在 20%以上时，几乎没有共振吸声作用，而仅成为护面板了。

这种结构吸声频率选择性也很强，吸声频带很窄。主要用于吸收低、中频噪声的峰值，吸声系数为 0.4～0.7。

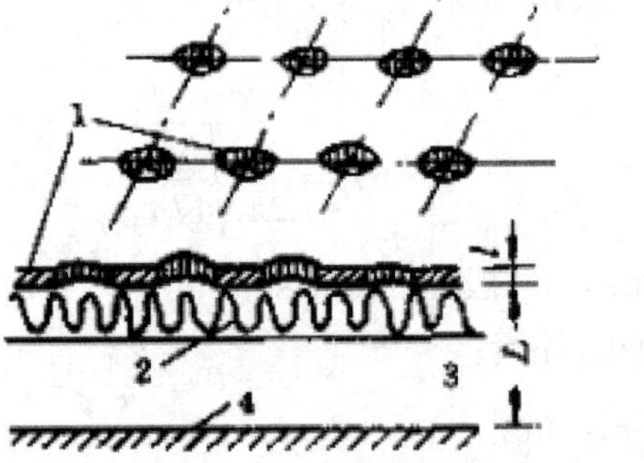

图 5-12　多孔穿孔板共振吸声结构

图 5-13　常用的穿孔板共振吸声结构

5.1.5.3　微穿孔板共振吸声结构

为克服穿孔板共振吸声结构吸声频带较窄的缺点，我国著名声学专家马大猷教授于 1964 年提出金属微穿孔板吸声结构。在厚度小于 1 mm 的金属薄板上，钻出许多孔径小于 1 mm 的小孔（穿孔率为 1%～4%），将这种孔小而密的薄板固定在刚性壁面上，并在板后留以适当深度的空腔，便组成了微穿孔板吸声结构。薄板常用铝板或钢板制作，因其板特别薄且孔特别小，为与一般穿孔板共振吸声结构相区别，故称作微穿孔板吸声结构。

微穿孔板吸声结构实质上仍属于共振吸声结构，因此吸声机理也与之相同。利用空气柱在小孔中的来回摩擦消耗声能，用腔深来控制吸声峰值的共振频率，腔越深，共振频率越低。但因为其板薄孔细，与普通穿孔板比较，声阻显著增加，声质量显著减小，因此明显地提高了吸声系数，增宽了吸声频带宽度。微穿孔板吸声结构的吸声系数很高，有的可达 0.9 以上；吸声频带宽，可达 4～5 个倍频程以上，因此它属于性能优良的宽频带吸声结构。减小微穿孔板的孔径，提高穿孔率，或使用双层与多层微孔板，可增大吸声系数，拓宽吸声带宽。但孔径太小容易堵塞，故多采用 0.5～1.0 mm 的孔径，穿孔率多以 1%～3%为主。微孔板结构吸声峰值的共振频率与多孔板共振结构类似，主要由腔深决定，若以吸收低频声为主，空腔宜深；若以吸收中、高频声为主，空腔宜浅，腔深一般可取 5～20 cm。

5.1.6 吸声降噪的设计

选择和设计吸声结构，应尽量先对声源进行隔声、消声等处理，当噪声源不宜采用隔声措施，或采用隔声措施后仍达不到噪声标准时，可用吸声处理作为辅助手段。对于湿度较高的环境，或有清洁要求的吸声设计，可采用薄膜复面的多孔材料或单、双层微穿孔板共振吸声结构，穿孔板的板厚及孔径均不大于 1 mm，穿孔率可取 0.5%～3%，空腔深度可取 50～200 mm。进行吸声处理时，应满足防火、防潮、防腐、防尘等工艺与安全卫生要求，还应兼顾通风、采光、照明及装修要求，也要注意埋设件的布置。

吸声降噪宜用于混响声为主的情况。如车间体积不太大，内壁吸声系数较小，混响声较强，接收者距声源又有一定距离时，采用吸声处理可以获得较理想的降噪效果。而在车间体积较大的情况下，类似声源在开阔的空间辐射噪声，或接收者距声源较近，直达声占优势时，吸声处理效果不会明显。对于一般的半混响房间，在接收点与声源距离大于临界半径时，吸声处理可以获得较好的效果。

5.1.6.1 吸声设计程序

① 详细了解待处理房间的噪声级和频谱。首先了解车间内各种机电设备的噪声源特性，选定噪声标准；

② 根据有关噪声标准，确定各频程所需的降噪量；

③ 估算或进行实际测量要采取吸声处理车间的吸声系数（或吸声量），求出吸声处理需增加的吸声量或平均吸声系数；

④ 选取吸声材料的种类及吸声结构类型，确定吸声材料的厚度、容重、吸声系数，计算吸声材料的面积和确定安装方式等。

5.1.6.2 设计计算

（1）房间平均吸声系数和计算

如果一个房间的墙面上布置几种不同的材料时，它们对应的吸声系数和面积分别为α_1、α_2、α_3和 S_1、S_2、S_3，房间的平均吸声系数为

$$\overline{\alpha}=\frac{\sum_{i=1}^{n}S_i\alpha_i}{\sum_{i=1}^{n}S_i} \tag{5-13}$$

（2）吸声量的计算

吸声量又称等效吸声面积，为吸声面积与吸声系数的乘积：

$$A=\alpha S \tag{5-14}$$

式中：A —— 吸声量，m^2；

α —— 吸声系数；

S —— 使用材料的面积，m^2。

如果一个房间的墙面上布置有几种不同的材料时，则房间的吸声量为

$$A_i=\sum_{i=1}^{n}\alpha_i S_i \tag{5-15}$$

式中：A_i —— 第 i 种材料组成壁面的吸声量，m^2；

α_i —— 第 i 种材料的吸声系数；

S_i —— 第 i 种材料的面积，m^2。

（3）室内声级的计算

房间内噪声的大小和分布取决于房间形状、墙壁、天花板、地面等室内器具的吸声特性，以及噪声源的位置和性质。室内声压级的计算公式：

$$L_p=L_{\mathrm{w}}+10\lg\left(\frac{Q}{4\pi r^2}+\frac{4}{R_{\mathrm{r}}}\right) \tag{5-16}$$

式中：L_p —— 室内声压级，dB；

L_{w} —— 声功率级；

Q —— 声源的指向性因素，声源位于室内中心，Q=1，声源位于室内地面或墙面中心，Q=2，声源位于室内某一边线中心，Q=4，声源位于室内某一角，Q=8；

r —— 声源至受声点的距离，m；

R_r —— 房间常数，定义式为

$$R_r = \frac{S\overline{\alpha}}{1-\overline{\alpha}} \tag{5-17}$$

（4）混响时间计算

在总体积为 V（m^3）的扩散声场中，当声源停止发声后声能密度下降为原有数值的百万分之一所需的时间或房间内声压级下降 60 dB 所需的时间，叫作混响时间，用 T 表示，定义为赛宾公式：

$$T = \frac{0.161V}{S\overline{\alpha}} \tag{5-18}$$

（5）吸声降噪量的计算

设处理前房间平均系数为 $\overline{\alpha}_1$，声压级为 L_{p1}；吸声处理后平均系数为 $\overline{\alpha}_2$，声压级为 L_{p2}。吸声处理前后的声压级差 L_p 即为降噪量，可由式（5-19）计算：

$$\Delta L_p = L_{p1} - L_{p2} = 10\lg \frac{\dfrac{Q}{4\pi r^2} + \dfrac{4}{R_{r1}}}{\dfrac{Q}{4\pi r^2} + \dfrac{4}{R_{r2}}} \tag{5-19}$$

在噪声源附近，直达声为主要部分，即 $\dfrac{Q}{4\pi r^2} \gg \dfrac{4}{R_r}$，略去 $\dfrac{4}{R_r}$ 项，得

$$\Delta L_p = 10\lg 1 = 0$$

在离噪声源足够远处，混响声为主要部分，即 $\dfrac{Q}{4\pi r^2} \ll \dfrac{4}{R_r}$，略去 $\dfrac{Q}{4\pi r^2}$ 项，得

$$\Delta L_p = 10\lg \frac{R_{r2}}{R_{r1}} = 10\lg\left(\frac{\overline{\alpha}_2}{\overline{\alpha}_1} \times \frac{1-\overline{\alpha}_1}{1-\overline{\alpha}_2}\right) \tag{5-20}$$

一般情况下，α_1 和 α_2 都比 1 小得多，若满足 $\alpha_1\alpha_2$ 之积远小于 1，式（5-20）简化可得整个房间吸声处理前后噪声降低量为

$$\Delta L_p = 10\lg\left(\frac{\overline{\alpha}_2}{\overline{\alpha}_1}\right) \tag{5-21}$$

由 $A=\alpha S$ 和赛宾公式，因此

$$\Delta L_p = 10\lg\left(\frac{A_2}{A_1}\right) \tag{5-22}$$

$$\Delta L_p = 10\lg\left(\frac{T_1}{T_2}\right) \tag{5-23}$$

式中：A_1, A_2 —— 吸声处理前、后的室内总吸声量，m^2；

T_1, T_2 —— 吸声处理前、后的室内混响时间，s。

5.1.6.3　吸声降噪项目

【案例 1】某空压机房降噪，房间尺寸长 10 m，宽 5 m，高 4 m，房间地面和顶面为混凝土毛面，侧面为普通抹灰墙面；两台空压机位于地面中央，其噪声波及整个车间。采用吸声降噪措施，使车间噪声达到《工业企业噪声控制设计规范》（GBJ 87—85）的要求。该吸声降噪设计按如下步骤进行（有关数据见表 5-8）：

① 在设计前现场测量噪声各倍频程声压级数值。

② 确定控制标准的噪声限值：90 dB（A），查噪声评价曲线 NR85。

③ 计算各倍频程声压级所需的降噪量；由表 5-8 中数值可见中心频率为 500 Hz 时降噪要求是最高的。

④ 由表 5-5 查得地面、顶面和壁面的吸声系数。

⑤ 根据所需降噪量及 $\overline{\alpha}_1$ 由式 $\overline{\alpha}_2 = \overline{\alpha}_1 10^{0.1\Delta L_p}$ 求出处理后应有的各倍频程的平均吸声系数 $\overline{\alpha}_2$。如 f_0=500 Hz 处所应有的吸声系数为：$\overline{\alpha}_2 = 0.015\times10^{0.1\times5} = 0.06$。

⑥ 根据上述降噪频带和降噪量要求、现场情况及性价比等因素，根据表 3-3 选择吸声材料，并将其倍频程吸声系数填在表中；本例选择超细玻璃棉（棉径

4 μm)，厚度 2 cm，密度 20 kg/m³。

⑦ 按表 5-8 将所选材料的正入射吸声系数α_0 转换为无规入射α_s；如在f_0=500 Hz 处$\alpha_0 \rightarrow \alpha_s$，查表$\alpha_s$=0.51。

⑧ 计算吸声材料需要的总吸声面积 S_{m}（选各频带中最大的）。

如在 f_0=500 Hz 处，采用吸声板实贴铺设在壁面上的方式，需要吸声材料的数量为

$$S_{\mathrm{m}} = S\frac{\overline{\alpha}_2 - \overline{\alpha}_1}{\alpha_s - \overline{\alpha}_1} = 220 \times \frac{0.06 - 0.02}{0.51 - 0.02} = 17.9\ \mathrm{m}^2$$

⑨ 根据式$\Delta L_p = 10\lg\left(\frac{\overline{\alpha}_2}{\overline{\alpha}_1}\right)$，计算装上所选用的吸声材料后能达到的降噪量。

如在f_0=500 Hz 处，$\Delta L_p = 10\lg\frac{\overline{\alpha}_2}{\overline{\alpha}_1} = 10\lg\frac{0.51}{0.02} = 14.6\ \mathrm{dB}$，并将计算结果列入第 10 行。

比较第 3 行与第 10 行数值可知，吸声处理后达到的降噪量高于需要降低的噪声量，达到了吸声降噪的设计要求。

表 5-8 吸声降噪工程设计计算步骤

步骤	事项	各倍频程中心频率的计算量						说明	公式与方法
		125	250	500	1 000	2 000	4 000		
1	处理前 L_{p1}	95.0	92.0	92.6	84.5	83.0	79.5	实测	空间平均声级
2	允许标准 L_{p2}	96.0	91.1	87.6	85.0	82.8	81.0	NR85	$L_{pi} = a + bNR_i$
3	需降噪量 ΔL_{pi}	—	0.9	5.0	—	0.2	—	计算	$\Delta L_{pi} = L_{p1} - L_{p2}$
4	处理前$\overline{\alpha}_1$		0.015	0.02	—	0.03	—		已知
5	处理后$\overline{\alpha}_2$		0.02	0.06	—	0.03	—		$\overline{\alpha}_2 = \overline{\alpha}_1 10^{0.1\Delta Lp}$
6	所选材料的吸声系数α_0	0.04	0.08	0.29	0.66	0.66	0.66		查表，选择超细玻璃棉(棉径 4 μm)，厚度 2 cm，密度 20 kg/m³
7	α_s	0.08	0.16	0.51	0.89	0.89	0.89		查表

步骤	事项	各倍频程中心频率的计算量						说明	公式与方法
		125	250	500	1 000	2 000	4 000		
当采用吸声板实贴铺设在壁面上的方式:									
8	所需材料总吸声面积 S_m		7.6	17.9	—	—	—		$S_m = S\dfrac{\overline{\alpha}_2 - \overline{\alpha}_1}{\overline{\alpha}_s - \overline{\alpha}_1}$
9	在墙面上铺设所需吸声面积 S_m		—	18	—	—	—	—	
10	吸声处理后的降噪量		10.2	14.6					$\Delta L_p = 10\lg\dfrac{\overline{\alpha}_2}{\overline{\alpha}_1}$

讨论：① 若考虑空间吸声体，采用吊挂板两面吸声，所需要的吸声材料面积是多少？

② 施工安装完后，进行现场测试，如果还没有完全达到预定标准，则需分析原因，并采取进一步措施来保证达标。

③ 本例 f_0=500 Hz 上的所需降噪量仅为 5.0 dB，处理前的平均吸声系数为 0.02，在吸声降噪措施经济有效范围内，所用吸声材料的面积不到室内总面积的 8.2%。

5.2 隔声技术

把需要安静的场所封闭起来使其与周围隔绝的方法称为隔声。隔声是噪声控制中最有效的措施之一。在日常生活中，若外界噪声很高，干扰了室内的活动，把门、窗关上便可有效地降低这种干扰。利用门、窗、墙、钢板等构件将噪声源和接收者相隔离，从而达到保护接收者的目的。常用的隔声结构有隔声室、隔声罩、隔声门等。

5.2.1 隔声评价量

声波在通过空气的传播途径中，碰到匀质屏蔽物时，由于两分界面特性阻抗的改变，使部分声能被屏蔽物反射回去，一部分声能被屏蔽物吸收，只有一部分声能可以透过屏蔽物传到另一个空间去。显然，透射声能仅是入射声能的一部分。

因此，设置适当的屏蔽物便可以使大部分声能反射回去，从而降低噪声的传播。具有隔声能力的屏蔽物就称作隔声构件或者隔声结构，如砖砌的隔墙、水泥砌块路、隔声罩体等。

5.2.1.1 隔声效果的几个评价量

（1）隔声量（又称传声损失）

一种结构或一种材料的隔声能力，可以用透过隔声结构的声能与入射声能之比来表示。这个比值叫传声系数，用 τ 来表示，即

$$\tau = \frac{E_{透}}{E_{入}} \tag{5-24}$$

τ 值始终小于 1，τ 值越小，则表示穿透过去的声能越少。如果用对数的方法来表示，则称为隔声量或传声损失，即

$$\mathrm{TL}=10\lg\frac{1}{\tau} \tag{5-25}$$

由式（5-25）可知，被结构衰减的声能越多，TL 值就越大，表示结构的隔声量越大。

（2）平均声压级差

发声室与受声室以隔声构件相隔，隔声构件的隔声能力可以用两室平均声压级 L_1 和 L_2 之差来评价，用 D 来表示，即

$$D = L_1 - L_2 \tag{5-26}$$

考虑到受声室的影响，可进行修正，这时构件的隔声量可表示为

$$\mathrm{TL}=D+10\lg\frac{S}{A} \tag{5-27}$$

式中：S —— 隔声构件的面积，m^2；

A —— 受声室的吸声量，m^2，其公式如下：

$$A=\sum_{i=1}^{n}S_i\alpha_i \tag{5-28}$$

（3）插入损失

离声源一定距离处测得无隔声构件时的声压级 L_0 和有隔声构件时的声压级 L 之差称为插入损失 IL，即

$$\mathrm{IL}=L_0-L \tag{5-29}$$

（4）平均隔声量

工程上常用平均隔声量表示材料的隔声能力，它是 125 Hz、250 Hz、500 Hz、1 000 Hz、2 000 Hz 和 4 000 Hz 共 6 个频率的隔声量的算术平均值。

在实际应用中，为了简便起见，常用单一数值来表示某一构件的隔声量，通常取 50 Hz 和 5 000 Hz 的几何平均值 500 Hz 的隔声量来代表平均隔声量，记为 R_{500}。

（5）隔声指数

ISO/R717 推荐用隔声指数 I_a 来评价隔声性能。它是用标准折线来确定的，如图 5-14 所示，这条折线的走向规定为：100～400 Hz，每倍频程增加 9 dB；400～1 250 Hz，每倍频程增加 3 dB；1 250～3 150 Hz 折线平直。在确定隔声指数时，首先将隔声构件的隔声频率特性曲线绘在标纸上，然后将绘有隔声指数的标准折线透明纸与其重合，使频率坐标位置对准，并沿垂直方向上下移动至满足如下两个条件为止：

① 隔声频率特性曲线的任一频带的隔声量在标准折线下方均不超过 8 dB；

② 各频带处于标准折线下的 dB 数总和不大于 32 dB。

上述两个条件仅用于 1/3 倍频程坐标。倘为倍频程坐标，上述两个条件相应改为不得超过 5 dB 以及各频率的总和不得大于 10 dB。满足上述两个条件后，从横坐标 500 Hz 处向上引垂线与标准折线相交，通过交点作水平线与纵坐标相交，则该点的 dB 数即为要求的隔声指数 I_a。

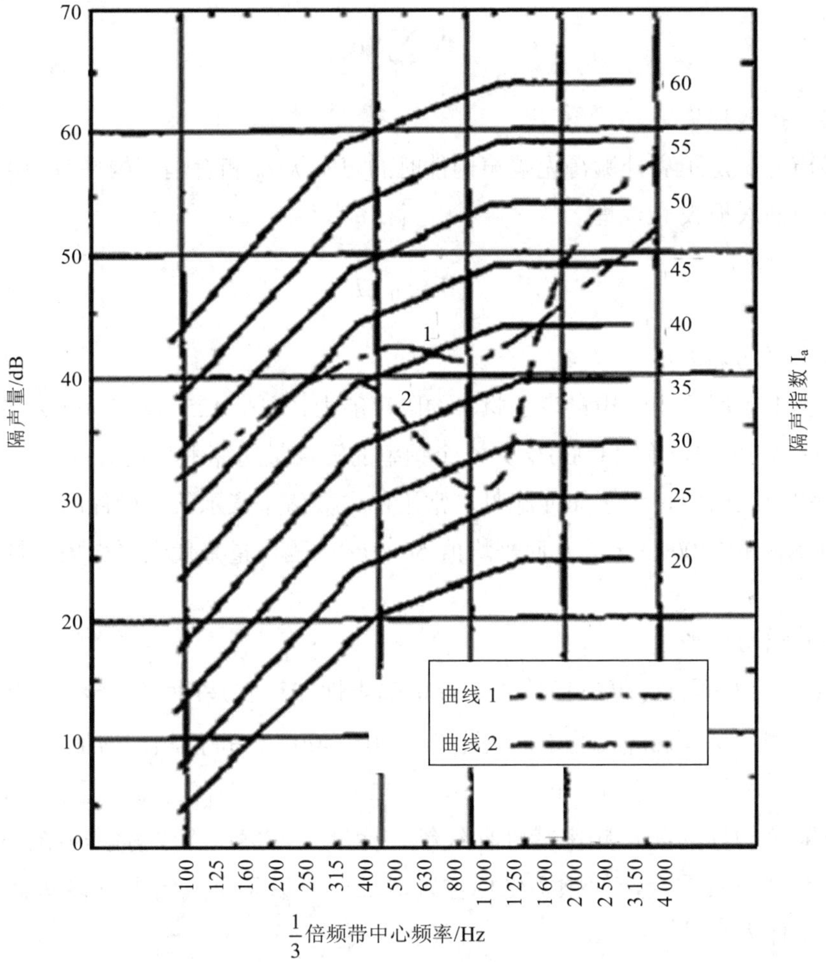

图 5-14 隔声墙空气声隔声指数用的参考曲线

5.2.2 隔声材料与隔声构件的设计应用

按施工方法不同，隔声可分为建筑围护结构的隔声和轻型隔声构件的隔声两大类。建筑围护结构一般属于重型结构，如砖墙、钢筋混凝土墙板和楼板等；在工业噪声控制中，常用的是轻型隔声构件，如钢结构隔声室、隔声罩、隔声屏、隔声门、隔声窗等。建筑围护结构或轻型隔声构件可以是单层的，也可以是双层或多层复合的。隔声构件可以选用现成产品，也可以按需要设计制造。

5.2.2.1　隔声构件选用

影响隔声构件隔声性能的因素有很多，如入射声波的方向、频率；隔声构件的面密度、劲度、阻尼；有无吸声材料；有无空洞缝隙；有无声桥；有无隔振；有无门窗等。在选用隔声材料的隔声构件时，应综合考虑，并进行必要的计算和估算。隔声构件的选用原则如下述。

按要求确定隔声构件的形式。当噪声源在外部时，可采用隔声室、集控室等形式，操作人员（接受者）位于隔声室内，安静程度要求较高；当噪声源在内部时，可采用隔声罩、隔声箱等形式，噪声源在隔声罩内，操作人员在外部。相对来说，第二种形式安静程度要求较低，隔声罩体积小，费用较低，但应考虑隔声罩的通风散热及设备的检修保养。当噪声源和接受者都在外部时，可采用敞开结构。例如隔声屏障，噪声源和接受者在屏障两侧，虽然隔声量有限，但便于操作和维修噪声设备。

在噪声控制工程中，究竟选用何种隔声结构，应根据噪声源的声级高低、频谱特性、噪声源形状尺寸、噪声控制标准、周围环境状况、施工场地大小、设备操作要求、投资费用多少等综合考虑。

对于相对独立的强噪声源，噪声控制标准又要求有较高的隔声量，施工场地又比较宽敞，此时可采用土建材料为主的重型隔声结构，例如航空发动机试车台、柴油机试车台、空压机、冷冻机等控制室；对于空间尺寸较小，安装位置有限的噪声源，则可配置与噪声源外形相似的全封闭型噪声罩；若噪声源不需要检修，隔声罩可做成固定式，若噪声源需要经常检修或移位，则应采用可拆卸式；对于工艺上有特殊要求，不允许全封闭，噪声源声级较低的，可采用局部隔声罩或半封闭隔声罩；噪声源形状尺寸较大，声级较高，频谱特性呈中高频，通风散热要求严格，操作者又必须在强噪声源附近工作时，可在操作者和噪声源之间设置隔声屏障，使操作者处于声屏障所形成的声影区内；有些强噪声源体积大，数量多，造成工作地点噪声超标较多，此时可设置供休息的专用隔声间、监控室等，这些间室可以是土建结构，也可以是轻型装配式结构。此外，一般构件隔声量应大于需要隔声量 5 dB（A）以上。这是由于隔声构件在加工安装过程中可能会造成缝隙漏声或固体传声或隔绝不良等影响。因此，在设计选用隔声构件时，其隔声量应适当留有余地。

5.2.2.2 隔声板材

在噪声控制工程中常用的隔声板材归纳起来有下列几种：

① 单层板材——金属板、塑料板、石膏板、五合板、石棉水泥板、草纸板等；

② 双层板材——双层金属板、双层铅丝网抹灰板、双层复合板等；

③ 单层墙体——炭化石灰板墙、加气混凝土墙、矿渣珍珠岩砖墙、硅酸盐砌块、硅酸钠条板、矿渣三孔空心砖、石膏蜂窝板墙等；

④ 双层墙体—— 塑料贴面压榨板双层墙、纸面石膏板双层墙、炭化石灰板双层墙、炭化石灰板和纸面石膏板复合墙、加气混凝土双层墙、五合板蜂窝板双层墙、厚砖墙两面抹灰、空心砖墙两面抹灰、双层厚砖墙等。

除上述几种板材以外，近年来又开发出了一系列轻质板材，如 FC 板、PC 板、WJ 板、彩钢夹芯板、金属复合隔声板、CH 型活动隔声板等，它们既可用于建筑分户墙，又可用于噪声控制工程中的隔声，室内室外均可使用，在许多噪声控制工程和建筑声学工程中实际应用，均取得了满意的隔声降噪效果。

5.2.3 隔声装置

5.2.3.1 隔声墙板

通常将板状或墙状的隔声构件称作隔墙、墙板或简称为墙。仅有一层板墙称作单层墙；有两层或多层、层间有空气等其他材料，则称作双层墙或多层墙。

（1）单层匀质密实墙隔声板

单层匀质密实墙板是指一层质量分布均匀内部没有孔洞的墙板。这是一种理想化的板，钢板、玻璃板、石膏板、胶合板、纤维板均可看作单层匀质密实墙板，普通实砌砖墙、钢筋混凝土墙可近似看作单层匀质密实墙板。

单层匀质密实墙板的隔声结构受到声波作用后，其隔声性能主要由板的面密度（板单位面积的质量）、板的劲度和材料的内阻尼决定。单层匀质密实墙板的隔声量与入射声波的频率关系很大。当频率由低频向高频变化时，隔声量变化规律不同，可以分为四个区域：劲度控制区、阻尼控制区、质量控制区、吻合效应区。

① 劲度控制区。频率范围是从 0 到墙体的第 1 共振频率。在该区域内，随着入射声波频率的增加、墙板的隔声量逐渐下降，声波频率每增加一个倍频程，隔声量下降 6 dB。在这个区域中，墙板对声压的反应类似于弹簧，板材的振动速度反比于墙板劲度和声波频率的比值，因而墙板的隔声量与劲度成正比。对一定频率的声波，墙板的劲度越大，隔声量越高，称为劲度控制区。

② 阻尼控制区。第 2 个区称作阻尼控制区，又称为板共振区。当入射声波的频率与墙板固有频率相同时引起共振，墙板振幅最大，振速最高，因而透射声能急剧增大，隔声量曲线呈显著低谷；当声波频率是共振频率的谐频时，墙板发生的谐振也会使隔声量下降。所以在共振频率之后，隔声量曲线连续又出现几个低谷，第 1 个低谷是共振频率处，又称第 1 共振频率。但随着声波频率的增加，共振现象越来越弱，直至消失，所以隔声量总体仍呈上升趋势。对于砖、石等结构厚重的墙，共振频率与其谐频很低，不出现在主要声频区，通常可不考虑；对于薄板，其共振频率较高，阻尼控制区可分布在很宽的声频区，须予以防止。一般采用增加墙板阻尼的措施来抑制共振现象。

第 1、2 区又常合并称为劲度与阻尼控制区，若第 1、2 区合并，那么隔声频率曲线共分为 3 个区。

③ 质量控制区。第 3 个区是质量控制区。在该区域内，隔声量随入射声波的频率直线上升，其斜率为 6 dB/倍频程。而且墙板的面密度越大，即质量越大，隔声量越高，故称质量控制区。其原因是此时声波对墙板的作用如同一个力作用于质量块，质量越大，惯性越大，墙板受声波激发产生的振动速度越小，因而隔声量越大。

④ 吻合效应区。第 4 个区是吻合效应区。在该区域内，随着入射声波频率的升高，隔声量反而下降，曲线呈显著低谷。这是由于出现了吻合效应。增加板的厚度和阻尼，可使隔声量下降趋势得到减缓。越过低谷后，隔声量以每倍频程 10 dB 的趋势上升，然后逐渐接近质量控制的隔声量。

墙体是具有一定刚性的弹性板，当板被声音激发后会产生弯曲振动。当声波以 θ 角斜入射时，墙板在声波作用下产生沿板面传播的受迫弯曲波，波速 $c_f = c/\sin\theta$。板本身存在自有弯曲波，其传播速度与板的刚度、密度以及自有弯曲波的频率有关。当受迫弯曲波速度正好等于墙板自有弯曲波速度 c_b 时，$c_b = \sqrt{2\pi f} \cdot \sqrt[4]{\frac{D}{\rho}}$，墙板的弯曲振动达到最大，这时墙板会非常“顺从”地跟随入射声波弯曲，使入射声能大量透射，降低隔声量，这就是吻合效应（图 5-15）。

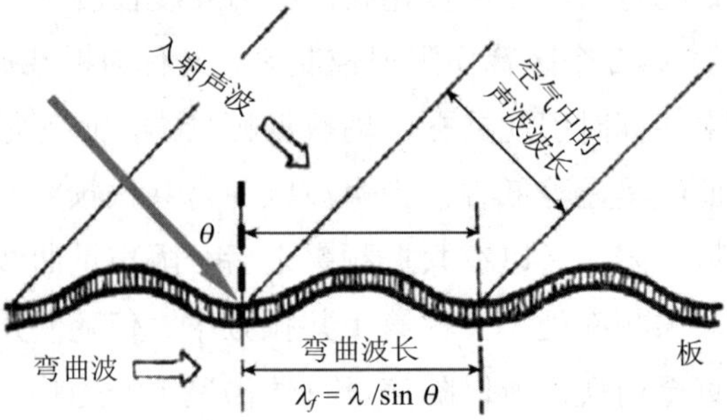

图 5-15　吻合效应

吻合效应只发生在一定频率范围内，当 $\theta = \pi/2$，声波斜入射时，可得到发生吻合效应的最低频率——临界频率，它与墙体材料的厚度、密度和弹性模量有关。

$$f_c = \frac{c^2}{2\pi}\sqrt{\frac{M}{\mathrm{B}}} = \frac{c^2}{2\pi t}\sqrt{\frac{12\rho}{E}} \tag{5-30}$$

式中：c —— 声速，m/s；

M —— 板的面密度，kg/m^3；

E —— 弹性模量；

B —— 板的劲度，N/m^2；

t —— 墙体厚度，mm；

ρ —— 板的密度，kg/m^3。

应避免吻合效应发生在 100～2 500 Hz。通过改变墙壁的容重和厚度来改变吻合频率，采用硬而厚的材料来降低 f_c，用软而薄的材料来提高 f_c。相应的入射声波频率称为“吻合频率”。常用单层隔声墙的隔声量见表 5-9。

表 5-9 常用单层隔声墙的隔声量

单位：dB

构件	TL125	TL250	TL500	TL1 000	TL2 000	TL4 000	STC
12 mm（1/2）厚干墙板钉在木龙骨上	17	31	33（隔墙）	40	38	36	33
12 mm（1/2）厚干墙板钉在木龙骨上，内填 50 mm（2）厚吸声材料	15	30	34	44	46	41	37
双层 12 mm（1/2）厚干墙板钉在木龙骨上	25	34	41	51	48	50	41
12 mm（1/2）厚干墙板钉在错列木龙骨上	23	28	39	46	54	44	39
12 mm（1/2）厚干墙板钉在错列木龙骨上，内填 50 mm（2）厚吸声材料	29	38	45	52	58	50	48
12 mm（1/2）厚干墙板钉在钢龙骨上	22	27	43	47	37	46	39
12 mm（1/2）厚干墙板钉在钢龙骨上，内填 50 mm（2）厚吸声材料	26	41	52	54	45	51	45
混凝土砌块	34	40	44	49	59	64	49
开敞式办公室的隔断墙	10	12	12	12	12	11	12
砌墙	32	34	40	47	55	61	45
12 mm（1/2）厚干墙板钉在钢龙骨上，双面抹灰 25 mm（1）	21	33	41	46	47	55	42
单层 3 mm（1/8）玻璃	18	21	26	31	33	22	26
单层 12 mm（1/2）积层玻璃	31	34	38	40	37	46	40
双层 3 mm（1/8）玻璃，中空 50 mm（2）空气层	13	25	35	44	49	43	37
中空木门	14	19	23	18	17	21	19
实心木门	29	31	31	31	39	43	34
中空金属门	24	23	29	31	24	40	28
实心金属门	26	34	40	48	44	52	43
木梁楼板/顶棚	23	32	36	45	49	46	37
混凝土地面	32	38	47	52	57	55	50
浮筑楼板	38	44	52	55	60	65	55

（2）双层匀质密实墙板

① 双层墙的隔声原理。单层隔声构件的隔声量随面密度的增加而提高，但效果有限。按照质量定律，构件厚度增加 1 倍（面密度增加 1 倍），隔声量只提高 5.4 dB。在工程上单靠增加隔声构件的厚度来提高隔声量很不经济，许多情况下也难以实现。采用双层或多层墙板，各层之间留有空气层，或在空气层中填充一些吸声材料。由于空气层可以起到一定的缓冲作用，使受声波激发振动的能量得到较大的衰减，比相同厚度的单层隔声构件具有更好的隔声性能。实践证明，中间夹一定厚度空气层墙要比没有空气层的两层物质隔声量提高许多，这是由于声波依次穿透截然不同的介质表面时，声波多次反射使声强逐级衰减。两层匀质墙与中间所夹一定厚度的空气层所组成的结构称作双层墙（图 5-16）。

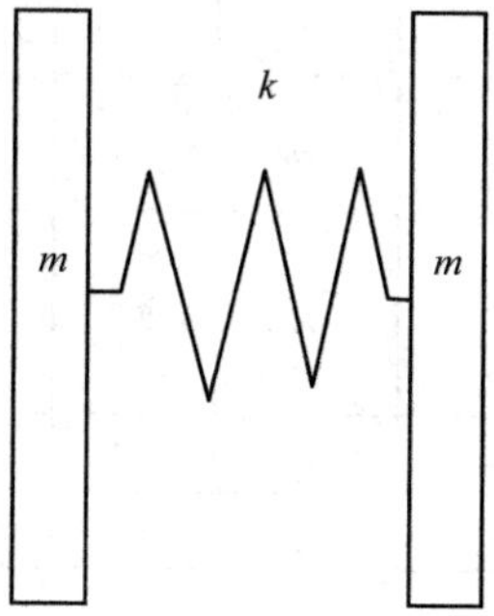

图 5-16　双层墙隔声原理

这里的双层墙不是指两层墙板叠合在一起的双层墙板，而是指两层墙板中间有一定厚度空气层相隔离的双层墙板。双层墙比单层墙隔声量大 5～10 dB；如果隔声量相同，双层墙的重量比单层墙减少 2/3～3/4。这是由于空气层的作用提高了隔声效果。当声波透过第 1 层墙时，由于墙外及夹层中空气与墙板待性阻抗的差异，造成声波的两次反射，形成衰减，并且由于空气层的弹性和吸收作用，使振动的能量衰减较大，然后再传给第 2 层墙，又发生声波的 2 次反射，使透射声能再次减少（图 5-17）。因而总的透射损失增加，即隔声量提高了。

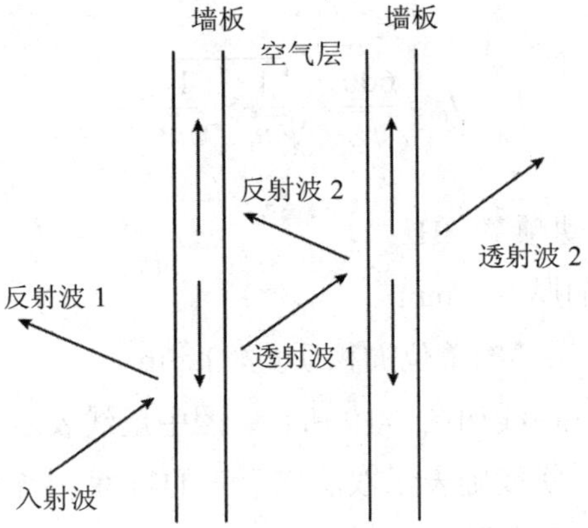

图 5-17 双层墙声波入射

② 双层墙的影响因素。

a）空气层的厚度。采用有空气层的双层墙或多层墙，具有相同隔声量时可以明显地减轻建筑结构的重量（图 5-18）。双层墙间空气层最佳厚度为 8～12 cm。在空气间层中还可填充吸声材料，提高隔声效果。

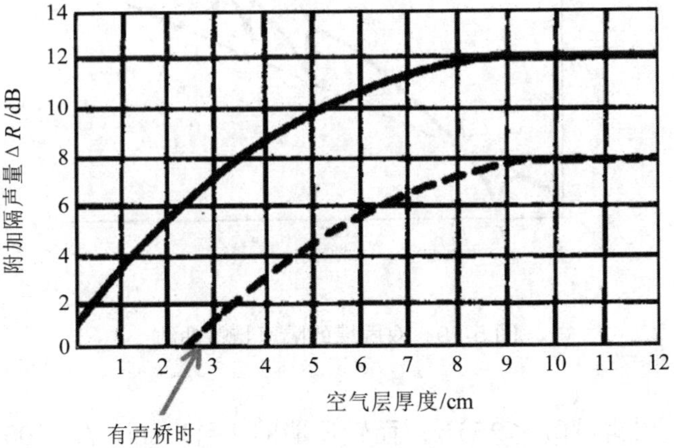

图 5-18 空气层厚度对隔声效果的影响

b）双层墙的固有振动频率及共振固有频率。

$$f_0 = \frac{600}{\sqrt{L}} \times \sqrt{\frac{1}{m_1} + \frac{1}{m_2}} \tag{5-31}$$

式中：f_0 —— 固有振动频率，Hz；

L —— 空气层的厚度，mm；

m_1、m_2 —— 每层墙的单位面积质量，kg/m^2。

双层墙的隔声特性曲线如图 5-19 所示，图中虚线表示两层墙合为一层时（单层结构）的质量定律，实线则表示双层墙隔声的特性。当入射声波的频率比双层墙的共振频率低时，双层墙将作整体振动，隔声能力与同样质量的单层墙没有区别。也就是说，这时双层墙的隔声效果相当于将两层墙板合并在一起，中间空气层不起作用，图中 *ab* 段就表示了声波频率远小于双层墙共振频率的情况。当入射声的频率与固有共振频率接近时，发生共振，隔声量大幅下降；当入射声频率 $f > \sqrt{2} f_0$ 时，双层墙的隔声量才有明显地提高，双层墙的隔声优势也才得以体现。

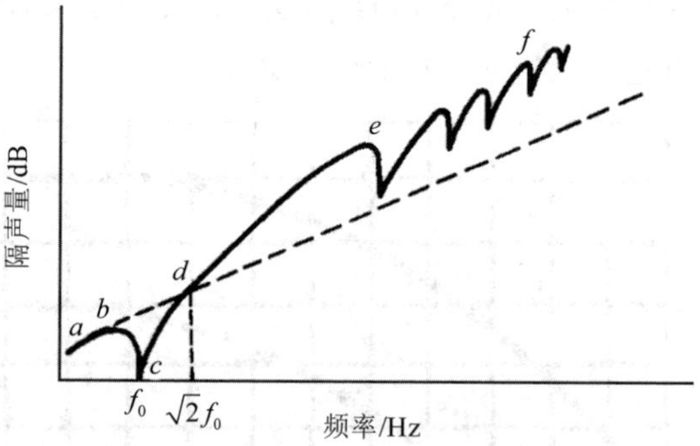

图 5-19　双层墙的隔声特性曲线

砖墙、混凝土墙的 f_0<25 Hz；而轻质墙的 L<3 mm、f_0>200 Hz，易发生共振。为了消除共振，可在空气层中悬挂或铺设多孔材料。

c）声桥。刚性物体传声效果好。在工厂里，我们常见工人师傅手持一根钢棒（测听棒），棒一头贴在机器上，另一头贴在自己耳边，机器运行声音就可以听得比较清楚，这就是刚性物体传声效果好的例证。两板间的刚性连接称为声桥，双层墙之间的刚性连接即为声桥（图 5-20）。在建筑施工中应注意避免碎砖、灰浆等落入空气层中，轻质墙需考虑两墙板间的支撑点。

典型的声桥结构如图 5-20（a）所示，入射到第一层墙板的声波可以通过双层墙之间的刚性连接传至第二层墙板，声桥两端的振动速度可看成近似相同，从而使双层墙的隔声量大为降低。刚性连接所形成的声桥和电路短接所形成的电流短路现象类似，如图 5-20（b）所示。

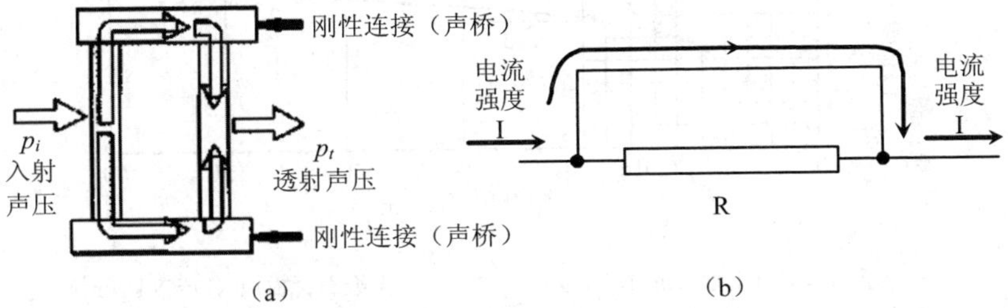

图 5-20 双层墙声桥

d）吻合效应。若双层墙的面密度和厚度均相同，隔声量曲线将出现深的吻合谷。

（3）双层墙隔声的实际估算

严格地按理论计算双层墙的隔声量比较困难，而且与实际往往有一定差距。因此，在实际应用中，双层结构的隔声量多用如下公式计算：

一般情况下，隔声量 TL 为

$$\mathrm{TL}=18\lg(m_1+m_2)+12\lg f-5+\Delta\mathrm{TL} \tag{5-32}$$

当 $m_1+m_2 \leqslant 100\ \mathrm{kg/m^2}$ 时，其平均隔声量 $\overline{\mathrm{TL}}$ 为

$$\overline{\mathrm{TL}}=13.5\lg(m_1+m_2)+13+\Delta\mathrm{TL} \tag{5-33}$$

当 $m_1+m_2 \geqslant 100\ \mathrm{kg/m^2}$ 时，其平均隔声量 $\overline{\mathrm{TL}}$ 为

$$\overline{\mathrm{TL}}=18\lg(m_1+m_2)+8+\Delta\mathrm{TL} \tag{5-34}$$

式中：m_1、m_2 —— 分别为双层隔声的面密度，$\mathrm{kg/m^2}$；

$\Delta\mathrm{TL}$ —— 附加隔声量，dB。

附加隔声量与空气层厚度有关，图 5-21 为双层结构附加隔声量与空气层厚度的关系。在工程应用中，受空间位置的限值，空气层不可能太厚。当空气层取 20～30 cm 时，附加隔声量在 15 dB 左右；空气层取 10 cm 左右时，附加隔声量一般为 8～12 dB。

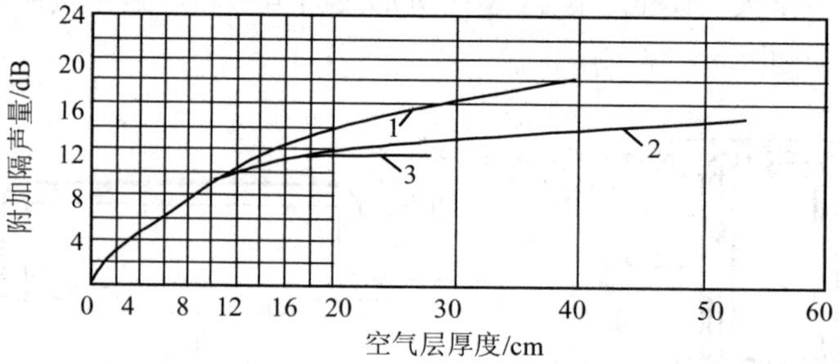

1—双层加气混凝土墙（m=140 kg/m^2）；2—双层无纸石膏板墙（m=48 kg/m^2）；

3—双层面纸石膏板墙（m=28 kg/m^2）

图 5-21　双层结构附加隔声量与空气层厚度的关系

双层隔声结构同样存在共振和吻合效应的不利影响。双层结构发生共振，会大大影响其隔声效果。一般较重的砖墙、混凝土墙等双层墙体的共振频率大多在 15～20 Hz，对隔声量影响不大。但对于一些轻质结构（m<30 kg/m^2），其共振频率一般为 100～250 Hz，如产生共振，隔声效果会大大降低。此时可通过增加两结构层之间的距离、增加重量和涂阻尼材料等措施来弥补共振频率下的隔声不足。为避免产生吻合效应，常采用面密度不同的构件或选用不同的材质，使二者的临界频率错开，以提高整个结构的隔声效果。提高双层墙隔声量的方法如下。

① 两板距离尽量大。距离越大，隔声量提高越多，但是隔声量提高值不与距离成正比，当两板距离超过 10 cm 后，隔声量增加缓慢。在工程上，两板距离往往在 10 cm 左右。

② 两板间填充多孔吸声材料。两板间填充吸声材料比只有空气时隔声量有更大提高，特别是中、高频隔声量增加。这是由于吸声材料阻碍了两板间空气的振动，因而进一步削弱了对第二层板的影响；吸声材料吸收了一部分声能，特别是

中、高频声能，因而传到第二层板的声能减少；当吸声材料贴板内侧放时产生阻尼作用，阻碍了墙板的振动，因而板振动更弱，辐射声能更少。

③ 减少两板间的刚性连接。声桥量增多，板隔声能力就会下降。因此，两板间接触点要尽量减少，如双层砖墙，它的基础也应分开。对于较薄的板，两板间需要一定数量的骨架支撑，这时可使用弹性结构代替刚性结构，在声桥与墙板接触位置插入适当的弹性垫层或阻尼垫层。

常见双层墙结构隔声量如表 5-10 所示。

表 5-10　常见双层墙结构隔声量

构件名词	面密度/（kg/m^2）	实测倍频程隔声量/dB					
		125	250	500	1 000	2 000	4 000
1/4 砖墙，双面粉刷	118	41	41	45	40	46	47
1/2 砖墙，双面粉刷	225	33	37	38	46	52	53
1/2 砖墙，双面木筋板条加粉刷	280	—	52	47	57	54	—
1 砖墙，双面粉刷	457	44	44	45	53	57	56
1 砖墙，双面粉刷	530	42	45	49	57	54	55
100 mm 厚木筋板条墙，双面粉刷	70	17	22	35	44	49	48
150 mm 厚木筋板条墙，双面粉刷	175	28	36	39	46	54	55
4 mm 厚双层密封窗，留 120 mm 空气墙	20	220	17	22	35	41	38

注：1 砖墙为 240 mm。

（4）轻质墙的隔声

轻型建筑材料的质量比较小，隔声量往往不能满足要求。建筑中的分户墙（24 墙）平均隔声量为 53 dB，而轻质墙体的平均隔声量只有 30 dB，噪声对其干扰较大。为提高轻质墙的隔声效果，可采取以下措施：

① 增加空气层厚度到 7.5 cm 以上，隔声量可提高 8～10 dB。

② 用松软材料填充空气层可提高隔声量 2～8 dB。

③ 将多层密实材料用多孔弹性材料分隔，做成夹层结构。应使各层材料的质

量不同，避免吻合效应引起结构的共振。

④ 对于多孔性墙板，应降低其透气性，可在墙板两侧抹上石灰砂浆。

⑤ 轻质墙通常固定在龙骨上，在板材和龙骨间加弹性垫层会增加隔声量。

轻质墙体材料主要有纸面石膏板、珍珠岩石膏板、加气混凝土板等，面密度约为几十 kg/m^2（砖墙为 530 kg/m^2），其隔声效果见图 5-22。

不同构造和层数及有无填充材料的纸面石膏板隔声量区别见表 5-11、表 5-12。

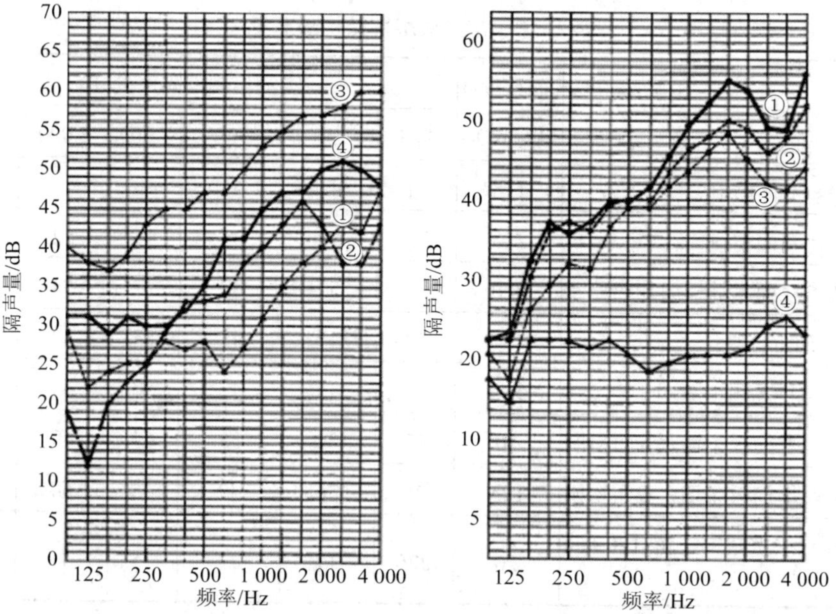

（a）几种墙体隔声量的比较

①—60 mm 有孔石膏板，I_a=31；

②—12+75+12 纸面石膏板，I_a=36；

③—240 mm 砖墙勾缝，I_a=49；

④—150 mm 加气混凝土板，I_a=40

（b）纸面石膏板轻质墙的隔声量与板缝处理的关系

①—四层纸面石膏板，内外层错缝、勾缝；

②—四层纸面石膏板，只外层勾缝；

③—两层纸面石膏板，勾缝；

④—两层纸面石膏板，未勾缝

图 5-22　几种不同轻质墙体隔声效果的比较

表 5-11　不同构造的纸面石膏板（厚 12 mm）轻质墙隔声量的比较

板间介质	石膏板层数/层	钢龙骨/dB	木龙骨/dB
空气层	1-1①	36	37
	1-2	42	40
	2-2	48	43
玻璃棉	1-1	44	39
	1-2	50	43
	2-2	53	46
矿棉板	1-1	44	42
	1-2	48	45
	2-2	52	47

注：① 1-1 表示龙骨两边各有一层石膏板；1-2 为一边一层，另一边二层；余类推。

表 5-12　纸面石膏板（厚 12 mm）的不同层数和有无填充材料的隔声量改善值　单位：dB

填充材料	1-1 层			1-2 层			2-2 层		
	低频	中频	高频	低频	中频	高频	低频	中频	高频
无	0	0	0	6～8	3～5	3～5	9～11	6～8	9～11
2.5 cm 玻璃棉	6～8	6～8	6～8	9～11	12～14	9～11	12～14	12～14	12～14
5.0 cm 玻璃棉	6～8	9～11	9～11	12～14	12～14	9～11	15+	15+	15+
7.5 cm 玻璃棉	9～11	12～14	12～14	12～14	15+	15+	15+	15+	15+

注：15^+——隔声量改善值大于 15 dB。

5.2.3.2　隔声间及隔声间的设计

隔声间是由各种隔声构件组成、具有良好隔声性能的房间，统称为隔声间或隔声室。隔声间也是一种壳体隔声结构，其隔声性能与墙板等平面体有所区别，隔声间所产生的实际隔声效果不仅与组成隔声间的各个构件的隔声量有关，还与隔声间内表面吸声系数的高低和面积大小等因素有关。

（1）隔声门、隔声窗的结构及隔声量

一般办公室和居住建筑中所用的门、窗，平均隔声量在 10～20 dB。所谓隔声门、窗，其平均隔声量至少应在 25 dB 以上。门、窗的隔声能力取决于本身的面密度、构造和密封程度。因门、窗通常为轻型结构，故一般采用轻质双层或多层复合隔声板制成，称作隔声门、隔声窗。

隔声窗常采用双层或多层玻璃制作，玻璃板要紧紧地嵌在弹性垫衬中，以防止阻尼板面的振动，层间四周边框宜做吸声处理，相邻两层玻璃宜不平行布置，朝声源一侧的玻璃有一定倾角，以便减弱共振效应；需选用不同厚度的玻璃，以便错开吻合效应的频率，削弱吻合效应的影响。

① 带有门或窗的组合墙体的隔声能力。带有门或窗的墙板总隔声量 TL 可按式（5-35）计算：

$$\mathrm{TL}=\mathrm{TL}_1+10\lg\frac{1+\dfrac{S_1}{S_2}}{\dfrac{S_1}{S_2}+10^{0.1}(\mathrm{TL}_1-\mathrm{TL}_2)} \tag{5-35}$$

式中：TL_1—— 墙板本身（除门、窗之外的墙面）的隔声量；

TL_2—— 门或窗的隔声量；

S_1—— 墙板面积（应扣除门、窗面积），m^2；

S_2—— 门、窗面积，m^2。

② 同时带有门、窗的组合墙体的隔声能力。若在一个隔声组合墙体中，同时有门和窗时，TL_2 应该用门和窗本身组合后的等效隔声量 TL_3 来代替，S_2 应该用 S_3 来代替，TL_3 和 S_3 用下式表示：

$$\mathrm{TL}_3=\mathrm{TL}_M+10\lg\frac{1+\dfrac{S_M}{S_C}}{\dfrac{S_M}{S_C}+10^{0.1}(\mathrm{TL}_M-\mathrm{TL})} \tag{5-36}$$

$$S_3=S_M+S_C \tag{5-37}$$

式中：TL_M —— 门的隔声量；

TL_C —— 窗的隔声量；

S_M —— 门的面积，m^2；

S_C —— 窗的面积，m^2。

【案例 2】某隔声间有一面隔声墙，已知该墙的面积为 $S_1=7\ m^2$，墙板的隔声量 $TL_1=50$ dB；在这墙上有一面积为 $S_2=2\ m^2$ 的门，门的隔声量 $TL_2=20$ dB；并开有一面积为 $S_3=3\ m^2$ 的窗，窗的隔声量 $TL_3=15$ dB，求该组合体的隔声量。

解：已知 $TL_1=50$ dB，则

$$\tau_1 = 10^{-\frac{TL_1}{10}} = 10^{-5}$$

$$\tau_2 = 10^{-\frac{TL_2}{10}} = 10^{-2}$$

$$\tau_3 = 10^{-\frac{TL_3}{10}} = 3.3\times10^{-2}$$

根据组合墙体的平均透声系数计算：

$$\bar{\tau} = \frac{\tau_1 S_1 + \tau_2 S_2 + \tau_3 S_3}{S_1 + S_2 + S_3} = \frac{10^{-5} + 10^{-2} + 3.3\times10^{-2}}{7+2+3} = 10^{-2}$$

组合墙体的平均隔声量计算：

$$\overline{TL} = 10\lg\frac{1}{\bar{\tau}} = 10\lg\frac{1}{10^{-2}} = 10\lg 10^2 = 20\ \text{dB}$$

由计算结果可知，该组合墙体的隔声量比墙板的隔声量小得多，主要是由于门、窗的隔声量低所致。若要提高该组合墙体的隔声能力，就必须提高门、窗的隔声量，否则，墙板的隔声量再大，总的隔声效果也不会好多少。一般墙体的隔声量要比门、窗高 10～15 dB。而提高门、窗的隔声量又会影响其开关的灵活性。怎样设计门、窗和墙体的隔声量才算合理呢？透声量（A）是指隔声构件的透声系数 τ 和其透声面积 S 的乘积，可用下式表示：

$$A = \tau S$$

设某一组合墙中墙本身的面积和透声系数分别为 S_1、τ_1，门的面积和透声系数分别为 S_2、τ_2，窗的面积和透声系数分别为 S_3、τ_3，只有当它们的透声量基本相等时，才能充分发挥各构件的隔声能力，这就是工程设计中要遵循的“等透声量原则”。用公式表示为$\tau_1 S_1 = \tau_2 S_2 = \tau_3 S_3$。

③ 隔声门和隔声窗设计的注意事项：在组合墙板中设门和窗提高隔声量的关键在于要提高门和窗的隔声量。对隔声量要求较高时，隔声墙上尽量不要设门和窗；如果必须要设，也要控制门、窗面积。如果无法提高门和窗的隔声量，就要处理好门和窗的缝隙。组合墙体上的孔洞和缝隙对隔声性能影响很大。若声波的波长小于孔隙尺寸（高频声波），声波可全部透射过去；若波长大于孔隙尺寸（低频声波），透射声能的多少则与孔隙的形状及深度有关。在建筑组合隔声结构中，门窗的缝隙、各种管道的孔洞等，会直接引起组合结构隔声量的严重下降，且孔洞、缝隙的面积越大，对墙体的隔声量影响越大。有孔隙的组合墙体平均隔声量可由式（5-33）和式（5-34）计算。

图 5-23 为孔隙影响墙体隔声量的关系图。可根据某墙体的隔声量和孔隙所占墙体面积的百分数，从图中直接查出该墙体的实际隔声量。若孔隙面积占整个墙体面积的 1%以上，则墙体的隔声量不会超过 20 dB。因此，必须对隔声结构的孔洞或缝隙进行密封处理。

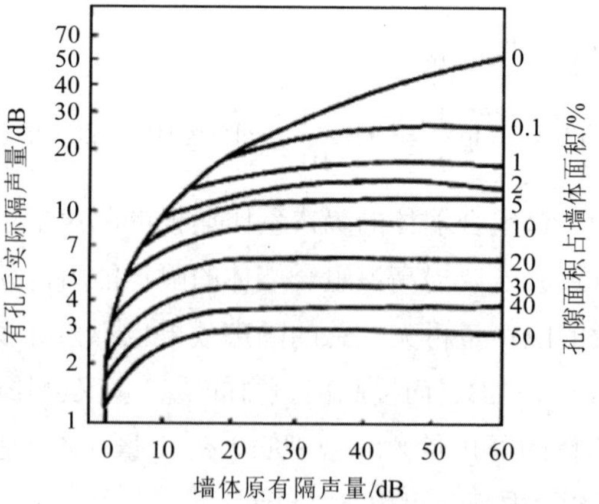

图 5-23 孔隙对隔声量的影响

为了减小缝隙影响，最简单的方法是设计成固定窗。对于需要开启的窗户，要提高加工精度，用变形小的材料制作窗扇、窗框，以此来减小缝隙面积。在隔声要求较高的场合，各缝隙应采用柔性材料封边。对于门来说，在保证开关灵便的条件下，着重处理好门框与门扇间缝隙，没有下门槛时，还要处理好门扇与地面间缝隙，如果是双扇门，碰头缝也要处理好。常用的密封材料有橡胶条、海绵橡胶条、乳胶条、工业毛毡、橡皮、橡胶管等，还可以用面密度大的材料代替木板做门。

（2）隔声间的设计及应用实例

在噪声源数量多而且复杂的强噪声环境下，如空压机站、水泵站、汽轮发电机车间等，若对每台机械设备都采取噪声控制措施，不仅工作量大、技术难度高，而且投资也多。对于工人不必长时间站在机器旁的操作岗位，建造隔声间是一种简单易行的噪声控制措施。

隔声间也称隔声室，是用隔声围护结构建造的较安静的房间，具有良好的通风、采光、通行等功能。

① 多层复合板的设计。一般轻质结构按质量定律计算，其隔声量是有限的，且它们具有较高的固有频率，很难满足隔声要求。若采用不同材质分层交错排列的多层复合结构（图 5-24），声波在不同的界面上产生反射，就可获得比同质量的单层均质结构高得多的隔声量。如果在各层材料的结构上采取软硬相隔的措施，即在坚硬层之间夹入柔软层，或在柔软层中夹入坚硬层，既可减弱板的共振，也可减少在吻合频率区域的声能透射。

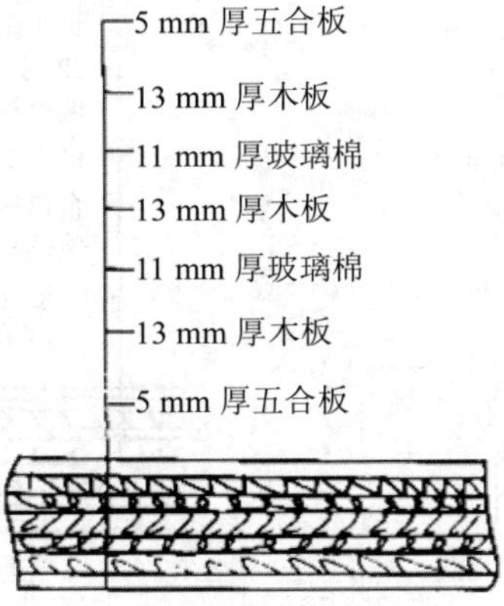

图 5-24　多层复合板隔声结构

采用多层结构，只要面层与弹性层选用得当，在获得同样隔声量的情况下，多层结构要比单层结构轻得多，在主要频率范围内（125～4 000 Hz）均可超过质量定律计算的隔声量，是减轻隔声构件重量和改善隔声性能的有效措施。因此一般隔声门或轻质隔声墙常采用多层结构。

多层复合板一般为 3～7 层，每层厚度不低于 3 mm。相邻层间的材料尽量做成软硬相间的形式，如木板—玻璃纤维板—钢板—玻璃纤维板—木板。增加薄板的阻尼可以提高隔声量。在薄钢板上粘贴相当于板厚 3 倍左右的沥青玻璃纤维之类的材料，对于消除共振频率和吻合效应的影响有显著作用。

② 隔声门的设计。隔声门常采用轻质复合结构，并在层与层之间填充吸声材料，隔声量可达 30～40 dB。典型的隔声门扇构造如图 5-25 所示，其隔声性能见表 5-13。

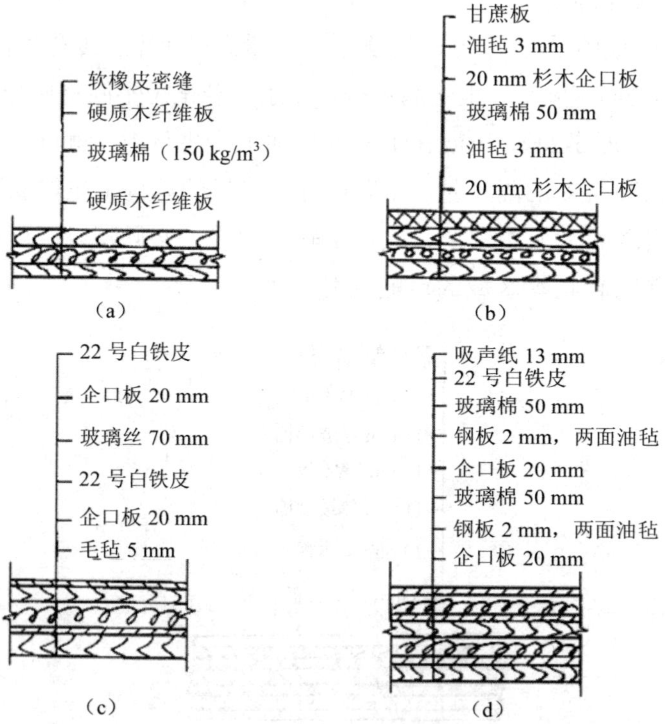

图 5-25　隔声门扇构造

表 5-13　常用隔声门的隔声量

类别	材料和尺寸/mm	各频率下的隔声量/dB						
		125 Hz	250 Hz	500 Hz	1 000 Hz	2 000 Hz	4 000 Hz	平均
普通门	三夹门：门扇厚 45	13.5	15	15.2	19.6	20.6	24.5	16.8
	三夹门：门扇厚 45，其上开小观察窗，玻璃厚 3	13.6	17	17.7	21.7	22.2	27.7	18.8
	重料木板门：四周用橡皮毛毡密封	30	30	29	25	26	—	27
	分层木门：见图 5-24（a）	28	28.7	32.7	35	32.8	31	31
	分层木门：见图 5-24（a），不用软橡皮密封	25	25	29	29.5	27	26.5	27
	双层木板实拼门：板厚共 100	16.4	20.8	27.1	29.4	28.9	—	29
	钢板门：钢板厚 6	25.1	26.7	31.1	36.4	31.5	—	35
特制门	分层门：见图 5-24（c）	29.6	29	29.6	51.5	35.3	43.5	32.6
	分层门：见图 5-24（b）	24	24	26	29	36.5	39.5	29
	分层门：见图 5-24（d）	41	36	38	41	53	60	43

隔声门的隔声性能还与门缝的密封程度有关。即使门扇设计的隔声量再大，若密封不好，其隔声效果也会下降。密封门扇的方法是把门扇与门框之间的碰头缝做成企口或阶梯状，并在接缝处嵌上软橡皮、工业毛毡或泡沫乳胶等弹性材料，以减少缝隙漏声。图 5-26 为几种常见的隔声门密封方法。为提高密封质量，门扇下还可以镶饰扫地橡皮。经以上密封方法处理后，门的隔声量可提高 5～8 dB。

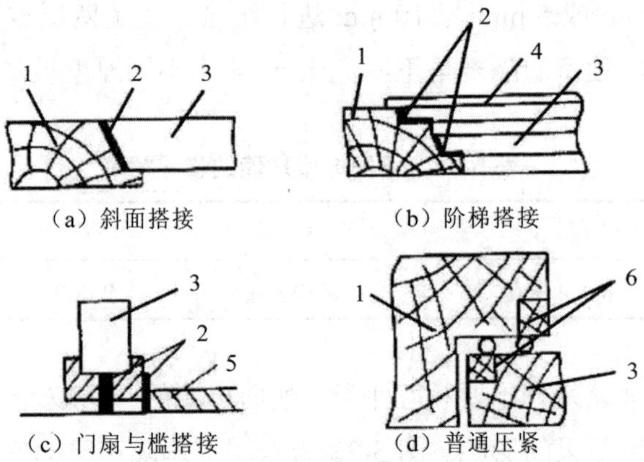

（a）斜面搭接　（b）阶梯搭接

（c）门扇与槛搭接　（d）普通压紧

1—门框；2—软橡皮垫；3—门扇；4—门的薄漆布；5—门槛；6—压条

图 5-26　常用隔声门密封形式

为使隔声门关闭严密，在门上应设加压关闭装置，一般采用较简单的锁闸。门铰链应有距门边至少 50 mm 的转轴，以便门扇沿着四周均匀地压紧在软橡皮垫上。门框与墙体的接缝处也应注意密封。在隔声要求较高的情况下，可采取双道隔声门及声锁的特殊处理方法。声锁也称声闸，即在两道门之间的门斗内安装吸声材料（图 5-27），使传入的噪声被吸收衰减。采取这种措施可使隔声能力接近两道门的隔声量之和。

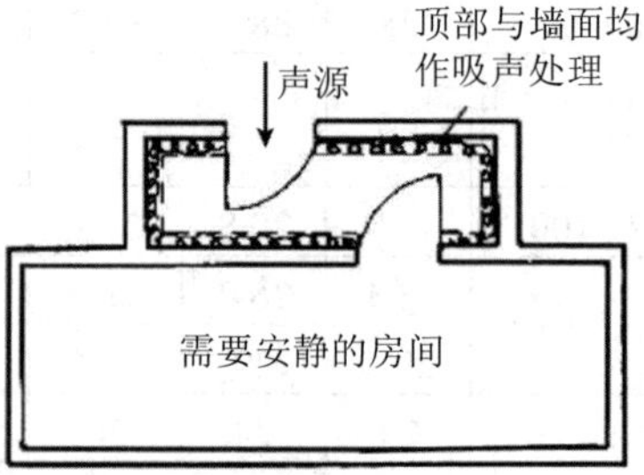

图 5-27　声锁

③ 隔声窗的设计。隔声窗同样是控制隔声结构隔声量大小的主要构件。窗的隔声性能取决于玻璃的厚度、层数、层间空气层厚度及窗扇与窗框的密封程度。通常采用双层或三层玻璃窗，玻璃越厚，隔声效果越好，一般玻璃厚度取 3～10 mm。双层结构的玻璃窗，空气层在 80～120 mm，隔声效果较好。玻璃厚度宜选用 3 mm 与 6 mm 或 5 mm 与 10 mm 进行组合，避免两层玻璃的临界频率接近而产生吻合效应，使窗的隔声量下降。表 5-14 为不同厚度玻璃的临界频率。

表 5-14　不同厚度玻璃的临界频率

玻璃厚度/mm	3	5	6	10
临界频率/Hz	4 000	2 500	2 000	1 100

安装时各层玻璃最好不要相互平行，朝向声源的一层玻璃可倾斜 85°左右，以便消除共振对隔声效果的影响。图 5-28 为双层玻璃隔声窗的安装与密封方法，其平均隔声量可达 45 dB 左右。

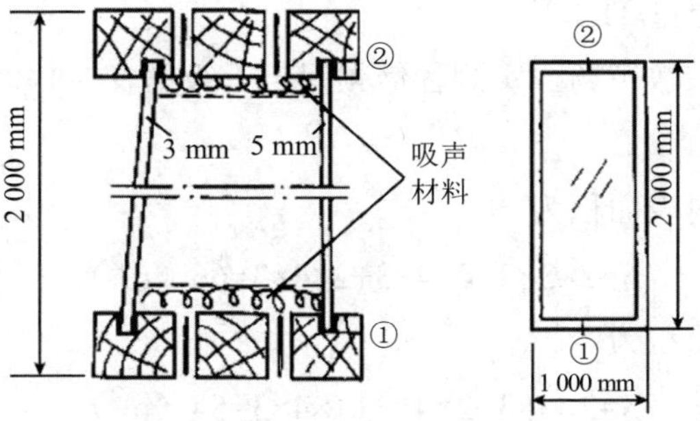

图 5-28 双层玻璃隔声窗的安装与密封方法

注：①、②为窗框。

玻璃与窗框接触处用细毛毡、多孔橡皮垫、2 型橡皮垫等弹性材料密封。一般压紧一层玻璃，隔声量提高 4～6 dB，压紧两层玻璃则可增加 6～9 dB 的隔声量。为保证窗扇达到设计的隔声量，必须使用干燥木材；窗扇要有良好的刚度，窗扇之间、窗扇与窗框之间的接触面必须严格密封。窗扇上玻璃边缘用油灰或橡皮等材料密封，以减少玻璃的共振。

④ 隔声间的设计及应用实例。

◆ 隔声间的实际隔声量

隔声间的实际隔声量可由式（5-38）计算

$$\mathrm{TL}=\overline{R}+10\lg\frac{A}{S_{\text{墙}}} \tag{5-38}$$

式中：TL —— 隔声间的实际隔声量，dB；

R —— 各构件的平均隔声量，dB；

A —— 隔声间内总的吸声量，m^2；

$S_{\text{墙}}$ —— 隔声间的透声面积，m^2。

可见隔声间的隔声量不仅与各个构件的传声损失有关，还与整个围护结构暴露在声场的面积大小及隔声间内的吸声情况有关。

◆ 隔声间设计应用实例

【例 1】有许多噪声源的一个车间尺寸为 18 m×12 m×8 m，拟在车间内适当位置兴建一个尺寸为 4 m×3 m×3 m 的隔声值班室，在值班室内安装电话，试求该值班室隔墙需要的隔声量 TL。

假设车间内为扩散声场，实测各倍频程声压级见表 5-14。值班室内墙面用混凝土未油漆毛面。

解：隔声间总内表面积为

$$S=2\times3\times3+2\times4\times3+2\times4\times3=66\text{（m}^2\text{）}$$

隔声间透声墙面积为

$$S=2\times3\times3+2\times4\times3+1\times4\times3=54\text{（m}^2\text{）}$$

隔声间允许标准（电话通话要求见表 3-13）≤70 dB（A），即可用噪声评价曲线（NR 曲线）来评价，NR=65。隔声间内进行吸声处理，房间常数较小，S 较大，可采用简化公式

$$\text{IL}=Lp_1-Lp_2=\text{TL}+10\lg（A/S_t）$$

$$\text{TL}=\text{IL}-10\lg（A/S_t）=\text{IL}+10\lg（S_t/A）$$

计算步骤见表 5-15。

表 5-15 隔声间设计计算步骤

步骤	事项	各倍频程中心频率的计算量							方法
		63 Hz	125 Hz	250 Hz	500 Hz	1 000 Hz	2 000 Hz	4 000 Hz	
1	声源室声压级 Lp_1/dB	83	86	90	96	97	98	90	实测
2	隔声间允许标准 Lp_2/dB	87	79	72	68	65	62	61	NR65
3	$\text{IL}=Lp_1-Lp_2$	—	7	18	28	32	36	29	①–②
4	隔声间α_i	—	0.01	0.01	0.02	0.02	0.02	0.03	查表
5	吸声量 A_i/m²	—	0.66	0.66	1.32	1.32	1.32	1.98	$A_i=\alpha_i S$
6	10 lg（S_t/A）	—	19.1	19.1	16.1	16.1	16.1	14.4	计算
7	需要的 TL_i/dB	—	26.1	37.1	44.1	48.1	52.1	43.4	$\text{TL}=\text{IL}+10\lg(S_t/A)$
8	选用一砖墙面密度=530 kg/m³	—	42	45	49	57	64	62	查表，平均 TL=53 dB
9	验算	—	可	可	可	可	可	可	⑦≤⑧时，可；⑦>⑧时，否

注：①、②、⑦、⑧分别表示步骤 1、步骤 2、步骤 3、步骤 4 的计算结果。若要开设门窗，则该墙不能满足要求，应选用隔声量更高的墙体，室内要做吸声处理，门窗和墙组合后的隔声量应满足 TL 要求。

5.2.3.3　隔声罩

隔声罩是用隔声构件将噪声源封闭在一个较小的空间内，使噪声较少传出来的一种噪声控制措施（图 5-29）。采用隔声罩可控制噪声源隔声量，使工作所在位置的噪声降低到所需要的程度，且技术措施简单，体积小、用料少、投资少。但将噪声源封闭在隔声罩内，需要考虑机电设备运转时的通风、散热问题；同时，安装隔声罩可能给监视、操作、检修等工作带来不便。

因此，有时为了操作、维修的方便或通风散热的需要，罩体上需开观察窗、活动门及散热消声通道等。如果机器噪声很高，给机器加个隔声罩往往可以收到明显的降噪效果。这是因为在加隔声罩前噪声是可以向四面八方传播的，加隔声罩后噪声受到隔声罩壁阻挡，在隔声罩内来回反射，使得隔声罩内噪声比没有隔声罩时高。

隔声罩有密封型、局部开敞型、固定型与活动型之分，常用于车间内独立的强声源，如风机、空压机、柴油机、电动机、变压器等动力设备，以及制钉机、抛光机、球磨机等机械加工设备。当难以从声源本身降噪，而生产操作又允许将声源全部或局部封闭起来时，使用 SWS 隔声罩会获得很好的效果，其降噪量一般在 10～40 dB。

图 5-29　常用隔声罩外观

（1）隔声罩隔声原理

① 隔声罩的插入损失。隔声罩的降噪效果通常用插入损失来表示。它的定义为隔声罩在设置前后，同一接受点的声压级之差，记作 IL。即

$$IL=L_{P1}-L_{P2} \tag{5-39}$$

式中：L_{P1} —— 无隔声罩时接收点的声压级，dB；

L_{P2} —— 有隔声罩时同一接收点的声压级，dB。

假设安装隔声罩的房间与声源机器相比是大的（多数场合满足此条件），在未安装隔声罩时，任一待保护的接收点处声压级 L_{P1} 可用下式表示：

$$L_{P_1}=L_{W_1}+10\lg\left(\frac{Q_1}{4\pi r^2}+\frac{4}{R_r}\right) \tag{5-40}$$

式中：L_{W_1} —— 声源的声功率级，dB；

Q_1 —— 声源的指向性因数；

R_r —— 房间常数。

在安装隔声罩后，同一接收点的声压级 L_{P2} 可确定为

$$L_{P_2}=L_{W_2}+10\lg\left(\frac{Q_2}{4\pi r^2}+\frac{4}{R_r}\right) \tag{5-41}$$

式中：L_{W_2} —— 机器与隔声罩作为一个整体时的声功率级，dB；

Q_2 —— 机器与隔声罩组合体的指向性因数。

② 隔声罩的降噪效果。声源未加隔声罩时，噪声是向四面八方辐射扩散的。加装封闭的隔声罩后，声源发出的噪声在罩内多次反射，大大增加了罩内的声能密度。因此，隔声罩的实际隔声量要小于罩体材料的理论隔声量。隔声罩的隔声效果一般用插入损失 IL 来表示。

对于全封闭的隔声罩，插入损失 IL 计算式如下：

$$IL=TL+10\lg\overline{\alpha} \tag{5-42}$$

式中：IL —— 隔声罩的实际隔声量，dB；

TL —— 罩板材料的理论隔声量，dB；

$\overline{\alpha}$ —— 隔声罩内表面的平均吸声系数。

从式(5-42)可看出隔声罩内壁的吸声系数大小对隔声罩的实际隔声量影响极大。

对于局部敞开的隔声罩，插入损失 IL 计算式如下：

$$\mathrm{IL} = \mathrm{TL} + 10\lg\alpha + 10\lg\left[\frac{1 + S_0/S_1}{1 + \mathrm{TL}S_0 10^{0.1\mathrm{TL}} / S_1}\right] \tag{5-43}$$

由公式（5-43）可以看出，隔声罩的插入损失和隔声罩的隔声量 TL、内饰吸声材料的吸声系数α、隔声罩非封闭面 S_0 和封闭面的总面积 S_1 有关。

一般固定密封型隔声罩的插入损失为 30～40 dB；活动密封型为 15～30 dB，局部敞开型为 10～20 dB，带通风散热消声器的则为 15～30 dB。

一个效果好的隔声罩，其罩壁的隔声量要大，罩内壁的吸声效果要好，罩壁上开孔要小，漏声要少。隔声罩的孔洞和缝隙对其降噪效果特别是高频噪声有明显影响，开口面积应尽量小，泄漏面积占 10%、1%、0.1%的隔声罩的最大降噪量分别为 10 dB（A）、20 dB（A）、30 dB（A）。只有设计很好的全封闭隔声罩，并采用隔振支撑安装，没有孔洞或有孔洞安装消声器，采用适当密封的隔声门，才能获得很高的降噪值。

【例 1】用 2 mm 厚的钢板制作一隔声罩。已知钢板的隔声量为 29 dB，钢板的平均吸声系数α_1=0.01。为改善隔声性能，在隔声罩内壁做了吸声处理，使平均吸声系数提高到α_2=0.6。求吸声处理后，隔声罩的实际隔声量提高了多少。

解：隔声罩内壁未做吸声处理时，

$$\mathrm{IL}_{\text{实}1} = \overline{\mathrm{TL}} + 10\lg\alpha_1 = 29 + 10\lg 0.01 = 29 - 20 = 9\ \mathrm{dB}$$

隔声罩内壁做吸声处理后，

$$\mathrm{IL}_{\text{实}2} = \overline{\mathrm{TL}} + 10\lg\alpha_2 = 29 + 10\lg 0.6 = 29 - 2 = 27\ \mathrm{dB}$$

隔声罩内壁做吸声处理后的实际隔声量比未做吸声处理提高的分贝数：

$$\mathrm{IL}_{\text{实}2} - \mathrm{IL}_{\text{实}2} = 27 - 9 = 18\ \mathrm{dB}$$

可以看出，隔声罩内壁进行隔声处理与否对隔声罩的实际隔声量大小的影响至关重要。在加衬吸声材料时，需用玻璃布、金属网或穿孔率大于 20%的穿孔板作护面。实验表明，隔声罩内壁贴衬 50 mm 厚的多孔材料（厚度不小于波长的 1/4）可使 500 Hz 以上的噪声吸声系数大于 0.7。

（2）隔声罩的通风散热问题

动力设备在运转过程中产生大量的热量，当隔声罩将设备罩起来后必须及时排热，以免设备过热升温，一般是在隔声罩壁上留有孔洞。这时，通常需要在孔洞上安装一定长度的消声器，并使消声器的消声量与隔声罩的隔声量相当，这样既不降低减噪效果，又可以达到通风冷却的目的。一般设备的散热量按下式计算：

$$Q=\frac{860 \cdot N \cdot a}{0.24(t_2-t_1) \cdot r} \tag{5-44}$$

式中：Q —— 设备散热所需通风量，m^3/h；

N —— 设备的功率，kW；

a —— 散热系统，可在 0.01～0.5 选取；

t_2 —— 隔声罩内空气温度，℃；

t_1 —— 隔声罩外空气温度，℃；

r —— 空气容重，常温下取 1.2 kg/m^3。

求出所需换气量 Q，并考虑风管口的压降为 4～10 mm H_2O 柱，就可以从风机产品样本中选择所需配用的风机。

（3）隔声罩设计注意问题

① 罩壳的壁材必须有足够强的隔声能力，并且为了便于制造、安装及维修，宜采用 0.5～2 mm 厚的钢或铝扳等轻薄、密实的材料制作，在较大的场地或固定的场合也可用砖或混凝土等厚重材料制作。在隔声罩壁的构造中，必须包括吸声材料层，否则隔声罩不会有好的隔声效果。隔声罩壁吸声材料多使用超细玻璃棉、岩棉等具有良好吸声作用的多孔吸声材料。多孔吸声材料应有一定厚度，一般取 5 cm 左右。为避免散落，多孔吸声材料外应罩以玻璃丝布或麻袋布，并用钢板网或穿孔金属板护面。在有油污的情况下，还可采用塑料薄膜覆盖，薄膜不可拉紧，以免影响吸声效果。

② 隔声罩壁应有足够强的隔声能力。砖墙、钢板都是良好的隔声材料。用钢、铝板之类的轻型材料做隔声罩壁时，需在壁面上加筋，涂贴阻尼层，以抑制与减弱共振和吻合效应的影响。砖墙造价低廉，适合做那些长期连续工作不检修机器的罩壁，如某些风机的隔声罩。使用砖墙做隔声罩壁时，罩顶盖及其他需要开启的部位可使用钢板。砖墙笨重，不能吊运，也不能做成复杂形体，所以在噪声控

制工程中，一般都是用钢板来做隔声罩壁。

③ 隔声罩体与声源设备及其机座之间不能有刚性接触，以避免声桥的出现，使隔声量降低。同时隔声罩与地面之间应进行隔振，以杜绝固体声。

④ 隔声罩壁上开有隔声门窗、通风与电缆等管线时，缝隙处必须密封，并且管线周围应有减振、密封措施。

⑤ 隔声罩内必须进行吸声处理。使用多孔材料等松散材料时，应有较牢靠的护面层。

⑥ 隔声罩壳形状应恰当，尽量少用方形平行罩壁，以防止隔声罩内出现空气声的驻波效应；同时在隔声罩内壁面与设备之间应留有较大的空间，一般为设备所占空间的 1/3 以上，各内壁面与设备的空间距离不得小于 100 mm，以避免耦合共振，使隔声量曲线出现低谷。

⑦ 隔声罩的设计必须与生产工艺相配合，便于操作、安装与检修，需要时可做成能够拆卸的拼装结构。此外隔声罩必须考虑声源设备的通风、散热要求，通风口应安装有消声器，其消声量要与隔声罩的插入损失相匹配。

（4）隔声罩设计实例

某发电机隔声罩的设计结构如图 5-30 所示，距机器表面 1 m 远的噪声频谱见表 5-16 第一行所列。机器在运转中需要散热，试根据机器的外形和散热要求设计该机器的隔声罩。

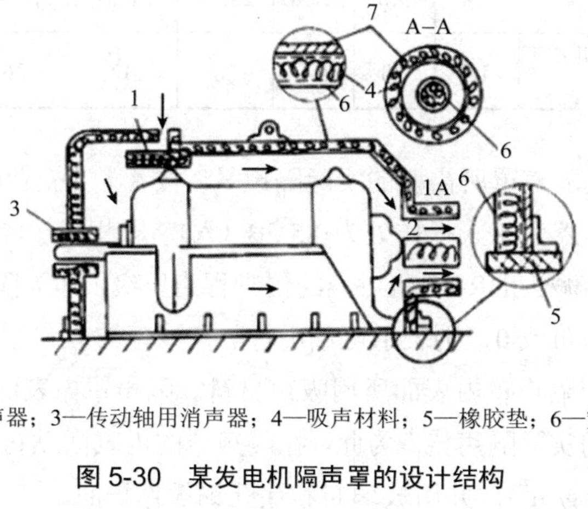

1、2—空气热交换用消声器；3—传动轴用消声器；4—吸声材料；5—橡胶垫；6—穿孔板或丝网；7—钢板

图 5-30　某发电机隔声罩的设计结构

设计说明及计算如下：

① 隔声罩上设计两个供空气热交换用的消声器，其消声值不低于该隔声罩的隔声量；

② 隔声罩在与机器轴相接处，用一个有吸声饰面的圆形消声器环抱起来，以防漏声；

③ 隔声罩与地面接触处，加橡胶垫或毛毡层，以便隔振和密封；

④ 隔声罩的壳壁设计程序及计算如表 5-16 所示。

表 5-16 隔声罩的设计计算

序号	项目说明	倍频程中心频率/Hz							
		63	125	250	500	1 000	2 000	4 000	8 000
1	距机器 1 m 处声压级/dB	90	99	109	111	106	101	97	81
2	机器旁允许声压级（NR-80）/dB	97	96	91	88	85	83	81	80
3	隔声罩所需实际隔声量 $TL_{实}$ /dB	—	3	18	23	21	18	16	1
4	罩内壁贴吸声材料后的吸声系数 $\overline{\alpha}_i$	0.18	0.25	0.41	0.82	0.83	0.91	0.72	0.60
5	修正项 $10\lg\overline{\alpha}$	−7.4	−6.0	−3.9	−0.86	−0.81	−0.41	−1.41	−2.22
6	罩壁板所应具有的隔声量 TL/dB	7.4	9.0	21.9	23.86	21.81	18.41	17.41	3.22
7	2 mm 厚钢板的隔声量/dB	18	20	24	28	32	36	35	43

第一步，确定隔声罩所需要的实际隔声量。按《工业企业噪声卫生标准》（试行草案）规定，机器旁工人操作处为 85 dB（A），即相当于噪声评价数 NR-80。用机器的噪声频谱减去 NR-80 所对应的倍频程声压级，即为隔声罩所需要的实际隔声量（如差值为负或 0，则表示可不进行隔声处理）。

第二步，确定隔声罩内表面所用吸声材料。隔声罩内表面吸声系数的大小，直接影响隔声罩的实际隔声量。为此，在隔声罩的内表面贴衬 50 mm 厚的超细玻璃棉（容重为 20 kg/m^3），并用玻璃布和穿孔钢板作护面。

第三步，根据公式 $IL = TL + 10\lg\overline{\alpha}$，计算隔声罩罩壁所需要的隔声量。

第四步，根据需要的隔声量，选用 2 mm 厚钢板（板背后有加强筋，筋间的方格尺寸≯1 m×1 m），即可满足该隔声罩的设计要求。

5.2.3.4　隔声屏

隔声屏具有隔声和吸声双重作用，是简单有效的降噪设备。隔声屏常设置在噪声源和需要进行噪声控制的区域之间，对直达声起隔声作用。因朝向声源一侧做了高效吸声处理，对降低室内混响声、改善室内声学环境能起很大作用。隔声屏具有灵活方便可拆装等特点，常常是不易安装隔声罩时的补救降噪措施（图 5-31）。

声波在传播过程中具有绕射特性，因此隔声屏的降噪效果是有限的。高频噪声波长短，绕射能力差，隔声屏效果显著；低频噪声波长长，绕射能力强，所以降噪效果有限。

工程上采用的隔声屏种类较多，有用钢板、胶合板等制成的并在一面或两面衬有吸声材料的隔声屏；有用砖石砌成的隔声墙；也有用 1～3 层密实幕布围成的隔声幕等。

微弧式　　折板式　　直立式声屏障

图 5-31　常用隔声屏外观

（1）隔声屏的降噪原理

声波在空气中传播遇到障碍物时，若障碍物本身的隔声量足够大，其尺寸也远大于峰值频率的波长，则大部分声能被反射，障碍物后面的一定范围内仅接收到很少的透射声与小部分衍射声，形成声影区，接收点便应设计在此范围内，这即是隔声屏的降噪原理。

① 隔声屏的插入损失。假设隔声屏本身的隔声量远高于其插入损失，则穿过

屏的透射声的影响可以忽略不计。这样，在室内设置隔声屏时，接收点处的声压级便是围绕隔声屏的衍射声场形成的声压级与房间混响声场形成的声压级之和。

隔声屏的插入损失：

$$\mathrm{IL}=10\lg\left(\frac{\dfrac{Q}{4\pi r^{2}}+\dfrac{4}{R_{\mathrm{r}}}}{\dfrac{Q_{\mathrm{B}}}{4\pi r^{2}}+\dfrac{4}{R_{\mathrm{r}}}}\right) \tag{5-45}$$

式中：Q_{B} —— 声源的合成指向特性。

此式表明，插入损失大小与房间的吸声状况、接收点与声源的距离、声源的合成指向特性（路程差与声波波长）密切相关。

② 菲涅耳数

若声源为点声源，屏长无限长时，d 为声源 S 与接收点 P 之间直线距离，即无屏障时的声程；（$A+B$）为设置屏障后 S 与 P 之间声程；$\delta=$（$A+B$）$-d$ 为设置屏障前后声程差（图 5-32）。

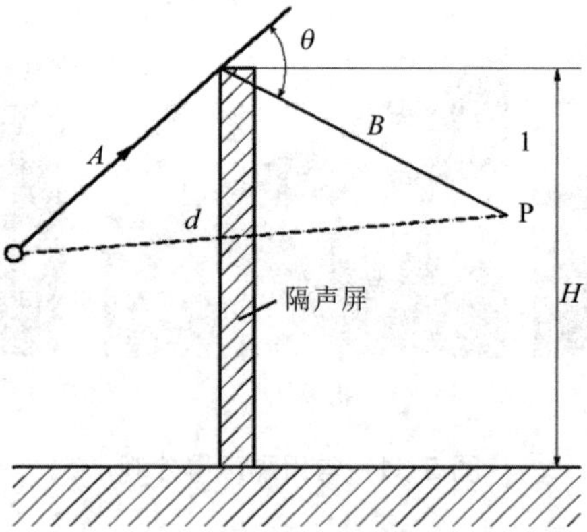

图 5-32 隔声屏尺寸示意图

菲涅耳数：

$$N=\frac{\delta}{\frac{\lambda}{2}}=\frac{2\delta}{\lambda}=\frac{2}{\lambda}(A+B-d) \tag{5-46}$$

式中：λ —— 为声波波长；

A —— 声源至屏顶的距离，m;

B —— 屏顶至接收者的距离，m;

d —— 声源至接收者之间的直线距离，m。

取空气中声速 c=340 m/s。由 N 值求出声音的衰减值（dB）。声源和接受点都在自由空间内，作用声屏障设计时，屏障材料的传声损失要比上述计算值大 16 dB 以上。另外靠近声源一面希望做吸声处理。屏障的长若为屏障高度的 5 倍以上，则可近似认为无限长。屏障是有限长时，声音可能从横向绕过去，效果会差些。但无论如何效果最好时隔声量不会超过 25 dB。

（2）隔声屏设计的注意事项

① 为了便于人或设备等的通行，在隔声要求不是太高时，可用人造革等密实的软材料护面，中间夹以多孔吸声材料制成隔声帘悬挂起来。

② 隔声屏宜采用轻便结构。隔声屏本身须有足够的隔声量，其隔声量最少应比插入损失高出约 10 dB，故一般使用砖、混凝土或钢板、铝板、塑料板、木板等轻质多层复合结构。前两者多用于室外，后面的多用于室内，以便拆卸与移动。

③ 为了形成有效的声影区，隔声屏本身的隔声量比所需声影区的声级衰减量至少大 10 dB，才足以排除透射声的影响。例如要达到 20 dB 的声级衰减量，隔声屏本身应具备 30 dB 以上的隔声量。

④ 使用隔声屏，必须配合吸声处理，尤其是在混响声明显的场合。在室内设置隔声屏，必须同时结合相应的室内吸声处理，否则由于壁面和平顶的反射形成混响声场，隔声屏的作用就会明显被削弱。从理论上讲，若室内壁面、平顶以及隔声屏表面吸声系数趋近于零时，隔声屏的降噪量等于零。因此隔声屏一侧或两侧宜做高效吸声处理。

⑤ 隔声屏主要用于控制直达声。为了有效防止噪声的发散，其形式有二边形、三边形、遮檐式等，如图 5-33 所示。其中带遮檐的多边形隔声屏效果尤为明显。

⑥ 在隔声屏上开设观察窗，以便于观察机器设备的运转情况。隔声屏可做成固定式与移动式两类，后者可装上扫地橡皮，以减少声音的扩散。

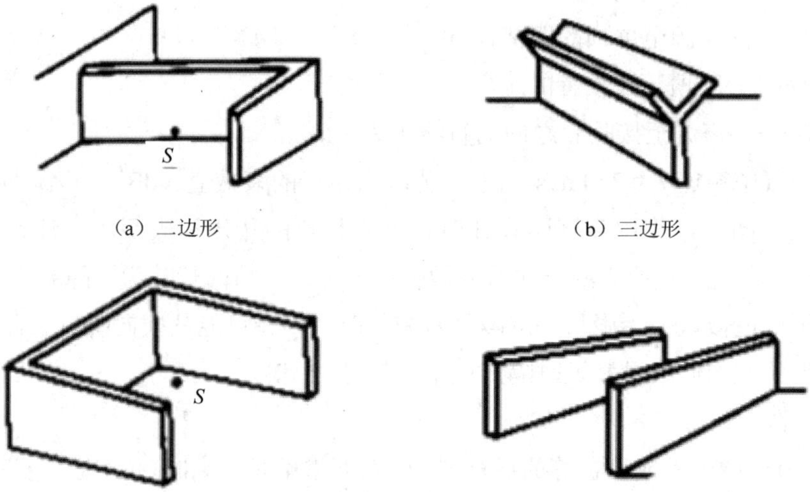

（a）二边形　　（b）三边形

（c）遮檐式　　（d）双重式

图 5-33　二边形、三边形、遮檐式、双重式隔声屏

隔声屏宜选用轻质结构，便于搬运和安装。一般采用一层隔声钢板或硬质纤维板，钢板厚度 1～2 mm，在钢板上涂 2 mm 的阻尼层，两面贴衬超细玻璃棉或泡沫塑料等吸声材料。两侧吸声层的厚度可根据实际要求取 20～50 mm。为防止吸声材料散落，可用玻璃布和穿孔率大于 25%的穿孔板或丝网作护面，如图 5-34 所示。在实际工程中需根据具体情况选择材料及构造。

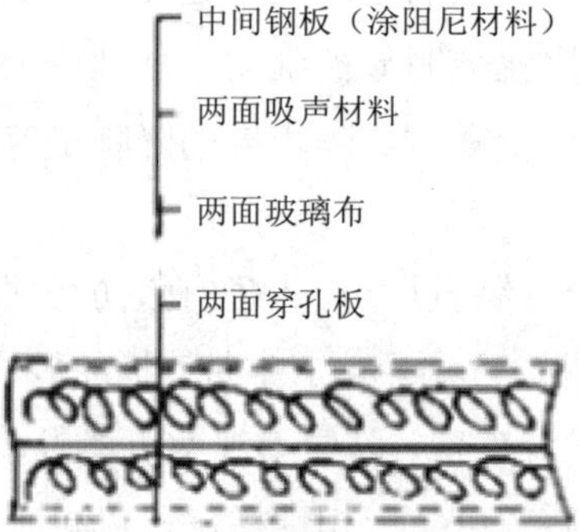

图 5-34　隔声屏构造

对于固定不动的隔声屏，为了提高其隔声性能，仍按质量定律选择如砖、砌块、木板、钢板等厚重的材料。

（3）隔声屏应用实例

某厂的减压站有一个减压阀门，其噪声特别强烈，尤以高频突出，严重影响整个厂房内工人的健康和正常的通信联系。为便于巡回检查，该厂决定采用隔声屏降噪。在辐射强噪声的减压阀门附近并排设置了五块隔声屏，将阀门与工人活动的场所隔开，图 5-35 为噪声源与隔声屏的相对位置。

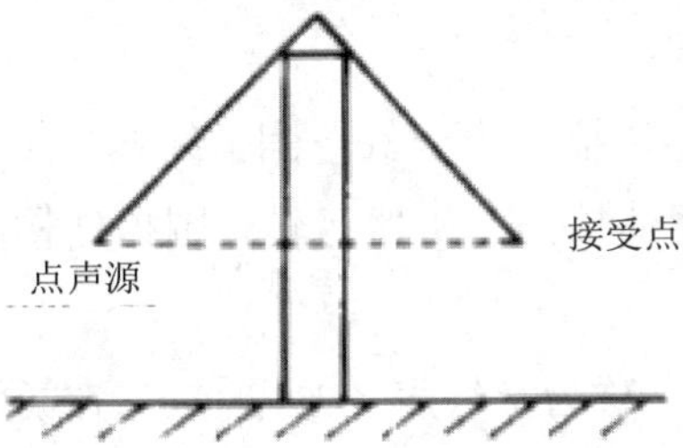

图 5-35　噪声源与隔声屏的相对位置

该项措施实施后，在现场进行了实测。测点选在距减压阀门 3 m 处工人生产活动的地方，测点距地面高度为 1.5 m。分别测量放置隔声屏前后的噪声级，以二者之差作为隔声屏的降噪效果。实测表明，放置活动隔声屏可取得 10 dB（A）的降噪量，工人生产活动区域的噪声由 93 dB（A）降至 83 dB（A），符合《工业企业噪声卫生标准》（试行草案）的规定要求。表 5-17 为测试结果。

表 5-17　活动隔声屏的降噪效果　单位：dB

工况	噪声级	频谱								
	A	C	63 Hz	125 Hz	250 Hz	500 Hz	1 000 Hz	2 000 Hz	4 000 Hz	8 000 Hz
未放隔声屏	93	93	79	78	77	75	80	83	88	90
放置隔声屏	83	85	78	76	74	72	73	73	75	74
降噪效果	10	8	1	2	3	3	7	10	13	16

隔声屏在控制交通噪声方面也有不少应用。在公路、铁路上行驶的车辆噪声，常对道路沿线的居民、医院、学校、机关及邮电系统等特定区域造成严重的干扰。

对于这种复杂的室外噪声，隔声屏几乎是唯一可采取的防噪措施。

用于防治交通噪声的隔声屏，屏障表面也应加吸声材料。否则，噪声在道路两侧面对面的隔声屏表面多次反射，使其起不到应有的降噪效果。为此，在隔声屏表面进行吸声处理，尤其在面对道路的一侧，是十分必要的。

5.2.3.5　建筑隔声

（1）声波在建筑围护结构中的传播途径

声波在围护结构中的传播途径有三种方式：

① 通过空气直接传播；

② 由围护结构的振动传播（由空气—围护结构—空气的传播）；

③ 物体直接作用（固体撞击、机器运转）围护结构产生振动，并通过建筑结构传声。

声音在空气中的传播，称为空气声（方式①、方式②）；围护结构直接受到撞击而发声，称为固体声（方式③，图 5-36）。两种声音的传播方式不同，控制的方法也有区别。

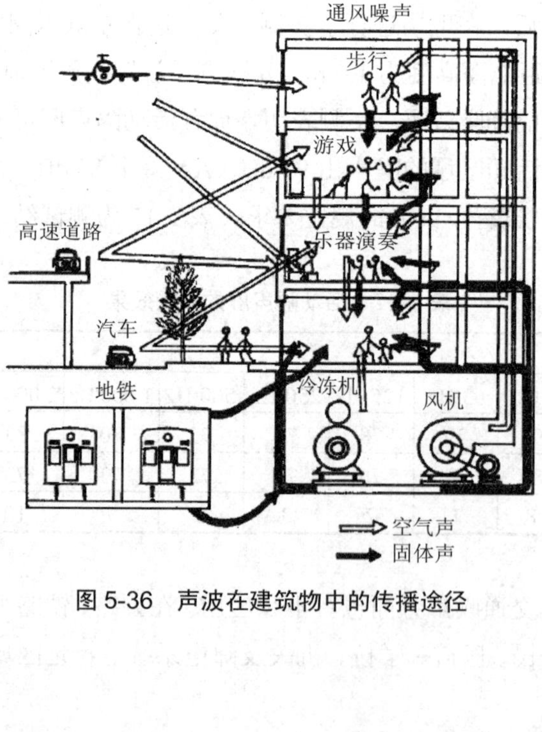

图 5-36　声波在建筑物中的传播途径

（2）空气声的两种透射方式

① 由噪声源和听闻地点之间的墙壁（或屋顶）直接透射；

② 沿围护结构的相连接部件的间接透射（或侧向透射，图 5-37）。

各部件对声音的传播取决于部件的重量、位置、刚度以及各部件之间的连接等因素。

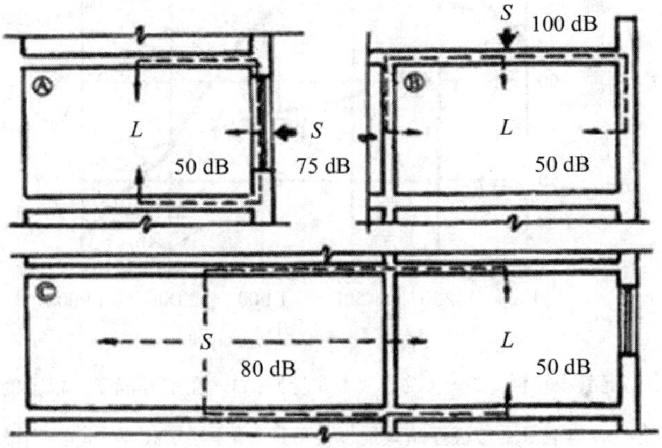

图 5-37　空气声的两种透射方式

影响声音在建筑材料中透射的主要因素：建筑构件的透射系数和表面情况、墙体的质量、共振、吻合现象。

（3）楼板撞击声的隔绝措施

撞击声为固体声，对此尚无行之有效的控制方法，现仅讨论一些基本问题。楼板下的撞击声的声压级取决于楼板的弹性、容重、厚度等因素，主要取决于厚度。图 5-38 为几种典型楼板的隔声性能比较。

隔绝噪声首先应对声源进行控制，其次才是改善楼板隔绝撞击声的性能。提高楼板隔绝撞击声性能的三种措施包括：

◆ 声源处：可铺设弹性面层以减弱撞击声能，降低楼板本身的振动。

◆ 传播途径上：可在楼层之间或楼板与墙之间加弹性垫层，使楼板面层受到撞击产生的振动不会传递给其他结构。

◆ 接收处：在楼板下增加弹性悬吊式顶棚，或做吸声处理，利用空气声隔绝的办法降低楼板整体振动产生的固体声。

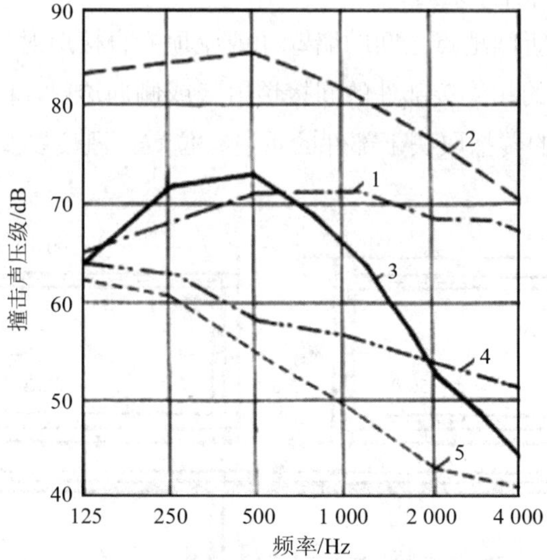

1—150 mm 密室钢筋混凝土楼板；2—木板楼（木龙骨）；3—在空心混凝土板上的浮筑式木地板；

4—空心砖与混凝土楼板浮筑式地板及吊顶；5—浮筑式厚空心结构楼板

图 5-38　几种典型楼板的隔声性能比较

弹性面层处理：在楼板的表面铺设柔软材料，如地毯、橡胶板、塑料板、软木板等，可以有效地降低高频声（图 5-39）。

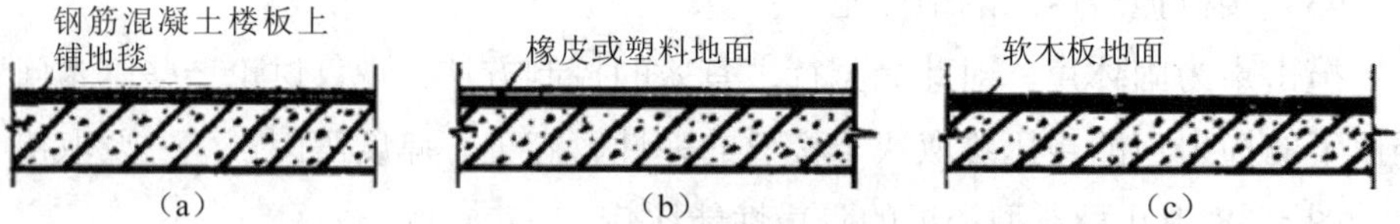

图 5-39　楼板弹性面层的处理

弹性垫层处理：在楼板和结构层之间做弹性垫层，垫层可以是片状、条状或块状，应注意楼板面层和墙的交接处采取隔离措施以免引起墙体振动（图 5-40）。

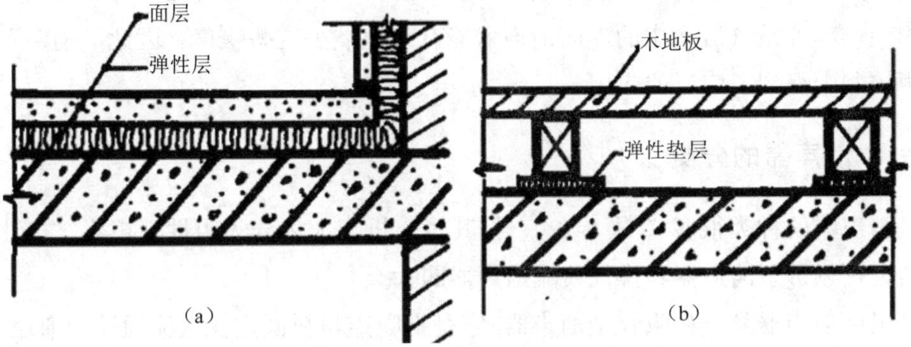

图 5-40　两种浮筑式楼板的楼板弹性垫层的处理

吊顶处理：主要是隔绝楼板因撞击振动传递的空气声，吊顶的隔声能力主要取决于吊顶的质量、吊顶与楼板的弹性连接程度（图 5-41）。

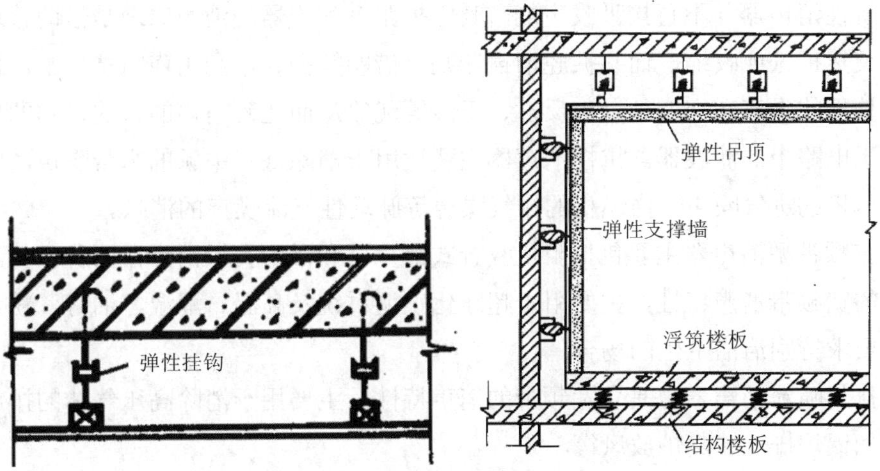

图 5-41　吊顶处理

5.3　消声技术

消声器是一种控制气流沿管道传播的消声设备，这种装置可以在减少噪声的同时不影响或很少影响气流的通过，是降低空气动力学噪声的主要技术措施。消声器主要应用在风机进出口和排气管口，以及通风换气的地方。消声器对降低噪声污染、改善劳动条件和生活环境具有重要的应用价值。环境噪声与工业噪声中有相当一部分是气流产生的，而消声器能有效地减少这些噪声。因此，消声器在噪声控制中得到了广泛的应用。

5.3.1 消声器的分类

消声器的种类很多（图 5-42），按其消声机理大体分为阻性消声器、抗性消声器、宽频带型消声器和排气喷流消声器四大类。

阻性消声器是一种吸收型消声器。它是把吸声材料固定在气流通过的通道内，利用声波在多孔吸声材料中传播时，因摩擦阻力和黏滞阻力将声能转化为热能，达到消声的目的。它的作用类似于电路中的电阻，其特点是对中、高频噪声有良好的消声性能，对低频噪声消声性能较差。主要用于控制风机的进、排气噪声和燃气轮机进气噪声等。

抗性消声器并不直接吸收声能，其中扩张室消声器的消声原理是借助管道截面的突然扩张或收缩。而共振腔消声器则是借助共振腔，利用声阻抗失配，使沿管道传播的噪声在突变处发生反射、干涉等现象从而达到消声的目的，它的作用类似于电路中的滤波器。抗性消声器主要适用于消除低、中频的窄带噪声，应用于空压机的进气噪声、内燃机的排气噪声等脉动性气流噪声的消除。

宽频带型消声器主要包括阻抗复合式消声器和微穿孔板消声器两种，其具有较好的宽频带消声特性，主要用于超净化空调系统及高温、潮湿、油雾、粉尘和其他要求特别清洁卫生的场合。

排气喷流消声器也具有宽频带的消声特性，主要用于消除高压气体的排放噪声。如锅炉排气、高炉放风等。

在实际应用中，往往采用两种或两种以上的原理制成复合型的消声器。另外，还有一些特殊型式的消声器，如喷雾消声器、引射掺冷消声器、电子消声器（又称为有源消声器）等。

片式消声器

扩张室消声器

室式消声器

共振腔消声器

折板式消声器

阻性消声器

图 5-42　各种消声器外观

5.3.2 消声器的性能评价

消声器的性能主要从以下三个方面来评价。

（1）消声性能

消声器的消声性能，即消声器的消声量和频谱特性。消声器的消声量通常用传声损失和插入损失来表示。现场测试时，也可以用排气口（或进气口）处两端声级来表示。消声器的频谱特性一般以倍频 1/3 频带的消声量来表示。

（2）空气动力性能

消声器的空气动力性能是评价消声性能好坏的另一项重要指标，是指消声器对气流阻力的大小。也就是指安装消声器后输气是否通畅、对风量有无影响、风压有无变化。消声器的空气动力性能通常用阻力系数或阻力损失来表示。阻力系数是指消声器安装前后的全压差与全压之比，它能全面地反映消声器的空气动力学性能，一个确定的消声器的阻力系数是一个定值。消声器的阻力损失是指气流通过消声器时，在消声器出口端的流体静压比进口端降低的数值。在气流通道上安装消声器，必然会影响空气动力设备的空气动力性能。如果只考虑消声器的消声性能而忽略了空气的动力性能，在某种情况下，消声器可能会使设备的效能大大降低，甚至无法正常使用。

（3）结构性能

消声器的结构性能是指外形尺寸、坚固程度、维护要求、使用寿命等，也是评价消声器性能的一项重要指标。结构性能对于具有同样消声性能和空气动力性能的消声器的使用具有十分重要的现实意义。

总之，无论是哪一类消声器，也不管形式和结构如何，消声器应具备以下三个方面的基本要求：

- 具有较高的消声量和较宽的消声频率范围，即在所需要的消声频率范围内有足够大的消声量。
- 具有良好的空气动力性能，安装消声器增加的阻力损失要控制在实际允许的范围内。
- 具有体积小、质量轻、结构简单、加工方便、造型美观、便于维修、造价便宜、经久耐用等特点。

根据上述三个方面的要求，在具体设计与实际应用消声器时，应特别注意以下几个方面的问题。

① 应根据噪声源的特性来设计或选定消声器，首先应该对噪声源进行测量，根据噪声的强度和频谱特性，找出需要消减的频率范围，便可设计或选定消声器。

② 为保证气体的流通量，可以根据需要的消声量来确定消声器的通道结构和截面形状。

③ 消声器空气动力性能的好坏，除了与消声器的结构、形状以及气体流通表面的截面材料的光洁度有关系，在很大程度上依赖于消声器内的气体流动速度。如果流速选择得不合适，如流速较高，不仅会增加消声器的阻力损失，使空气动力性能变坏，而且反过来还会影响消声器的声学性能。因为气流速度较高会产生气流再生噪声，使得消声器达不到应有的消声效果，甚至根本不能使用。

在阻力损失方面，可分为摩擦阻力损失和局部阻力损失两类，在消声器设计时，应根据有关资料予以计算。消声器内流速大小的确定主要依赖于对消声器空气动力性能的要求、使用上的要求以及消声器结构上的可能性等方面。精确地规定普遍适用的速度是困难的。一般按设备的种类和使用的场合，可以粗略地确定为：对于空调设备上安装的消声器，流速应取 5 m/s，最高不应超过 10 m/s；对于空压机和鼓风机上使用的消声器，流速可选定为 15～30 m/s；对于内燃机、凿岩机上的消声器，流速可选定为 30～50 m/s；对于大流量的排气放空消声器，流速可选定为 50～80 m/s。

④ 应从结构性能方面考虑消声器的选材和强度要求，根据给定的环境和条件来选择合适的材料。消声器的外形最好制成圆形，因为圆形比其他形状刚度好而且焊缝少，加工简单，不易变形，同时在使用时也不易因造成结构振动而产生噪声和侧向传声。如果因某种原因需要做成方形或其他形状，外壳的钢板的厚度应大于 3 mm。

⑤ 消声器安装的位置和方向对消声效果有很大影响。一般情况下，消声器应尽量靠近声源，如果噪声源到消声器距离较长，管道会大量辐射噪声，这对提高消声效率很不利。消声器排气口的方向也是非常重要的。消声器的出口应尽量背向怕噪声干扰的地方，一般以直立朝天安置较为合理。

5.3.3 阻性消声器

阻性消声器，是利用吸声材料的吸声作用，使沿通道传播的噪声不断被吸收而逐渐衰减的装置。把吸声材料固定在气流通过的管道内壁，或按一定方式在通道中排列起来，就构成了阻性消声器。当声波进入消声器中，引起阻性消声器内多孔材料中的空气和纤维振动，由于摩擦阻力和黏滞阻力，使一部分声能转化为热能而散失掉，从而起到消声的作用。

阻性消声器应用十分广泛，对中、高频范围的噪声具有较好的消声效果。

阻性消声器一般可分为直管式、片式、折板式、蜂窝式、声流式、迷宫式和弯头式等。

5.3.3.1 阻性消声器原理

（1）阻性消声器消声量的计算

阻性消声器的消声量与消声器的结构形式、长度、通道横截面面积、吸声材料性能、密度、厚度以及穿孔板的穿孔率等因素有关。消声量可用式（5-47）近似计算：

$$\Delta L=\varphi(a_0)\frac{P}{S}l \tag{5-47}$$

式中：ΔL —— 消声量，dB；

$\varphi(a_0)$ —— 与材料吸声系数 a_0 有关的消声系数，dB，见表 5-18；

P —— 通道横截面的周长，m；

S —— 通道横截面面积，m^2；

l —— 消声器的有效长度，m。

由式（5-47）看出，首先，阻性消声器的消声量与消声系数有关，即材料的吸声性能越好，消声值越高；其次，消声量与消声器的有效长度、消声器通道周长成正比，与消声器通道横截面面积成反比。因此，设计消声器时，选择吸声材料要挑选有较高吸声系数的材料，准确计算通道各部分的尺寸。

表 5-18　φ（a_0）与 a_0 的关系

a_0	$\varphi(a_0)$	a_0	$\varphi(a_0)$	
			理论值	经验值
		0.55	0.86	0.82
0.1	0.11	0.60	0.98	0.90
0.15	0.17	0.65	1.11	1.0
0.20	0.24	0.70	1.27	1.05
0.25	0.31	0.75	1.45	1.12
0.30	0.39	0.80	1.66	1.2
0.35	0.47	0.85	1.92	1.3
0.40	0.55	0.90	2.25	1.35
0.45	0.64	0.95	2.75	1.42
0.50	0.75	1.00	4.34	1.5

表 5-19　常用阻性消声器截面形状的 P/S 值

截面形状	特征尺寸	截面周长 P/m	截面面积 S/m²	比值 P/S
圆形管	直径 D	πD	$\pi D^2/4$	$4/D$
方形管	边长 d	$4d$	d^2	$4/d$
矩形管	宽 a 高 h	$2(a+h)$	ah	$2(a+h)/ah$
扁矩形管	宽 a 高 h	$2a$	ah	$2/h$

（2）高频失效频率

阻性消声器的实际消声量大小与噪声的频率有关。声波的频率越高，传播的方向性越强。对于一定截面积的气流通道，当入射声波的频率高到一定的程度时，由于方向性很强而形成声束状传播，较少接触贴附在管壁内的吸声材料，消声量明显下降。产生这一现象对应声波频率称为上限失效频率 f_n，f_n 可用下式计算：

$$f_n \approx 1.85\, c / D \tag{5-48}$$

式中：c —— 声速，m/s；

D —— 消声器通道的当量直径，m。

其中圆形管道取直径，矩形管道取边长的平均值，其他管道可取面积的开方值。

当频率高于失效频率时，每增高一个倍频带，其消声量约下降 1/3，可用下式估算：

$$\Delta L' = \frac{3-n}{3}\Delta L \tag{5-49}$$

式中：$\Delta L'$ —— 高于失效频率的某倍频程的消声量，dB；

ΔL —— 失效频率处的消声量，dB；

n —— 高于失效频率的倍频程频带数。

5.3.3.2 阻性消声器的种类

（1）直管式阻性消声器

单通道直管式阻性消声器是最基本、最常用的消声器，结构简单、气流可直接通过，阻力损失小，适用流量小的管道及设备的进、排气口的消声。图 5-43 为直管式阻性消声器示意图。该阻性消声器的消声量由式（5-49）计算。

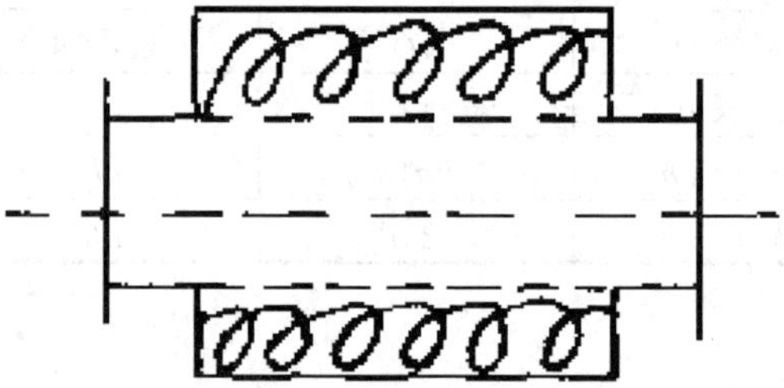

图 5-43 直管式阻性消声器

（2）片式消声器

气流流量较大的管或设备的进、排气口上，需要通道截面面积大的消声器。为防止高频失效，通常将直管式阻性消声器的通道分成若干个小通道，设计成片式消声器，如图 5-44。它的消声量仍用公式（5-49）计算，则有

$$\Delta L = L\frac{P}{S}\varphi(a_0) \approx \varphi(a_0)\frac{n \cdot 2hL}{nhb} = \varphi(a_0)\frac{2L}{b} \tag{5-50}$$

式中：h —— 气流通道高度，m；

n —— 气流通道的个数；

L —— 消声器的有效长度，m；

$\varphi(a_0)$ —— 消声系数，dB；

b —— 气流通道的宽度，m。

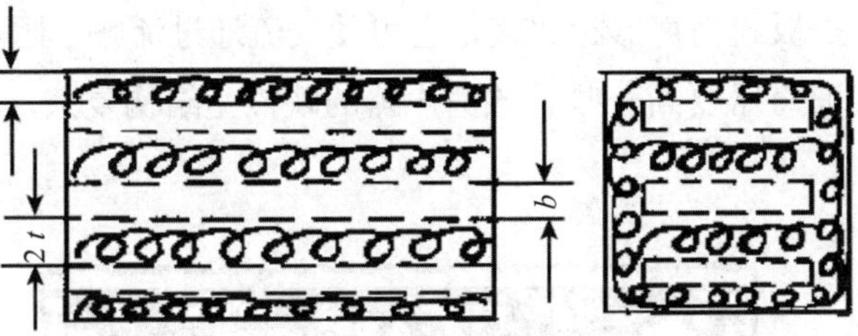

图 5-44　片式消声器

一般设计片式消声器时，每个小通道的尺寸应该相同，使得每个通道的消声频率特性一样。这样，其中一个通道的消声频率特性（消声量）就是整个消声器的消声频率特性。

片式消声器的消声量与每个通道宽度 b 有关，通道宽度 b 越窄，消声量ΔL 越大。当气流通道宽度一定时，通道的个数和其高度将影响消声器的空气动力性能。当气流流量增大时，可适当增加通道的个数。中间消声片的厚度为边缘消声片厚度的 2 倍。一般片式消声器通道宽度为 100～200 mm，片的厚度为 60～150 mm。

（3）折板式消声器

折板式消声器由片式消声器演变而来，如图 5-45 所示。为了改善中、高频噪声的消声性能，将直板做成折弯状，这样可以增加声波在消声器通道内的反射次数，即增加声波与吸声材料的接触机会，因此能提高吸声效果。折板式消声器的弯折一般做成以不透光为原则。它的改善程度取决于板折角θ 的大小，θ 以不大于 20°为宜，如果板折角θ 过大，则流体阻力增大，破坏了消声器的空气功力性能。

图 5-45　折板式消声器

（4）声流式消声器

声流式消声器是由折板式消声器改进而来，如图 5-46 所示。它是把吸声片制成正弦波或流线形。当声波通过厚度连续变化的吸声片（层）时，改善低、中频噪声消声性能。与折板式消声器相比较，它可使气流通过流畅、阻力较小，消声量比相同尺寸的片式消声器要高一些。该消声器的缺点是结构复杂，制造工艺难度大，造价较高。

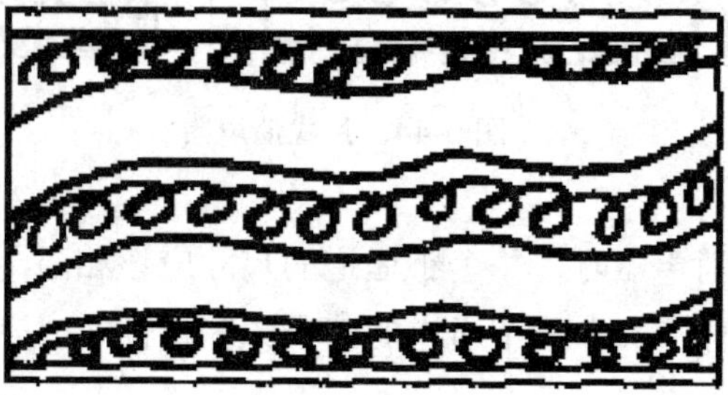

图 5-46 声流式消声器

（5）蜂窝式消声器

蜂窝式消声器是由许多平行的直管式消声器并联组成的，如图 5-47 所示。因为每个小管消声器是互相并联的，每个小管的消声量就代表整个消声器的消声量，其消声量仍可用式（5-44）计算。每个小管通道，对于圆管，直径以不大于 200 mm 为宜，方管不要超过 200 mm×200 mm。这种消声器对中、高频噪声的消声效果好，但阻力损失比较大，构造相对复杂。一般适用于风量较大，低流速的场合。

（6）迷宫式消声器

迷宫式消声器也称为室式消声器或箱式消声器，如图 5-48 所示。这种消声器由吸声砖砌成，在空调通风的管道中常见。其消声量可由式（5-51）估算：

$$\Delta L = 10\lg\frac{aS}{Se(1-a)} \tag{5-51}$$

式中：a —— 内衬吸声材料的吸声系数；

S —— 内衬吸声材料的表面积，m^2；

Se —— 消声器进（出）门的截面积，m^2。

这种消声器使声波被多次来回反射，消声量较大；但是其体积大、占空间大，阻力损失大，且其气流速度不宜过大（应控制在 5 m/s 以内），故只适于在流速较低的风道上使用。

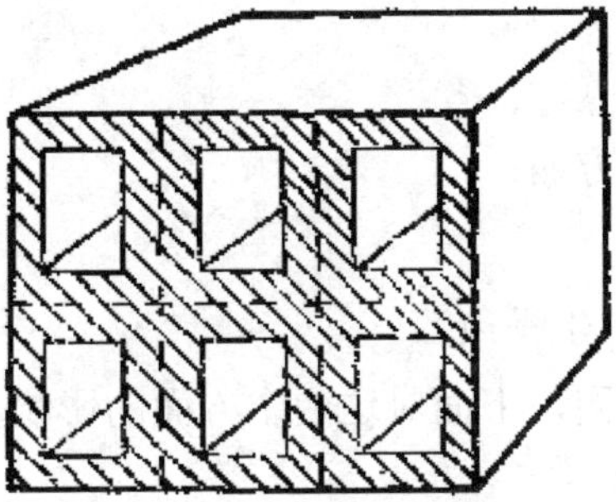

图 5-47　蜂窝式消声器

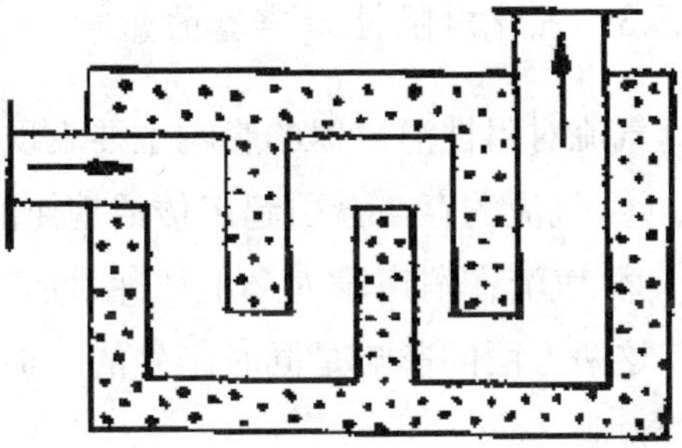

图 5-48　迷宫式消声器

（7）弯头消声器

生活中的输气管道常有弯头。如果在弯头上挂贴吸声衬里，即构成弯头消声器，会收到显著的消声效果。按图 5-49 可定性说明弯头消声原理。图 5-49（a）为没有挂贴吸声衬里的弯头，管壁基本是近似刚性的，声波在管道中虽有多次反射，但最后仍可通过弯头传播出去。因此，无衬里弯头的消声作用是有限的。图 5-49（b）为有衬贴吸声材料的弯头。在弯头前的平面 B 处，主要存在着轴向波，对于斜向波在由平面 A 至平面 B 的途中都会被衬里吸收掉。轴向波到达垂直管道时，由于弯头壁面的吸收和反射作用，使得轴向波的一部分被吸收，一部分被反射回声源，另一部分转换为垂直方向继续向前传播。

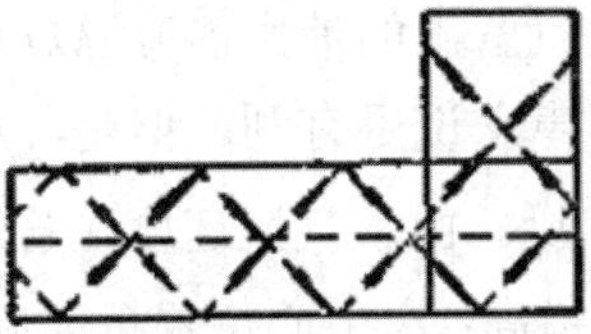

（a）无吸声衬里弯头

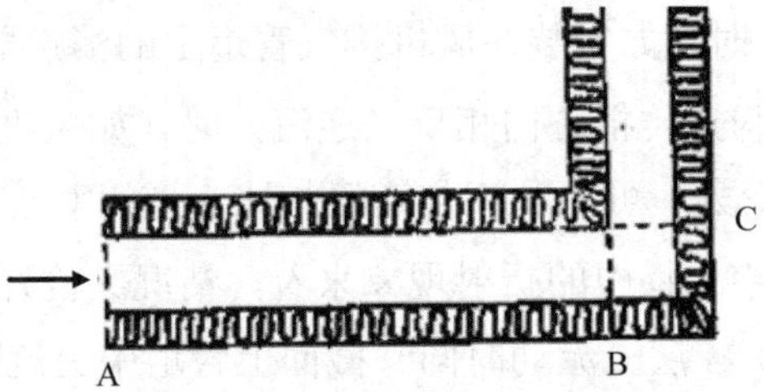

（b）有吸声衬里弯头

图 5-49　弯头消声器

如果有两个以上的直角弯头串联，当各个弯头之间的间隔比管道截面尺寸大得多时，可以认为几个弯头的总消声量等于一个弯头的消声量乘以弯头的个数。

弯头消声器对低频段噪声的消声效果较差，对高频段噪声的消声效果较好。

5.3.3.3 气流对阻性消声器的影响

气流对阻性消声器的影响主要表现在两个方面：

① 气流的存在会引起声传播规律的变化；

② 气流在消声器内产生一种附加噪声（再生噪声）。

这两方面的影响是同时产生的，但本质不同，下面对这两个方面的影响分别进行说明。

（1）气流对声传播规律的影响

声波在阻性管道内传播，如伴随气流与声波方向一致，则声波衰减系数变小，反之，声波衰减系数变大。影响衰减系数的最主要原因是马赫数 $Ma = v/c$，即气流速度 v 与声速 c 的比值。理论分析得出，有气流的消声系数的近似公式为

$$\varphi'(a_0) = \varphi(a_0)\frac{1}{(1 \pm Ma)^2} \tag{5-52}$$

式中：$\varphi'(a_0)$—— 有气流时的消声系数；

Ma —— 马赫数，即消声器内流速与声速之比，顺流传播时为正，逆流传播时为负。

可以看出，气流的影响不但与气流速度的大小有关，而且与气流的方向有关。当流速高时，Ma 值大，对消声性能的影响也就大。当气流方向与声传播方向一致（顺流）时（如安装在风机排气管道上的消声器），Ma 取正值，$\varphi'(a_0)$ 变小；当气流方向与声传播方向相反（逆流）时（如风机进气管上的消声器），Ma 取负值，$\varphi'(a_0)$ 变大。可见顺流与逆流相比，逆流对于消声来说更有利。但是，从气流速度引起声传播中的折射现象来看，情况又恰好相反。由于气流速度在管道中是不均匀的，在层流流动时同一截面上管道中央流速最高；离中心位置越远流速越低；在靠近管壁处流速近似为零。顺流时如图 5-50 所示，管道中央的声速高，靠管壁处声速低，根据声折射原理，声波要弯向管壁，对于阻性消声器，管壁衬贴有吸声材料，所以能更有效地吸收声能量；逆流时如图 5-51 所示，声波要向管道中心

弯曲，这对阻性消声器的消声是不利的。

由此可知，消声器安装在进排气管道各有利弊。由于工业上输气管道中的气流速度与声速相比都不会太高（例如当流速为 30～40 m/s 时，$Ma=0.1$），所以在一般情况下，气流对声传播与衰减规律的影响可以忽略。

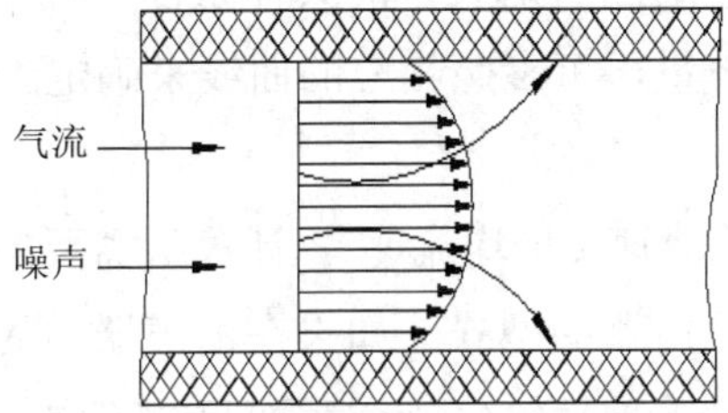

图 5-50　气流与声传播同向（顺流）

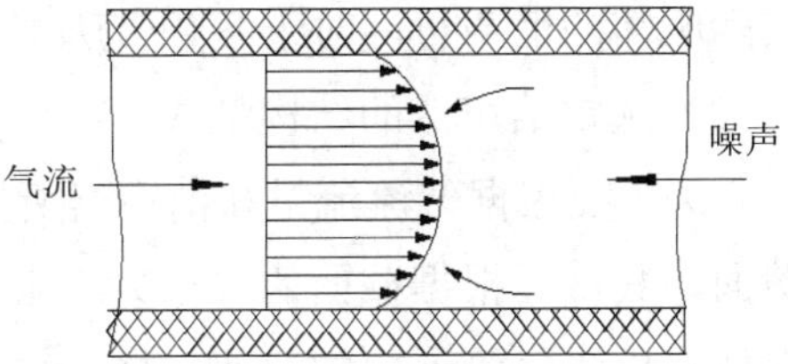

图 5-51　气流与声传播反向（逆流）

（2）气流产生再生噪声的影响

气流在管道中传播时会产生再生噪声的原因：一方面是消声器结构在气流冲击下产生振动而辐射噪声，其克服的方法主要是增加消声器的结构强度，特别要避免管道结构或消声元件有较低频率的振动模式，以防止产生低频共振；另一方面，当气流速度较大时，管壁的粗糙、消声器结构的边缘、截面积的变化等，都会引起湍流噪声。因为湍流噪声与流速的 6 次方成正比，并且以中、高频率为主，所以小流速时，再生噪声以低频为主，流速逐渐增大时，中、高频噪声增加得很快。如果以 A 声级评价，A 计权后更以中、高频噪声为主，所以气流再生噪声的 A 声级大致可用式（5-53）表示：

$$L_A = A + 60\log_{10}{}^{v} \tag{5-53}$$

式中：$60\log_{10}{}^{v}$—— 反映了气流再生噪声与速度的 6 次方成正比的关系；

A—— 常数，与管衬结构特别是表面结构有关。

控制气流噪声的主要措施：一是按声源特性和消声器的消声量确定合适的气流速度；二是选择合适的消声器结构，改善气流状态，减少湍流发生。

5.3.3.4 阻性消声器的设计

阻性消声器的设计步骤一般可按如下程序和要求进行。

（1）确定消声量

应根据有关的环境保护和劳动保护标准，适当考虑设备的具体条件，合理确定实际所需的消声量。对于各频带所需的消声量，可参照相应的曲线来确定。

（2）选定消声器的结构型式

首先，要根据气流流量和消声器所控制的流速（平均流速），计算所需要的通流截面，其次，根据截面的尺寸大小来选定消声器的型式。如果在消声器中的流速保持与原输气管道中的流速一样，也可以简单地按输气管道截面尺寸确定。一般认为，当气流通道截面的当量直径小于 300 mm 时，可选用单通道直管式；当直径在 300～500 mm 时，可在通道中加设一片吸声片或吸声芯；当通道直径大于 500 mm 时，则应考虑把消声器设计成片式、蜂窝式或其他形式。

（3）正确选用吸声材料

这是决定阻性消声器消声性能的重要因素。可用来做消声器的吸声材料种类很多，如超细玻璃棉、泡沫塑料、多孔吸声砖、工业毛毡等。在选用吸声材料时除了应该首先考虑材料的声学性能外，同时还要考虑消声器的实际使用条件，在高温、潮湿、有腐蚀性气体等特殊环境中，应考虑吸声材料的耐热、防潮、抗腐蚀性能。

吸声材料种类确定以后，选定材料的厚度和密度时也应注意。一般吸声材料厚度是由所要消声的频率范围决定的。如果只是为了消除高频噪声，吸声材料可薄些；如果为了加强对低频噪声的消声效果，则应选择厚一些的吸声材料，但超过某一限度，对消声效果的改善就不明显了。每种材料填充密度都要适宜。

（4）确定消声器的长度

在消声器型式、通流截面和吸声层等都确定的情况下，增加消声器长度能提高消声值。消声器的长度应根据噪声源的强度和降噪现场要求来决定。增加长度可以提高消声量，但要注意现场空间所允许的安装尺寸。消声器的长度一般为 1～3 m。

（5）选择吸声材料的护面结构

阻件消声器中的吸声材料是在气流中工作的，必须用护面结构固定起来。常用的护面结构有玻璃布、穿孔板或铁丝网等。如果选取不合理，吸声材料会被气流吹跑或使护面结构振动，导致消声性能下降。护面结构形式主要由消声器通道内的流速来决定。

（6）验算消声效果

根据“高频失效”理论和气流再生噪声的影响验算消声效果。

5.3.4 抗性消声器

抗性消声器主要是利用声抗的大小来消声，它不使用吸声材料，而是利用管道截面的突变或旁接共振腔使管道系统的阻抗失配，产生声波的反射、干涉现象从而降低由消声器向外辐射的声能，达到消声的目的。抗性消声器的选择性较强，适用于窄带噪声和低、中频噪声的控制，常见的抗性消声器有扩张室式、共振腔式和干涉式。此外，还有弯头、屏障、穿孔片等组合而成的消声器等，如图 5-52 所示。

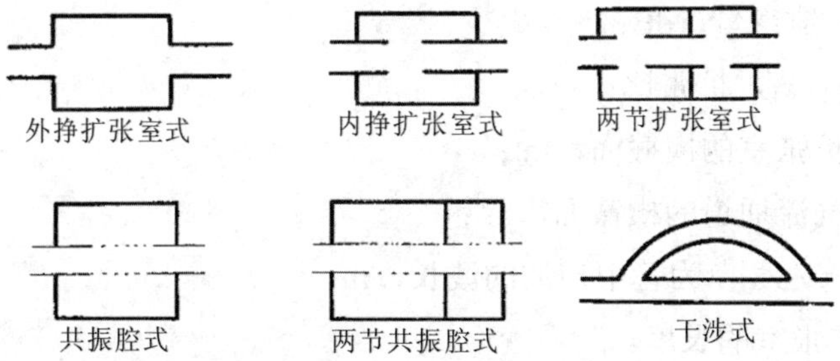

图 5-52 常见抗性消声器

5.3.4.1 扩张室式消声器

扩张室式消声器也称为膨胀室消声器，它是由管和室组成的。

（1）消声原理

利用声传播中的不连续结构产生声阻抗的改变引起声反射而达到消声的目的。典型的扩张室式消声器结构见图 5-53，由管和室组成，最基本的形式是单节扩张室消声器。

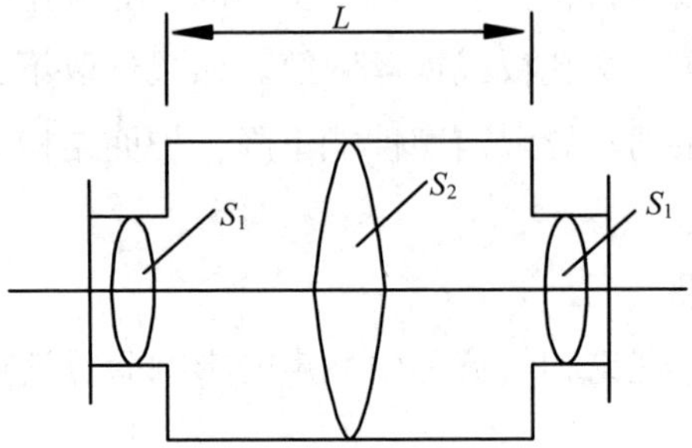

图 5-53 扩张室式消声器

单节扩张室式消声器的消声量主要取决于扩张比 m，扩张室长度 l。其消声量可由式（5-54）计算：

$$\Delta L = 10\lg\left[1+\frac{1}{4}\left(m-\frac{1}{m}\right)^2 \sin^2 kl\right] \tag{5-54}$$

式中：ΔL —— 消声量，dB；

m —— s_2/s_1，扩张比；

s_2 —— 扩张室的横截面，m^2；

s_1 —— 气流通道的横截面，m^2；

k —— $2\pi/\lambda$，λ为管中声波的波长，m；

l —— 扩张室的长度。

由式（5-54）可以看出，在扩张室长 l 为 1/4 波长的奇数倍时，消声量为极大，而 l 为半波长的倍数时，消声量 λ 为 0。所以扩张式消声器消声量随频率做周期性变化。

扩张室式消声器的消声曲线见图 5-54，为了消除通过频率附近消声量的低谷，可在扩张室两端各插入长度为扩张室长度 1/2 及 1/4 的管，以使消声器的频率特性曲线平直。扩张室式消声器通道截面的突变，会使阻力损失加大，为改善空气动力性能，常用穿孔率大于 20%的穿孔管将扩张室的插入管连接起来，以减少气流通过的阻力。

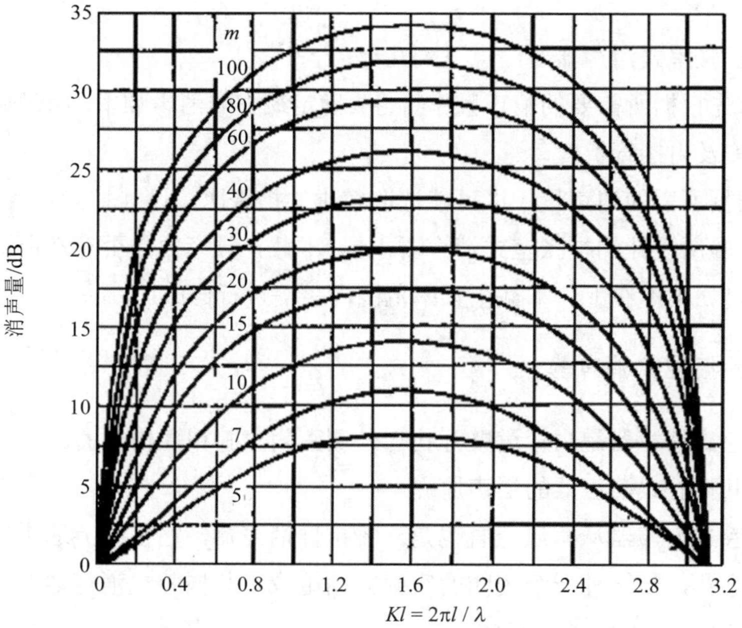

图 5-54　扩张室式消声器的消声特性

（2）改善扩张室式消声器性能的方法

扩张室式消声器的消声特性是周期性变化的，即某些频率的声波能够无衰减地通过消声器。由于噪声的频率范围一般较宽，为了克服扩张室式消声器这一缺点必须对扩张室消声性能进行提高，主要方法如下：

- 在扩张室式消声器内插入内接管；
- 采用多节不同长度的扩张室串联的方法，可解决扩张室对某些频率不消声的问题。

在实际应用上，为了获得较高的消声效果，通常将这两种方法结合运用。即将几节扩张室串联起来，每节扩张室的长度各不相等，同时在每节扩张室内分别插入适当的内接管。这样便可在较宽的频率范围内获得较高的消声效果。

（3）扩张室式消声器的设计

扩张室式消声器具有结构简单，消声量大等优点，缺点是局部阻力损失较大。它主要用于消除中、低频噪声，例如控制内燃机、柴油机、空压机等机器的进、出口噪声。

设计扩张室式消声器要注意下列几点：

① 首先根据所需要的消声频率特性，确定最大的消声频率，合理确定各节扩张室的长度及内接管长度。

② 根据所需的消声量，尽可能选取较小的扩张比，设计扩张室各部分尺寸。

③ 检验所设计的扩张室式消声器，上、下截止频率内是否存在所需要的消声频率区域，如果不在上、下截止频率范围内，需进行修改。

5.3.4.2 共振腔式消声器

共振腔式消声器是由管道壁开孔与外侧密闭空腔相通构成的。

（1）共振腔式消声器的消声原理

共振腔式消声器从本质上看也是一种抗性悄声器，它在气流通道的管壁上开有若干个小孔，与管外一个密闭的空腔共同组成。共振腔式消声器有旁支型和同轴型（图 5-55）。

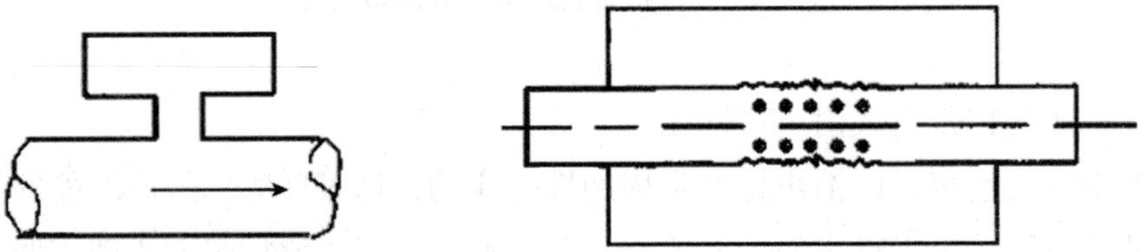

（a）旁支型　　（b）同轴型

图 5-55 共振腔式消声器

共振腔式消声器实质上是共振吸声结构的一种应用，其基本原理基于亥姆霍兹共振器。管壁小孔中的空气柱类似于活塞，具有一定的声质量；密闭空腔类似于空气弹簧，具有一定的声频，二者组成一个共振系统。当声波传至颈口时，在声压作用下空气柱便产生振动，振动时的摩擦阻尼使一部分声能转换为热能耗散掉。同时，由于声阻抗的突然变化，一部分声能将反射回声源。当声波频率与共振腔固有频率相同时，便产生共振，空气柱振动速度达到最大值，此时消耗的声能最多，消声量也就最大。

当声波波长大于共振腔式消声器最大尺寸的 3 倍时，其共振吸收频率为

$$f_r = \frac{c}{2\pi}\sqrt{\frac{G}{V}} \tag{5-55}$$

式中：c —— 声速，m/s；

V —— 空腔体积，m^3；

G —— 传导率，有长度的量纲，其值为

$$G = \frac{S_0}{t + 0.8d} = \frac{\pi d^2}{4(t + 0.8d)} \tag{5-56}$$

式中：S_0——孔颈截面积，m^2；

d——小孔直径，m；

t——小孔颈长，m。

工程上应用的共振腔式消声器多由多个孔组成。此时要注意各孔间要有足够的距离，当孔心距为小孔的 5 倍以上时，各孔间的声辐射可互不干涉，此时总的传导率等于各个孔的传导率之和，即 $G_{总} = nG$（n 为孔数）。

如果忽略共振腔声阻的影响，单腔共振式消声器对频率为 f 的声波的消声量为

$$L_R = 10\lg\left[1 + \frac{K^2}{(f/f_r - f_r/f)^2}\right] \tag{5-57}$$

式中 K 的计算公式如下：

$$K = \frac{\sqrt{GV}}{2S}$$

式中：S —— 气流通道的截面积，m^2；

V —— 空腔体积，m^3；

G —— 传导率。

由式（5-57）看，这种消声器具有明确的选择性。即当外来声波频率与共振器的固有频率相一致时，共振器就产生共振。共振器组成的声振系统作用最显著，使沿通道继续传播的声波衰减最厉害。因此，共振腔式消声器在共振频率及其附

近有最大的消声量。当偏离共振频率时，消声量将迅速下降。也就是说，共振腔式消声器只在一个狭窄的频率范围内才有较佳的消声性能。图 5-56 给出的是在不同情况下共振腔式消声器的消声特性曲线。从曲线可以看出，共振腔式消声器的选择性很强。当 $f=f_r$ 时，系统发生共振，TL 将变得很大，当 f 与 f_r 的值发生偏离时，TL 迅速下降。K 值越小，曲线越曲折。因此 K 值是共振腔式消声器设计中的重要参量。

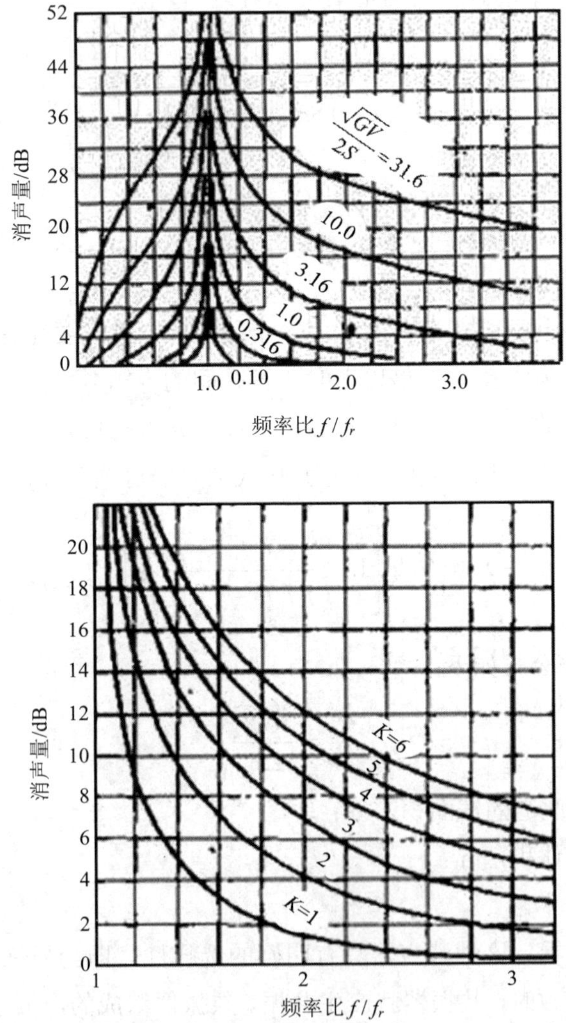

图 5-56 共振腔式消声器的消声特性

（2）改善共振腔式消声器性能的方法

共振腔式消声器的优点是特别适用于低、中频成分突出的噪声，且消声量比较大。缺点是消声频带范围窄。对此可采用以下改进方法：

① 选定较大的 K 值。见图 5-56，在偏离共振频率时，消声量的大小与 K 值有关，K 值大，消声量也大。因此，欲使消声器在较宽的频率范围内获得明显的消声效果，K 值必须设计得足够大。

② 增加声阻。在共振腔中填充一些吸声材料，或在孔颈处衬贴薄而透声的材料，都可以增加声阻使有效消声的频率范围展宽。这样处理尽管会使共振频率处的消声量有所下降，但由于偏离共振频率后的消声量下降变得缓慢，从整体上看还是有利的。

③ 多节共振腔串联。把具有不同共振频率的几节共振腔式消声器串联，互相错开，可以有效地展宽消声频率范围。

（3）共振腔式消声器的设计

在设计时应注意以下几点。

① 共振腔的最大几何尺寸应小于共振频率相应波长的 1/3。以保证共振腔可以视为集总参数元件。在共振频率较高时，此条件不易满足。共振腔应视为分布参数元件，消声器内会出现选择性较高且消声量较大的“尖峰”。

② 穿孔位置应集中在共振腔中部，穿孔范围应小于共振频率相应波长的 1/12。穿孔过密时各孔之间会相互干扰，使传导率计算值不准。一般情况下，孔心距应大于孔径的 5 倍。当两个要求相互矛盾时，可将空腔分割成几个小的空腔来分布穿孔位置，总的消声量可近似视为各腔消声量的总和。

③ 共振腔式消声器也存在高频失效问题。

5.3.4.3　干涉式消声器

干涉式消声器是在传播的管路上开一个旁路管使这两个管会合（图 5-57）利用声程差来达到消声的目的。这种消声器只对窄频带的消声有效，因而应用的较少。

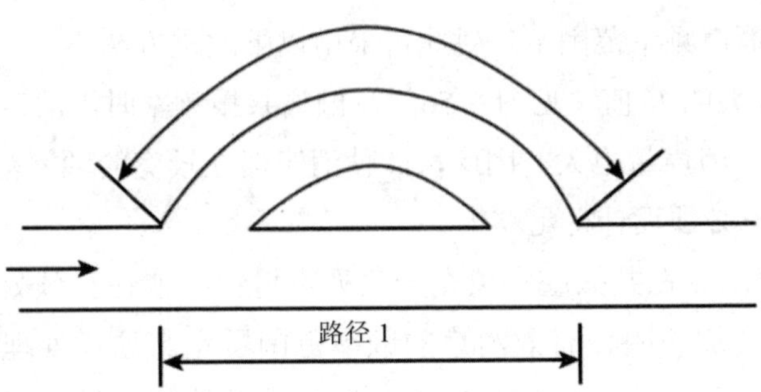

图 5-57　干涉式消声器

5.3.4.4　宽频带型消声器

在消声性能上，阻性消声器和抗性消声器有着明显的差异。阻性消声器适用于消除中、高频噪声，而抗性消声器适用于消除中、低频噪声。在实际工作中，经常出现宽频带噪声，即低、中、高频的噪声都很高。为了在较宽的范围获得较好的消声效果，通常采用阻抗复合式消声器和微穿孔板消声器两种。

（1）阻抗复合式消声器

阻抗复合式消声器是把阻性与抗性两种消声原理，通过适当结构复合起来而构成的。常用的阻抗复合式消声器有阻性—扩张室复合式消声器、阻性—共振腔复合式消声器以及阻—扩—共复合式消声器等。根据阻性与抗性的消声原理，结合噪声源的具体特点和现场的实际情况，通过不同的组合方式，就可以设计出不同结构形式的复合消声器。在噪声控制工程中，对一些高强度的宽频带噪声，几乎都采用这种复合式消声器来消除。图 5-58 是一些常用的阻抗复合式消声器。

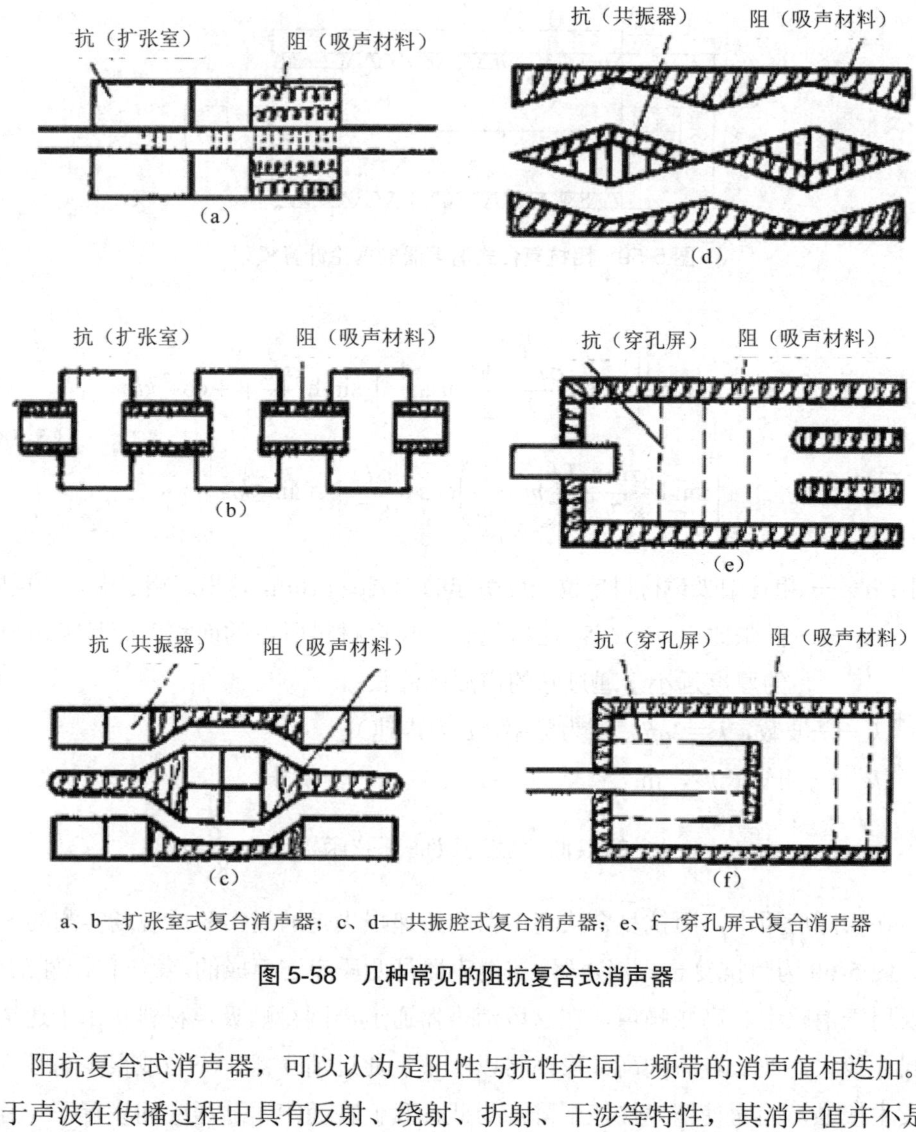

a、b—扩张室式复合消声器；c、d—共振腔式复合消声器；e、f—穿孔屏式复合消声器

图 5-58　几种常见的阻抗复合式消声器

阻抗复合式消声器，可以认为是阻性与抗性在同一频带的消声值相迭加。但由于声波在传播过程中具有反射、绕射、折射、干涉等特性，其消声值并不是简单的迭加关系。对于波长较长的声波来说，当消声器以阻性与抗性的形式复合在一起时会产生声的耦合作用。以图 5-59 所示的阻抗复合式消声器为例，对复合式消声器的消声特性简单介绍。设 S_1 与 S_2 分别为粗管与细管的截面积，而它的消声量 ΔL（传声损失）为

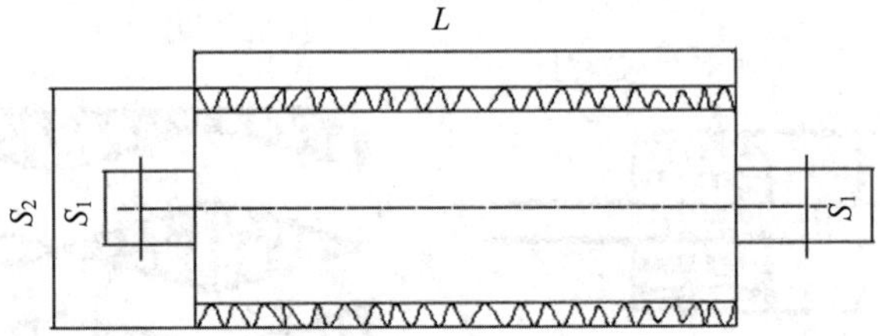

图 5-59 阻抗复合式消声器的理论计算模型

$$\Delta L = 10\log\left\{\left[\cos\mathrm{h}\frac{\sigma le}{8.7}+\frac{1}{2}\left(m+\frac{1}{m}\right)\cdot\sin\mathrm{h}\frac{\sigma le}{8.7}\right]^2+\cos^2 kle + \left[\sin\mathrm{h}\frac{\sigma le}{8.7}+\frac{1}{2}\left(m+\frac{1}{m}\right)\cos\mathrm{h}\frac{\sigma le}{8.7}\right]^2+\sin^2 kle\right\} \tag{5-58}$$

式中：σ —— 粗管中吸声材料单位长度引起的声衰减 dB/m，这里忽略了端点的反射；

m —— 扩张比，$m=S_2/S_1$ 这里忽略了吸声材料所占的面积，而且吸声材料的厚度远小于通过它的声波的波长；

k ——波数，$k=2\pi f/c$（f 为频率，c 为声速）；

le ——粗管长度，m；

$\cos hx$，$\sin hx$ —— x 的双曲余弦与双曲正弦函数，$x=\frac{\sigma}{8.7}le$。

在实际应用中，阻抗复合式消声器的传递损失是通过实验或现场实测的。

图 5-60 为阻抗复合式消声器，该消声器是两段串连而成的。第一段阻性部分，主要用于消除中、高频噪声，在这段消声器通道周围衬贴吸声材料。由于通道截面尺寸较大，波长较短的高频噪声将以窄束状通过消声器，不与或很少与吸声材料发生接触，因而使消声性能下降。为此，我们在消声器通道中间设置了一片阻性吸声层，并将这个吸声层的两端制成反尖劈状，这样既可以减少阻力损失，又可以增加高频噪声的吸收。第二段抗性部分，由两节不同长度的扩张室构成。主要用于消除 500 Hz 以下的低频噪声，特别是用于消除罗茨风机特有的 125 Hz 和 500 Hz 两个峰值噪声。针对扩张室对某些频率噪声不消声的缺点，在每节扩张室内，从两端分别插入等于其各自长度 1/2 和 1/4 的插入管，并在插入管上衬贴吸声

材料。这样就可以使它的消声频带展宽。

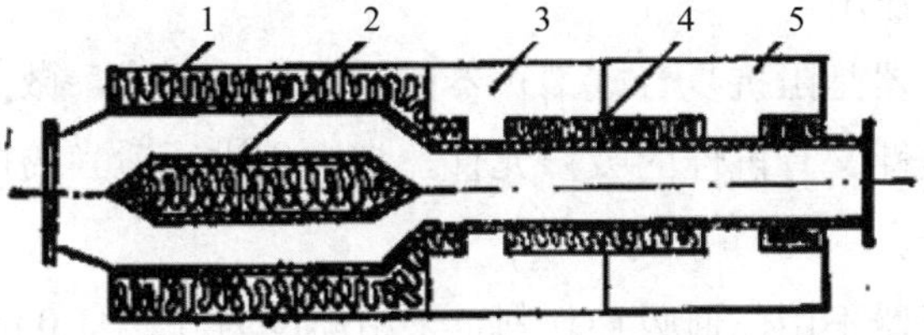

1、2、4—玻璃棉；3、5—扩张室

图 5-60　用在 80 型罗茨风机上的消声器

图 5-61 是在现场离鼓风机进口 1 m 处某定点测得的数据。曲线 I 是未安装消声器时的噪声频谱；曲线 II 是安装消声器后的噪声频谱。从图 5-61 可知，安装消声器后，使进气口 1 m 处的噪声级由 120 dB（A）降低为 89 dB（A），消声器的消声量为 31 dB（A），总响度降低 86%。

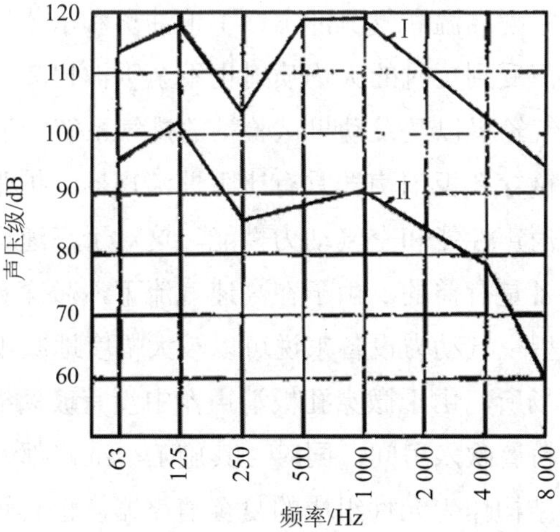

I —未装消声器，II—安装消声器

图 5-61　80 型罗茨风机消声器效果

（2）微穿孔板消声器

微穿孔板消声器是我国著名声学专家马大猷教授提出的，它是利用微穿孔板吸声结构制成的消声器，通过选择微穿孔板上不同的穿孔率与板后不同腔深能够在较宽的频率范围内获得较好的消声效果。因此，微穿孔板消声器能起到阻抗复合式消声器的消声作用。

微穿孔板消声器是阻抗复合式消声器的一种特殊形式，微穿孔板吸声结构本身就是一个既有阻性又有抗性的吸声元件，把它们进行适当的排列组合，就构成了微穿孔板消声器。

微穿孔板消声器不用任何吸声材料，采用厚度为0.2～1.0 mm的铝板、钢板、不锈钢板、镀锌板、塑料板、PC板、胶合板或纸板等板材制作而成，孔径在0.1～1.0 mm。为拓宽吸收频带，孔径应尽可能小，但受微孔易堵塞和制造工艺难度大的限制，常用孔径为0.5～1.0 mm。微穿孔板消声器穿孔率一般在1%～3%，并在穿孔板后面留有一定的空腔。

微穿孔板消声器具有以下优点：

在普通条件下使用，经过适当的组合，微穿孔板消声器能够在一个宽阔的频率范围内或在某些特定的频率范围内获得高消声量，而且阻损可以控制到很小。

在特殊条件下，它耐高温和气流冲击，不怕油雾和水蒸气。即便有水流过，也有较好的消声性能，受到短时的火焰喷射也不至于被损坏，这对于蒸汽排气放空系统、内燃机、燃气轮机以及发动机试验站的排气系统的消声是很有意义的。

在高速气流下，微穿孔板消声器具有比阻性消声器、扩张室式消声器、阻抗复合式消声器更好的消声性能和空气动力性能。这对于高速送风系统、消声器内流速高的空气动力设备是有益的。由于在高速气流下，微穿孔板消声器还有一定的消声性能，这对大型空气动力设备来说可以较大幅度地减小尺寸，降低造价。

对于要求洁净的场所，由于微穿孔板消声器中没有玻璃棉之类的纤维材料，使用后可以不必担心粉屑吹入房间，同时，其施工、维修都方便得多。

以微穿孔板吸声结构作为元件组成的复合消声器，也有较好的消声效果。

5.3.4.5 排气喷流消声器

排气喷流噪声在工业生产中普遍存在，如工厂中各种空气动力设备的排气、高压锅炉排气放风以及喷气发动机试车、火箭发射等都辐射出强烈的排气喷流噪声。这种噪声的特点是声级高、频带宽、传播远，严重危害人的身心健康，并污染环境。

排气喷流消声器是从声源上降低噪声，这一点与阻性消声器不同。它是利用扩散降速、变频或改变喷注气流参数等机能达到消声效果的。

现按照消声的原理简要介绍不同种类的排气喷流消声器。

（1）小孔喷注消声器

小孔喷注消声器的消声原理是从发声机理上使其干扰噪声减小。小孔喷注消声器用于消除小口径高速喷流噪声，喷注噪声的峰值频率与喷口直径成反比。如果喷口直径变小，喷口辐射的噪声能量将从低频移向高频，结果低频噪声被降低，高频噪声反而升高。如果孔径小到一定值，喷注噪声将改变为人耳不敏感的频率范围，根据这个原理，将一个大的喷口改用许多小喷口来代替，从发声机理上使其干扰噪声减少（图 5-62）。

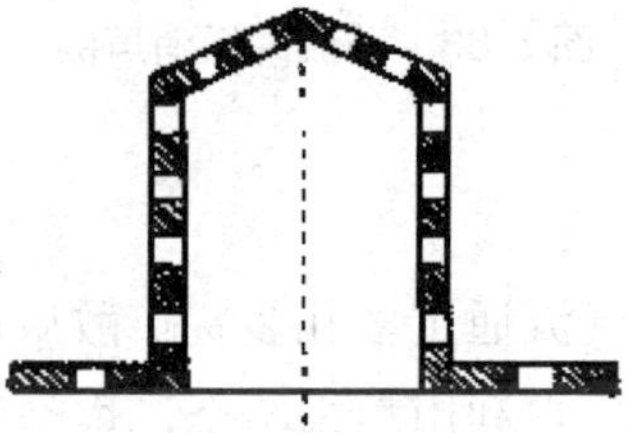

图 5-62　小孔喷注消声器

从应用的角度考虑，小孔喷注消声器的孔径不宜选得过小，因为过小的孔径不仅难以加工，而且容易堵塞，影响排气量。一般选用直径 1～3 mm 的孔径较为合适。小孔喷注消声器由于各孔排出的喷注噪声的互相干扰而降低噪声（一般高频降低 10 dB 左右）。

在设计小孔喷注消声器时，应注意各小孔之间的距离。如果小孔之间距较近，气流经过小孔后形成多个小喷注，再汇合形成较大的喷注，使消声效果降低。为此，小孔喷注消声器必须有足够的孔心距。

（2）节流降压消声器

节流降压消声器是利用节流降压原理制成的（图 5-63）。根据排气量的大小，设计通流面积，使高压气体通过节流孔板时压力得到降低。如果多级节流孔板串连，就可以把原来高压气体直接排空的一次性压降，分散成若干小的压降。由于排气噪声功率与压降的高次方成正比，所以把压力突变排空改为压力渐变排空，便可以取得较好的消声效果，这种消声器通常能够达到 15～30 dB（A）的消声量。

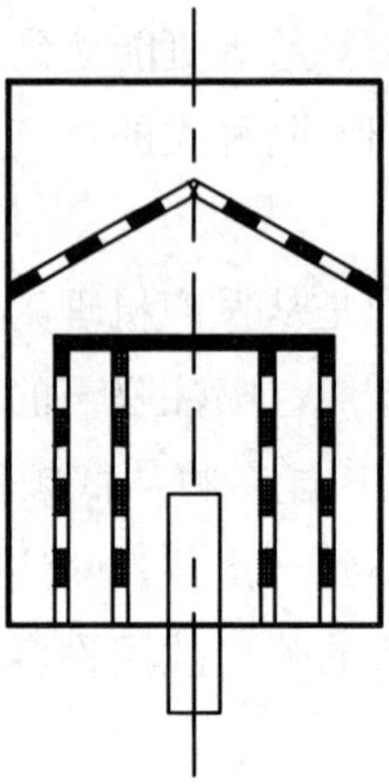

图 5-63 节流降压消声器

（3）多孔扩散消声器

多孔扩散消声器是根据气流通过多孔装置扩散后速度及驻点压力都会降低的原理设计制作的一种消声器。它利用粉末冶金，烧结塑料、多层金属网、多孔陶瓷等材料替代小孔喷注，其消声原理与小孔喷注消声器的消声原理基本相同。小孔喷注消声器的孔心距与孔径之比较大，从理论上说，它把每个喷射束流看成是独立的，可以忽略混合后的噪声；而多孔扩散消声器孔心距与孔径之比较小，使排放的气流被过滤成无数小气流，不能忽略混合后产生的噪声，这是它们的不同点。另外，多孔扩散消声器因由多孔材料制成，还有阻性材料起吸声作用，本身能够吸收一部分声能。图 5-64 为几种多孔扩散消声器。

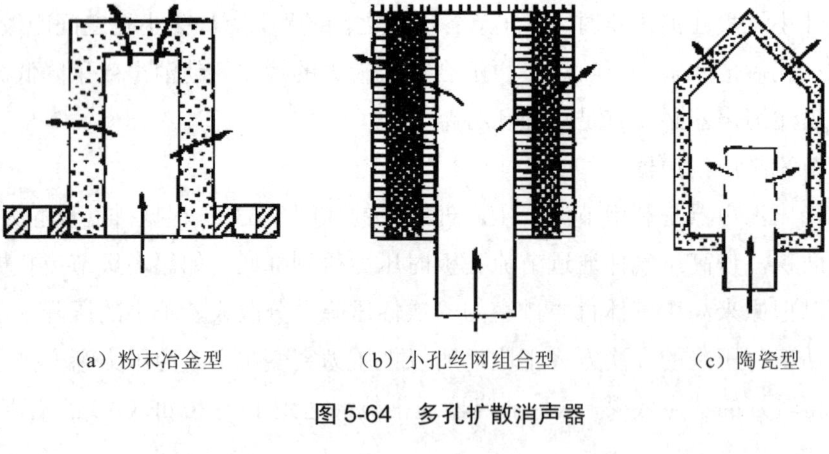

（a）粉末冶金型　（b）小孔丝网组合型　（c）陶瓷型

图 5-64 多孔扩散消声器

（4）喷雾消声器

图 5-65 是喷雾消声器的结构示意图，对于锅炉等排放的高温气体噪声，利用向蒸汽喷气口均匀地喷淋水雾来达到消声目的。其消声原理为喷淋水雾后，介质密度 ρ 和声速 c 都发生了变化即引起声阻抗的变化，使声波发生反射；两相介质混合，产生摩擦，使能量损失，消除了一部分噪声。实验表明：喷水量增加，声速降低；当混合物中水和蒸汽的比例接近时，速度也降至极值，反射系数随喷水体积的增加而变大。图 5-66 为常压下对过热蒸汽淋洒不同喷水量的消声曲线。

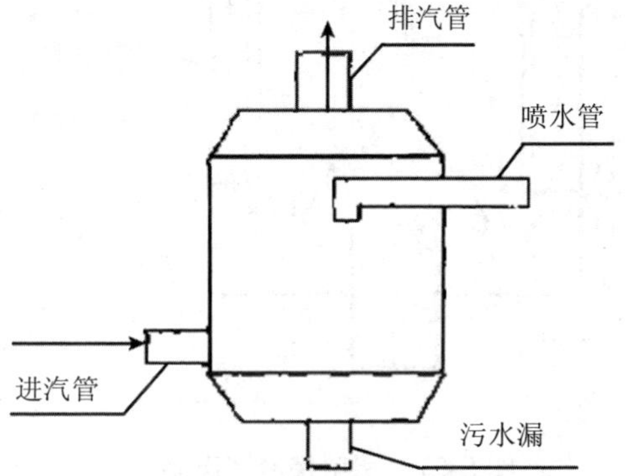

图 5-65　喷雾消声器

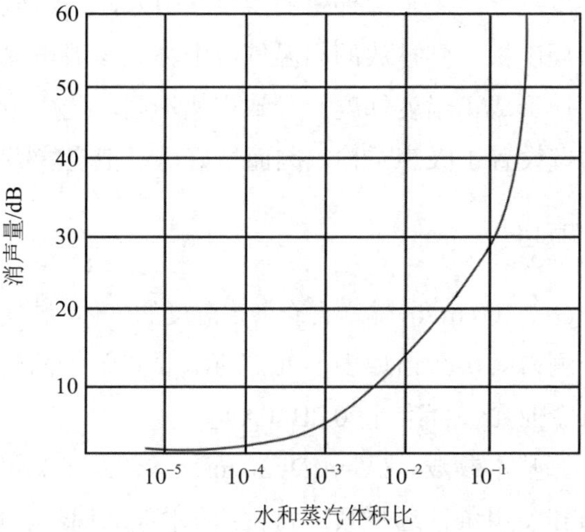

图 5-66　不同喷水量下的消声曲线

（5）引射掺冷消声器

对于燃气轮机排气、锅炉排气等高温气流的噪声源，可用引射掺入冷空气的方法来提高吸声结构的消声性能，达到降噪目的。这种消声器称为引射掺冷消声器（图 5-67）。该消声器周围没有微穿孔板吸声结构，底部接排气管，消声器外壳开有掺冷孔洞与大气环境相通。

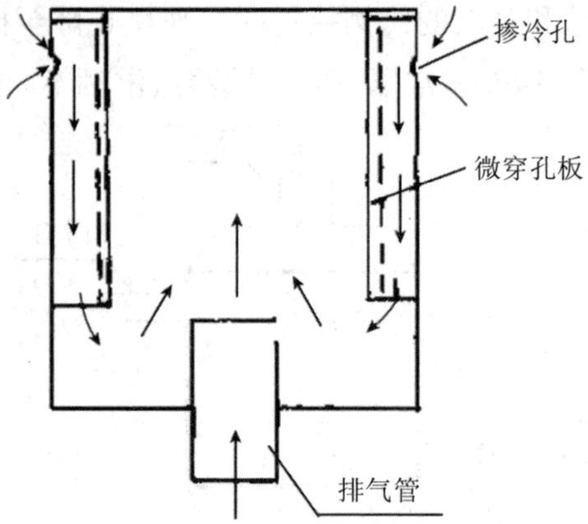

图 5-67　引射掺冷消声器

引射掺冷消声器的消声原理是：当热气流由排气管排出时，在其周围形成负压区，从而使外界冷空气由上半部外壁的掺冷孔引入，途经微穿孔板吸声结构的内腔，从排气管口周围掺入到排放的高温气流中去。该消声器的中间通道是热气流，四周是冷气流，形成了温度梯度，导致声速不同，造成声波在传播过程中向内壁弯曲。由于内壁设置了吸声结构，因而恰好可以把声能吸收。

5.3.5　消声设计项目

某台风机风量 Q=2 100 m^3/h，输送含有一定湿度的气体，进气口直径 D=200 mm，在距进气口 3 m 处测得噪声频谱如表 5-20 所示。试设计一阻性消声器，消除进气噪声，以达到现有企业允许标准［90 dB（A）］。

由已知条件计算基本参数：$L/S=4/D=20\ \text{m}^{-1}$，$S=0.031\,4\ \text{m}^2$，$v=Q/S=18.5\ \text{m/s}$。

根据消声频谱和使用条件选择吸声材料：防水玻璃棉，厚 10 cm，$\rho=20\ \text{kg/m}^3$，因 D＜300 mm，故采用单通道直管式结构。

阻性消声器设计计算步骤如下：

表 5-20 阻性消声器设计计算步骤

序号	项目	倍频程中心频率 f_0						说明
		125/Hz	250/Hz	500/Hz	1 000/Hz	2 000/Hz	4 000/Hz	
1	进气口（L_{p_1} / dB）	105	102	96	93	88	85	实测
2	标准（NR85 / dB）	96	91	88	85	82	81	NR=L_A−5
3	所需消声量（ΔL/dB）	9	11	8	8	6	4	①−②
4	吸声系数（α_0）	0.25	0.94	0.93	0.90	0.96	—	查表
5	消声系数［ϕ（α_0）］	0.31	1.41	1.39	1.35	1.44		查表
6	消声器长度（l/m）	1.46	0.40	0.29	0.30	0.21		$l=\frac{\Delta L}{\Phi(\alpha_0)}\cdot\frac{S}{L}$
7	l=1.46 m 的消声量（L_A/dB）	9.1	41.1	40.5	39.4	42.0		$L_A=\Phi(\alpha_0)\cdot\frac{S}{L}l$
8	验算（$f_上$ / Hz）						3 150	$f_上\approx 1.85c/D$
9	消声后（L_{p_2} / dB）	95.9	60.9	55.5	53.6	46	—	$L_{p_2}=L_{p_1}-L_{p_2}$
10	护面层设计	穿孔板						穿孔率＞25%
11	消声器结构设计	内径Φ200，外径Φ400，工作段长度可取 1.5 m						单通道直管式

注：①、② 分别表示步骤 1、步骤 2 的计算结果。

阻性消声器适合消除中、高频噪声，对低频噪声的消声效果较差，致使所需消声器长度较长（1.46 m），即便这样，在 f_0=125 Hz 上也仅降了 9.1 dB。本例中，合理的设计应是配合使用抗性消声器。

【习题】

1. 常用的吸声材料有哪些类型？各有什么特点？
2. 影响吸声材料吸声性能的因素有哪些？
3. 什么是隔声，常见的隔声措施有哪些？
4. 插入损失和噪声衰减量是如何定义的，两者有何不同？
5. 什么是吻合效应，发生吻合效应的条件是什么？
6. 单层匀质隔声墙的频率特性可以分为哪几个区？试简述其意义。
7. 使用双层墙隔声技术时应注意哪些问题？

8. 多层复合隔声结构的隔声性能比同等重量的单层或双层板更好，其主要原因是什么？

9. 什么是等透声量设计原则？

10. 什么是空间吸声体？简述其结构特点及安装要求。

11. 薄板共振吸声结构和穿孔板共振吸声结构的吸声机理有何共同之处？又有何区别？它们吸声的频率特性有什么不同？

12. 穿孔板共振吸声结构和微穿孔板吸声结构在结构上的主要区别有哪些？它们在吸声特性上有何不同？

13. 吸声设计的原则是什么？

14. 消声器有何作用，对消声器有哪些基本要求？

15. 如何评价消声器的声学性能？简述各评价量的意义。

16. 如何评价消声器的空气动力性能？查阅计算公式，弄清楚公式中每一变量的含义。

17. 消声器可分为哪几种基本类型？简述每种类型消声器的消声特性。

18. 比较折板式、声流式及蜂窝式消声器的消声特性？

19. 气流对声传播和衰减规律有何影响？

20. 简述小孔喷注消声器和多孔扩散消声器的消声原理。

21. 简述节流降压消声器、引射掺冷消声器和喷雾消声器的消声原理。

22. 简述阻性消声器、扩张室式消声器和共振腔式消声器的设计要点，参照实例分别掌握其设计要领。

23. 某一房间内。要求吸声系数最大的中心频率出现在 400 Hz 附近，选用 5 mm 厚（ρ=1 000 kg/m^3）共振吸声薄板，试问板后的空气层取多长距离合适？

24. 穿孔板厚 4 mm，孔径 8 mm，穿孔为圆孔，按正方形排列，孔心距 20 mm，穿孔板后留有 10 cm 厚的空气层，试求穿孔率和共振频率。

25. 有一房间大小为 6 m×7 m×3 m，共振频率 500 Hz 时地面吸声系数为 0.02，墙面吸声系数为 0.05，平顶吸声系数为 0.25，求总吸声量、平均吸声系数和房间常数。

26. 某车间地面中心处有一声源，已知 500 Hz 的声功率级为 90 dB，该频率的房间常数为 50 m^2，求距声源 10 m 处的声压级。

27．已知房间的尺寸为 60 m×45 m×12 m，对于 500 Hz 的声音，屋顶、地面和墙面吸声系数α1、α2、α3 分别为 0.3、0.2、0.4，在房间中央有一声功率为 1 W 的点声源发声，试求：

（1）房间内对 500 Hz 声音的平均吸声系数；

（2）房间常数；

（3）混响半径；

（4）离声源 6 m 处的声压级。

28．某车间尺寸为 10 m×6 m×4 m，地面、墙壁面和顶面均为混凝土面，有两台空压机置于房间地面中央。距声源 2 m 处测得各频带声压级如下表。现拟采用吸声处理使该点的噪声降到 90 dB（A），试进行吸声降噪设计（给出所选用吸声材料的品种、规格及材料的使用面积）。

中心频率/Hz	63	125	250	500	1 000	2 000	4 000	8 000
频带声压级/dB	103	95	92	92	84.5	83	79.5	75.6

29．外径Φ500 mm 的消声通道，内衬厚 50 mm，吸声系数为 0.5 的吸声材料，若用厚 100 mm 的同种吸声材料作吸声层，将通道等分为两部分或在中心加直径为 100 mm 的吸声芯，试求消声量为 25 dB（A）时的消声器长度分别是多少？上限失效频率分别是多少？

30．某风机管径为 200 mm，气流速度 6 m/s，在 250 Hz 处有一噪声峰值，试设计一个扩张室式消声器，要求在 250 Hz 处有 20 dB（A）的消声量。

第 6 章　隔振与阻尼

【本章导读】

振动是工业生产和日常生活中极其常见的物理现象，振动带来的危害不容小觑。振动不仅辐射空气声、传播固体声，污染环境，而且其本身也对人和物产生危害。在机械加工领域，振动会造成机械结构的磨损，降低加工精度；在交通运输领域，振动会降低安全度和舒适度；在航空航天领域，很多火箭发射失利是由于部件振动引发的故障；在土木工程领域，振动会导致桥梁断裂、楼房倒塌，甚至造成人员伤亡等。鉴于振动带来的诸多危害，学会振动控制已然成为学者和工程技术人员应该具备的一项基本能力。

本章主要介绍隔振与阻尼的基本概念、基本原理、基本方法，其常用于隔振或减振器的设计及应用。通过本章的学习，要求了解振动的定义及危害；熟悉常用的隔振技术及分类；了解隔振元件的分类及应用；掌握隔振技术的设计及阻尼减振的原理。通过对本章内容的学习，学生能有效识别振动及其危害，具备振动污染防护意识及基本常识。

6.1　振动及其危害与控制

振动是指一个质点或物体在外力作用下沿直线或弧线围绕一平衡位置进行来回重复的运动。任何一种机械都会产生振动，而机械振动产生的主要原因是旋转或往复运动部件结构的不平衡、磁力不平衡和部件的相互碰撞。随着科技的进步和社会经济的发展，振动充斥了人类的生存空间，人们暴露在环境振动中的时间与日剧增。振动已成为七大环境公害之一，尤其是工业生产振动给工人带来了各种不利的影响，逐步引起了社会的高度关注。

6.1.1　振动对人体的不良影响

人体受到振动后，振动波在组织内传播，由于各组织的结构不同，传播的程度也不同，其先后顺序依次为骨、结缔组织、软骨、肌肉、腺组织和脑组织。人体可以感觉到的振动频率分为 3 段：低频段为 30 Hz 以上；中频段为 30～100 Hz；高频段为 100 Hz 以上。40 Hz 以上的振动波易被组织吸收，不易向远处传播；而低频振动波在人体内传播得较远。人体对振动的感觉还与振幅有关。

根据振动对人体的作用不同，可分为全身振动和局部振动，其对人体的危害及临床表现是不同的。局部振动是指人长期使用振动工具，可引起手与手臂的触觉、痛觉及温热感觉迟钝，手部皮肤温度下降、手指发白、手臂无力、肌肉疼痛和萎缩。全身振动多为大幅度的低频振动，如行驶中的船舶、飞机及电梯升降时，可引起头晕、恶心、呕吐、呼吸急促、出冷汗、下肢酸痛等症状。

由于振动加速度的作用，长期受低频、大振幅的振动，可使植物神经功能紊乱，引起皮肤分析器与外周血管循环机能改变，久而久之，会出现一系列病理改变。振动病一般是指局部振动病，也称职业性雷诺现象、振动性血管神经病和振动性白指病等。它主要是由于局部肢体（主要是手）长期接触强烈振动而引起的。早期可出现肢端感觉异常、振动感觉减退。主诉手部症状为手麻、手疼、手胀、手凉、手掌多汗，多在夜间发生；其次为手僵、手颤、手无力（多在工作后发生），手指遇冷即出现缺血发白，严重时血管痉挛明显，X 射线片可见骨及关节改变。如果下肢接触振动，以上症状则出现在下肢。神经衰弱症状主要是由振动产生噪声引起的头昏、耳鸣、重听、失眠、乏力、记忆力减退等症状。我国已将振动病列入法定职业病名单。

6.1.2　振动对建筑物的危害

建筑物在振动的影响下，往往会出现墙皮脱落、灰泥裂缝以及承载部件结构损坏的现象。交通车辆引起的振动通过周围地层（地下或地面）向外传播，进一步诱发附近地下结构以及邻近建筑物的二次振动和噪声，对建筑物特别是古旧建筑物的结构安全以及其中的居民和工作人员产生较大影响。在捷克，繁忙的公路附近的一些古建筑因振动而产生裂缝，其中布拉格等地甚至发生了由于裂缝不断扩大导致古教堂倒塌的恶性事件。

轨道交通引起的振动是长期存在和反复发生的，将引起建筑物结构的动力疲劳和应力集中，严重时还会引起结构的整体或局部的动力失稳，如地基产生液化、基础下沉或不均匀下沉；墙体裂缝；建筑物倾斜甚至局部损坏。

6.1.3 振动对精密仪器的危害

道路和铁路不可避免地会穿过安装有精密仪器的厂房、医院、实验室等对振动特别敏感的区域，当振动达到一定强度时，就会影响这些区域中精密仪器的正常使用。例如，光学仪器表类的精密仪器要求很高，甚至几微米的振动位移也会使其无法正常工作；自控、遥控设备、医疗设备会失灵，从而使自控或遥感失效。又如，北京地铁 4 号线要经过的北京大学东门地段，是北大理科院系的主要分布地带，全校 80%以上的大型仪器设备分布在这一地区，如不采取特殊措施，地铁经过时产生的地面振动，将对其正常工作产生不利影响。

6.1.4 控制振动危害的措施

6.1.4.1 振动对人体危害的防治对策

（1）改革工艺设备和方法，以达到减振的目的。从生产工艺上控制或消除振动源是振动控制的最根本措施；采取自动化、半自动化控制装置，减少接振；改进振动设备与工具，降低振动强度；减少手持振动工具的重量，以减轻肌肉负荷和静力紧张等。

（2）根据振动工具的种类对工人接触振动的时间给予限制。建立合理劳动制度，坚持工间休息及定期轮换工作制度，以利于各器官系统功能的恢复。

（3）改善作业环境。寒冷季节要加强车间环境及作业地点的防寒保暖，保持在 16℃以上，户外作业也要配备一定的防寒保暖设备；在地板及设备地基采取隔振措施（橡胶减振垫层、软木减振垫层、玻璃纤维毡减振垫层、复合式隔振装置）；控制作业环境中同时存在的噪声、毒物、高气湿，对防止振动的危害也有一定作用。

（4）加强个人防护。合理使用个人防护用品也是防止和减轻振动危害的一项重要措施。穿戴防振手套、防振鞋等个人防护用品，降低振动危害程度。手持振动工具者应戴双层衬垫无指手套或衬垫泡沫塑料无指手套；为防止振动病作业场所要注意防寒，振动性工具的手柄温度如能保持40℃，防振动性白指病就有较好的效果。就业前体检检查工人是否患有职业禁忌征。对接触振动作业的工人应定期体检，对振动病患者应给予必要的治疗，争取在早期发现受振动危害的个体，采取适当措施及时对振动病患者进行治疗和处理，对反复发作者应调离振动作业岗位。

（5）加强职业卫生教育和职业培训、技术训练，强化操作技能。进行职工健康教育，对新工人进行技术培训，尽量减少作业中的静力作用。通过预防性卫生监督和经常性卫生监督，严格执行国家标准，也可预防振动危害。

6.1.4.2 降低振动的不利影响

降低振动的不利影响有以下几种方法：降低振源的激振强度；切断振动的传播途径或在传播途径上削弱振动；合理规划设计，使建筑物避开振动影响区域等。

在公路上，采用无缝线路、减轻车辆的质量、保持路面平坦等方法能有效减弱振动。同时，还可以用隔振沟、减振墙等设施来降低地面振动。向地层下打入柱桩，形成柱列或柱阵可以获得显著的减振效果，国外已成功地采用这种措施防止地铁和其他物体的振动对建筑物的干扰。对于地铁应适当增加埋深，使振动振幅随距离增加而衰减。地铁及高架轻轨沿线应避免建造轻质结构或基础较浅的房屋。在建筑物的设计中，应设置一些减振装置，防止它们与环境振动产生共振。此外，在规划布局中应充分考虑利用可传播振动的天然屏障，如河流、沟谷等。

6.1.4.3 采取阻尼减振降噪措施

阻尼减振降噪技术充分利用阻尼的耗能机理，从材料和结构设计等多方面发挥阻尼减振降噪的能力，提高工程和机械结构系统的抗振性和动态稳定性，降低噪声。

隔振技术是通过阻尼结构得以实施的，而阻尼结构又是各种基本阻尼结构与实际工程结构相结合而组成的。振动隔离用的隔振器属于离散型阻尼器件，阻尼是隔振器的重要性能之一。此外，利用阻尼原理制作的阻尼吸振器也属于离散型阻尼器件。附加型阻尼结构是提高机械结构阻尼的重要结构形式，它是在各种形状的结构件表面直接黏附一层阻尼材料，以提高抗振性、稳定性和降低噪声辐射。附加阻尼层特别适用于梁、板和壳件的减振降噪，在汽车外壳、飞机舱壁、舰船等结构的抗振保护和噪声控制中得到广泛应用。在噪声控制中，阻尼措施主要用于降低板结构的振动和声辐射。

6.2 隔振技术

6.2.1 隔振原理

隔振就是将振源与基础或连接结构的近刚性连接改成弹性连接，以防止或减弱振动能量的传递，最终达到减振降噪的目的。实际上振动不可能被绝对隔绝，所以常称为隔振或减振。

振动源在振动时，会存在一个周期性力作用，从而使其产生振动。当振动源与基础之间是刚性连接时，这个力的作用会全部传给基础，由基础向四周传播；如果将振动源与基础之间的连接变成弹性连接，即在振动源与基础之间安装隔振器，这样振动源、隔振器与基础就组成了一个隔振系统。当振动源发生振动时，由于隔振器的弹性缓冲作用，可以减弱对基础的冲击力，使基础产生并传递的振动减弱；而且由于振动系统受到摩擦阻尼作用，使振动的机械能转化为热能耗散，也减弱了设备传给基础的振动，从而使噪声的辐射量降低，这就是隔振减噪的基本原理。

隔振时使用的弹性支座称作隔振器，相对于机械设备，其质量可以忽略不计。

6.2.1.1 隔振系统中的三个要素

（1）刚度

隔振器刚度越大，隔振效果越差，反之隔振效果越好。一个设计正确的隔振系统支撑刚度计算最为重要，但弹簧及隔振器的刚度对物体振幅的影响不大。

（2）质量

被隔离物体的质量使支撑系统保持相对静止。在确定的振动力作用下，物体质量越大，物体振动越小。增大质量还包括增大隔振底座的面积，以增大物体的惯性矩，可减小物体振动，但质量的增加并不能减小振动的传递率。

（3）阻力

隔振系统的支撑阻力有以下的作用：在共振区，抑制共振振幅；减弱高频区物体的振动；在隔振区为系统提供了一个使弹簧短路的附加连接，从而提高了支撑的刚度。

6.2.1.2　隔振系统共振频率

如图 6-1 所示，假设隔振系统的机器设备质量为 m，隔振器可以看成是一个劲度为 k 的弹簧与一个阻尼系数（摩擦系数）为 R_m 的阻尼器组成的有阻尼振动系统，将其并联在机器与刚性基础之间，这个隔振系统的共振频率 f_r 可用下式表示。

$$f_r = \frac{1}{2\pi}\sqrt{\frac{k}{m}\left(1-\frac{R_m}{R_c}\right)} \tag{6-1}$$

式中：k —— 弹簧的劲度，N/m；

m —— 机器设备的质量，kg；

R_m —— 隔振器的阻尼系数，N/（m·s）；

R_c —— 隔振器的临界阻尼，$R_c = 2\sqrt{km}$，表示外力停止作用后，使系统不能产生振动的最小阻尼系数；

R_m/R_c —— 阻尼比。

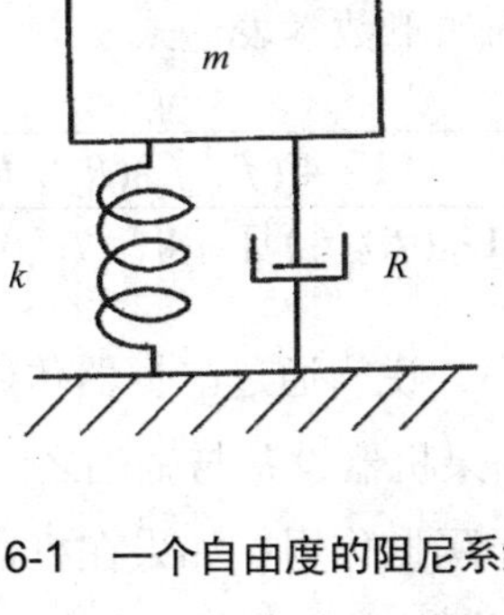

图 6-1　一个自由度的阻尼系统

由式（6-1）可知，当 R_m/R_c=1（R_m=R_c）时，共振频率为 0，此时振动被抑制；

当 $R_m/R_c=0$ 时，即系统无阻尼或阻尼很小可忽略时，则共振频率可用下式表示：

$$f_r=\frac{1}{2\pi}\sqrt{\frac{k}{m}} \tag{6-2}$$

6.2.1.3 设备振幅

物体在周期性外力作用下，设这个交变外力在垂直的 y 方向上运动，那么与这个外力相平衡的是系统的惯性力、摩擦力和弹性力。根据相关定律可推出机器设备在减振器上的最大振幅 y_m 为

$$y_m=\frac{F_{\max/k}}{\sqrt{[1-(f/f_r)^2]^2+4(f/f_r)^2(R_m/R_c)^2}} \tag{6-3}$$

式中：$F_{\max/k}$ —— 系统在承受最大干扰力 F_0 下的静态弹性变形，cm；

f—— 激发外力的频率，Hz；

f_r—— 系统的共振频率，Hz。

6.2.1.4 传振系数

在实际应用中，人们往往不注意振动物体的振幅大小，而是更关心干扰力通过隔振器后被传到基础上的剩余力。因此，在工程上常常用传振系数 T 来衡量隔振器隔振效果的好坏。

传振系数又称作振动传递率、隔振效率，是表征隔振效果的常用物理量，通常记作 T。它是通过隔振元件传递过去的力与总干扰力之比，即 T=传递力/干扰力。根据传振系数的定义，可得到如下数学表达式

$$T=\left|\frac{F_{f\max}}{F_{\max}}\right|=\sqrt{\frac{1+4[(f/f_0)(R_m/R_c)]^2}{[1-(f/f_r)^2]^2+4[(f/f_r)(R_m/R_c)]^2}} \tag{6-4}$$

由式（6-4）可知，T 越小，说明通过隔振器传递的力就越小，隔振效果就越好，隔振器的性能就越好。如果机器设备与基础之间是刚性连接，则 $T=1$，表示总干扰力全部传给了基础，无隔振作用；如果在机器设备与基础之间设置了隔振器，其传振系数为 0.3，表示传递给基础的力是总干扰力的 30%。

当系统为单自由度无阻尼振动时，阻尼比 R_m/R_c=0，式（6-4）简化为

$$T = \left| \frac{1}{1-(f/f_r)^2} \right| \tag{6-5}$$

由式（6-5）可绘出隔振器传振系数 T 与 f/f_r 之间的关系曲线（图 6-2）。

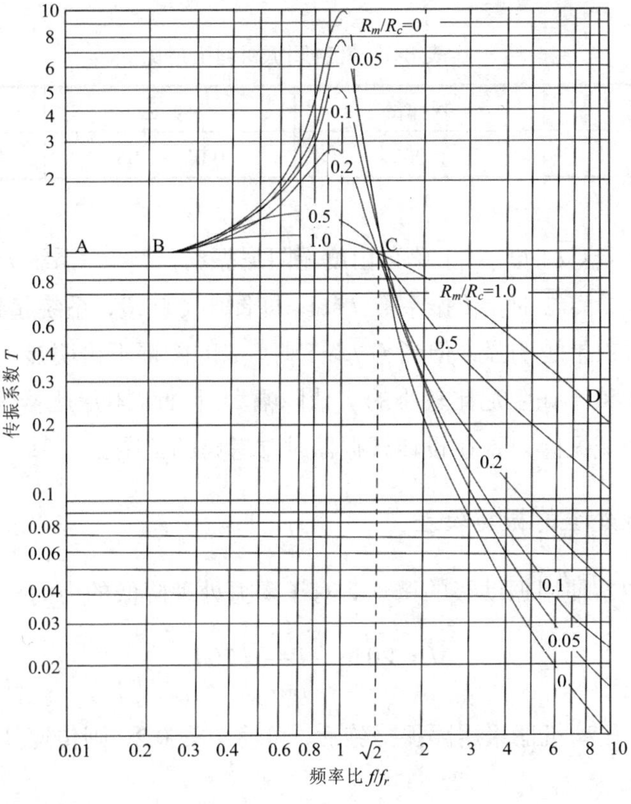

图 6-2 T、f/f_r 及 R_m/R_c 的关系

T 与 f/f_r 及阻尼比 R_m/R_c 之间的关系分析：

① 当 $f/f_r \ll 1$ 时，即外力频率远低于系统固有频率时，外力主要受弹簧弹性抗，干扰力通过弹簧毫不减少地传给了弹簧，此时，减振器无减振作用，即图中 AB 段，$T=1$。因此，这个频率范围被称为劲度控制区。

② 当 $f/f_r=1$ 或接近于 1 时，外力频率接近系统固有频率，发生共振现象，说明隔振措施极不合理，不仅起不到隔振作用，反而放大了振动的干扰，这是隔振设计时应绝对避免的，即图中 BC 段，这时传振系数 T 最大。在此区域内，振

动的加剧程度取决于阻尼比，从理论上讲，$R_m/R_c \to 0$ 时，$T \to \infty$，随着阻尼比逐渐增大，可大幅度降低隔振器的动态放大系数和传振系数。因此，这个区域共振频率附近的范围称为阻尼控制区。表 6-1 是几种隔振材料的阻尼比。

表 6-1 几种隔振材料阻尼比

材料名称	钢弹簧	橡胶	软木
阻尼比	0.005	0.02～0.05	0.06

③ 当 $f/f_r=\sqrt{2}$ 时，对于单自由度无阻尼振动，T=1，系统无隔振作用。

④ 当 $f/f_r>\sqrt{2}$ 时，传振系数 $T<1$，即图中 CD 段，系统起到隔振作用，f/f_r 值越大，隔振效果越明显，但当 $f/f_r>5$ 时，T 的降幅不再明显。还可看出，过大的阻尼比的 T 值不如阻尼比较小的 T 值降幅大，因此，阻尼比一般选择 0.02～0.1，这一范围称为减振区，是在设计减振器时常考虑的范围。

6.2.1.5 隔振处理的振动级差

在工程中常使用振动级的概念。对于隔振处理降低的力的振动级差为

$$\Delta L = 20\lg\frac{F_{\max}}{F_{f\max}} = 20\lg\frac{1}{T} \tag{6-6}$$

例如，某振动机器采用隔振措施后，可使 T 为 0.2，则传递基础的力的振动级降低了 14 dB。

6.2.1.6 隔振效率

在隔振设计中，有时也采用隔振效率 η 来表示隔振器的隔振效果。隔振效率 η 定义为

$$\eta = (1-T)\times 100\% \tag{6-7}$$

6.2.2 隔振的类型

隔振可以分为两类：一类是对作为振动源的机械设备采取隔振措施，防止振动源产生的振动向外传播，称为积极隔振或主动隔振；另一类是对怕受振动干扰

的设备采取隔振措施，以减弱或消除外来振动对这一设备带来的不利影响，称为消极隔振或被动隔振（图 6-3）。对于薄板类结构振动及其辐射噪声，如管道、机械外壳、车船体和飞机外壳等，在其结构表面涂贴阻尼材料也能达到明显的减振降噪效果，这种振动控制方式称为阻尼减振。

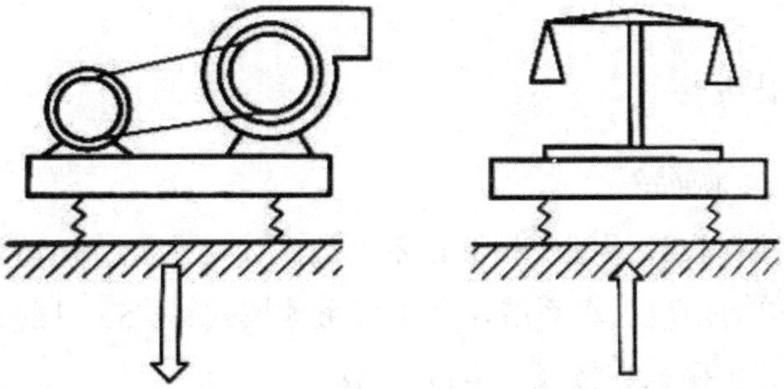

（a）积极隔振　　（b）消极隔振

图 6-3 隔振措施

6.2.3 隔振设计

隔振设计是根据机器设备的类型、特征、振动特性（频率、振动强弱）以及环境要求和相应标准等因素，选择合适的隔振器，确定隔振装置正确的安装位置，并合理使用隔振器，充分发挥隔振器的最佳效果，以达到降低振动、保护环境的目的。

隔振设计往往要以振动干扰频率为依据。通常把 100 Hz 以上的干扰振动称为高频振动；6～100 Hz 的振动称为中频振动；6 Hz 以下的振动称为低频振动。大多数工业机械设备振动都属于中频振动，个别设备（高转速设备）产生的振动属于高频振动；而地壳的振动、海潮以及地震的影响属于低频振动。

6.2.3.1 隔振设计步骤

① 调查振动源状况，测量机器质量、振动强度、振动频率等参数。

② 调查振动源周围环境条件及环境要求，确定相应的振动标准。

③ 根据现场要求和标准规定，由干扰频率和所需的传振系数计算隔振系统固

有振动频率以及静态压缩量。

④ 根据计算结果和工作环境要求，确定所需隔振元件的载荷、型号和数量，选用和设计能满足要求的隔振装置，并合理布置隔振器。

⑤ 验算评价隔振装置的各项参数及满足设计要求的情况，估计隔振设计的减振降噪效果。

6.2.3.2 隔振设计方法

（1）传振系数的确定

传振系数应根据设计原则及相关设备参数、使用工况、环境条件等因素来确定。对于无阻尼单自由度振动系统，其传振系数按式（6-5）计算；对于有阻尼存在的振动系统，其传振系数按式（6-4）计算。

（2）隔振系统的静态压缩量、频率比和固有频率的确定

静态压缩量由传振系数 T、设备稳定性、操作条件等要求确定，也可在实验室直接测量。固有频率可根据传振系数、扰动频率以及频率比来确定。一般情况下，f/f_0取 2.5～5。要获得较大的静态压缩量和良好的隔振效果，通常f_0选用 2.5～3 Hz。

（3）隔振元件承受的载荷、型号、大小和数量的确定

隔振元件承受的载荷，应根据设备的重量、动态力的影响以及安装时的过载情况等确定。设备重量均匀分布时，由设备总重量除以隔振元件的数目，可以得到每一个隔振元件的载荷，由此选定隔振元件的型号。设备重量不是均匀分布时，可根据机座中心位置来调整隔振元件的数目和每一个元件的位置及支撑点。隔振元件的数量一般取 4～6 个。

（4）隔振参数的验算

隔振参数的验算包括传振系数、静态压缩量、动态系数和隔振降噪效果等参数的估算。在验算过程中，如果结果与实际情况基本相符，说明设计合理；如果相差较大，则需要根据实际情况重新计算，调整相应的隔振参数，直到能满足设计条件和设计需要为止。

6.2.4 振动传递过程中的控制技术

（1）加大振动源和受振对象之间的距离

振动在介质中传播，由于能量的扩散和介质对振动能量的吸收，一般是随着距离的增加振动逐渐减弱，所以加大振源与受振对象之间的距离是控制振动的有效措施之一。

（2）隔振沟

振动的影响，特别是对于环境来说，主要是通过振动传递来达到的，减少或隔离振动的传递，振动就得以控制。在振动机械基础的四周开有一定宽度和深度的沟槽——防振沟，里面填充松软物质（如木屑等）或不填，用来隔离振动的传递，这也是常采用的隔振措施之一。

（3）采用隔振器材

在设备下安装隔振元件——隔振器，是目前工程上应用最为广泛的控制振动的有效措施。安装这种隔振元件后，能真正起到减少振动与冲击力传递的作用，只要隔振元件选用得当，隔振效果可在 85%～90%以上。对一般中、小型设备，甚至可以不用地脚螺钉和基础，只要普通的地坪能承受设备的静负荷即可。

6.3 隔振元件

无论是积极隔振，还是消极隔振，最终都是通过采用隔振元件、隔振器以及隔振材料来达到隔振的目的。从理论上讲，凡能支撑运转设备动力载荷，又具有良好弹性恢复性能的材料或装置均可作为隔振元件。隔振元件是安装在设备下质量块和基础之间的隔振器或隔振材料（也称为隔振器材），使设备和基础之间的刚性连结变成弹性支撑，达到减振隔振的目的。

隔振元件应根据隔振要求、安装隔振器的位置和允许空间等进行选择。按材料或结构形式，一般将隔振元件分为隔振器、隔振垫和柔性接管三类（表 6-2）。工程中广泛使用的钢弹簧、橡胶、玻璃棉毡、软木和空气弹簧等元件的隔振特点见表 6-3。

表 6-2 隔振元件分类

隔振垫	橡胶隔振垫；玻璃纤维垫；金属丝网隔振垫；软木、毛毡、乳胶海绵等制成的隔振垫
隔振器	橡胶隔振器；全金属隔振器（螺旋弹簧隔振器、蝶簧隔振器、板簧隔振器和钢丝绳隔振器）；空气弹簧；弹性吊架（橡胶类、金属弹簧类或复合型）
柔性接管	可曲绕橡胶接头；金属波纹管；橡胶、帆布、塑料等柔性接头

表 6-3 各类隔振器和隔振垫的性能比较

性能	金属螺旋弹簧	橡胶隔振器隔振垫	空气弹簧	毛毡	软木	玻璃纤维及矿棉
适用频率范围/Hz	2～10	5～100	0～5	25	25～30	＞10
多方向性	良	优	良	良	良	良
简便性	良	优	中	良	良	良
阻尼性能	差	良	优	中	良	良
高频隔振及隔声	差	良	优	良	良	良
载荷特性的直线性	优	良	良	差	差	差
耐高、低温	优	中	中	良	良	良
耐油性	优	中	中	良	良	良
耐老化	优	中	中	良	良	良
产品质量均匀性	优	中	良	中	中	中
耐松弛	优	良	良	中	良	良
耐热膨胀	优	中	良	良	良	良
价格	中	中	高	便宜	中	良
重量	重	中	重	轻	轻	轻
与计算特性值一致性	优	良	良	差	差	差
设计上的难易程度	优	良	差	良	中	良
安装上的难易程度	优	中	差	优	优	良
寿命	优	中	良	中	良	中

6.3.1　常见的减振器

6.3.1.1　钢弹簧减振器

钢弹簧减振器广泛用于工业振动控制中，最常用的是螺旋弹簧和板条式弹簧两种（图 6-4）。

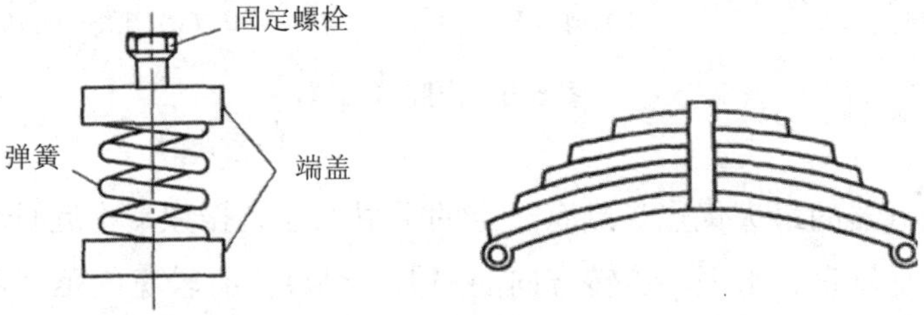

（a）螺旋弹簧　　（b）板条式弹簧

图 6-4　钢弹簧减振器

螺旋弹簧减振器适用范围广，可用于各类风机、球磨机、破碎机、压力机等。只要设计选用正确，就能取得较好的防振效果。

螺旋弹簧减振器的优点是有较低的固有频率（5 Hz 以下）和较大的静态压缩量（2 cm 以上），能承受较大的负荷而且弹性稳定、耐腐蚀、耐老化，在低频可以保持较好的隔振性能。它的缺点是阻尼系数较小（0.01～0.005），在共振区有较高的传递率，而使设备产生摇摆；由于阻尼比较低，在高频区隔振效果差，使用中往往要在弹簧和基础之间加橡胶、毛毡等内阻较大的隔振垫，以及内插杆和弹簧盖等稳定装置。

板条式弹簧减振器是由钢板条叠合制成，利用钢板之间的摩擦，可获得适宜的阻尼比。这种减振器只在一个方向上有隔振作用，多用于火车、汽车的车体减振和只有垂直冲击的锻锤基础隔振。

6.3.1.2　橡胶减振器

橡胶是一种较理想的弹性材料，以天然橡胶、丁氰或氯丁橡胶等为佳。橡胶减振器也是工程上常用的一种隔振元件。根据受力情况，橡胶减振器可分为压缩型、剪切型、压缩—剪切复合型等（图 6-5）。

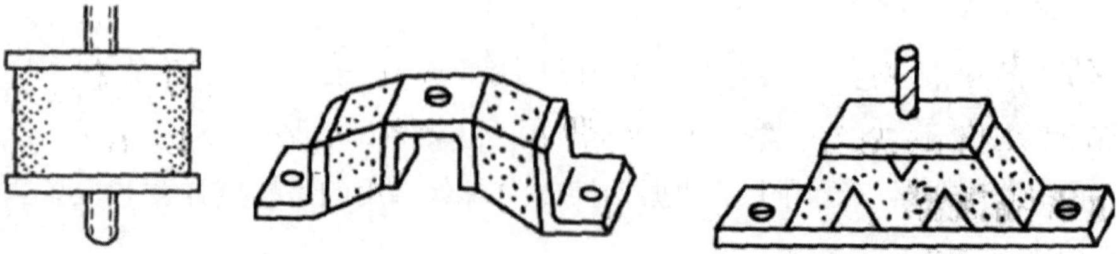

（a）压缩型　　（b）剪切型　　（c）压缩—剪切复合型

图 6-5　橡胶减振器

橡胶减振器的最大优点是具有一定的阻尼，在共振频率附近有较好的减振效果，并适用于垂直、水平、旋转方向的隔振，劲度具有较宽的范围可供选择。

与钢弹簧减振器相比，其缺点是隔振性能易受温度影响，在低温下使用性能不好。静态压缩量低且固有频率高于 5 Hz，因此这种减振器对具有较低的干扰频率（固有频率低于 5 Hz）而且重量特别大的设备不适用。这类减振器由于安装方便、效果明显，在工业和民用建筑的设备减振工程中得到了广泛的应用。

设计和选用橡胶隔振器的关键是准确估算其劲度和固有频率，以满足 $f/f_0 \geq \sqrt{2}$ 的条件以及使承受载荷在其允许范围内。此外还应注意，静负荷时的最大压缩量不应超过原长度的 10%～15%，以保证一定使用寿命。

6.3.1.3　空气弹簧

空气弹簧也称气垫，隔振效率高，固有频率低（1 Hz 以下），而且具有黏性阻尼，因此也能隔绝高频振动。空气弹簧的组成原理如图 6-6 所示。当负荷振动时，空气在 A 与 B 间流动，可通过阀门调节压力。

这种减振器是在橡胶的空腔内压进一定的空气，使其具有一定的弹性，从而达到隔振的目的。空气弹簧多用于火车、汽车和一些消极隔振的场合。其缺点是需要有压缩气源及一套繁杂的辅助系统，造价高。

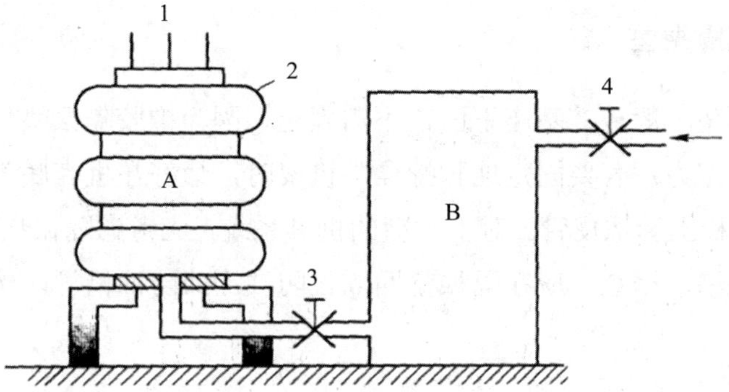

1—负载；2—橡胶；3—节流阀；4—进压缩空气阀；

A— 空气室；B—贮气室

图 6-6　空气弹簧的构造

空气弹簧按其结构不同可分为囊式和囊膜。囊式空气弹簧用橡胶膜做成葫芦形，有几段鼓起，在鼓起之间嵌入金属环，以承受内压所引起的张力。当弹簧体的内容积相等时，鼓起的段数多，则弹簧常数小，考虑制造的工艺性和使用的稳定性，目前国产空气弹簧为 1～3 段。囊膜都是由帘线层、内外橡胶层和成型钢丝圈硫化而成的。空气弹簧的承载能力主要是由帘线承担，帘线的质量是空气弹簧强度性能的决定因素。帘线的层数一般为 2～4 层，层层交叉。内外橡胶层主要起密封和保护作用。

膜式空气弹簧是在金属内外筒之间设有橡胶隔膜，隔膜保持密封，隔膜的变形将引起整体的伸缩。外筒的内壁和内筒的外壁可做成适当的斜度和曲面，当伸缩时橡胶隔膜就按壁的形状发生变形，受压面积随着伸缩而变化，这样可以形成非线性的弹簧特性。橡胶隔膜的结构与囊膜相同。

6.3.2　隔振垫

隔振垫是利用弹性材料本身的自然特性，置于需要隔振的基座下面，一般没有确定的形状尺寸，可按具体需要进行裁剪、拼排。常见的隔振垫有软木、毛毡、橡皮、海绵、玻璃纤维等。目前，在行业生产和民用建筑中最常用的是橡胶隔振垫，尤其适用于中小型机器设备的隔振。

6.3.2.1 橡胶隔振垫

橡胶隔振垫一般放在基座下面，不需固定，因为橡胶隔振垫与其接触的表面有相当大的摩擦力；若要固定地脚螺栓与机架时，最好在机壳底部和螺栓下垫橡皮垫，并在螺栓上套橡皮管。对于大型的机械系统，应考虑隔振垫的更换。另外，若机械漏油、渗油严重，应在隔振垫四周设防油沟或防油槽等。橡胶隔振垫的主要特性如下：

（1）优点

① 持久的高弹性，隔振、隔冲和隔声性能良好；

② 造型和压制方便，能满足刚度和强度的要求；

③ 有一定的阻尼性能，可以吸收机械能量，尤其是高频时；

④ 能与金属表面黏接，易于制作安装，可多层叠加使用以减小刚度和改变频率范围。

（2）缺点

① f_0较高，一般在 10～20 Hz；

② 易受温度、油质、臭氧、日光及化学溶剂的侵蚀；

③ 易变性、老化与松弛，寿命一般为 5～8 年。

6.3.2.2 软木

软木是一种传统的隔振材料，它与天然软木不同，它是用天然软木经高温、高压、蒸汽烘干和压缩而成的板状物和块状物。其固有频率一般在 20～30 Hz，承受的最佳载荷为（5～20）$\times10^4$ Pa，阻尼比 0.04～0.18，厚度 5～15 cm。软木具有一定的弹性，但与天然软木、橡胶等弹性材料不同。软木的静态压缩量中有一部分属于永久变形，而非弹性变形。软木的压缩性能取决于软木的弹性和孔隙率。固有频率随密度增加提高，反之下降。对于载荷不大、频率又低的振源，由于其压缩性很小，故不宜使用。在实践过程中，常把软木切成小块，均匀布置在机器机座或混凝土座下面，这样分成小块比整块隔振效果好。

软木的优点是质量轻、耐腐蚀、保温性能好、加工方便等，但在用软木作机器隔振材料时，要有排水设施。否则，软木被水浸湿易腐烂变形，使刚度发生变化，隔振性能变坏或失效。

6.3.3　隔振器和隔振材料的选择原则

① 隔振器和隔振材料的选择应首先考虑其静载荷和动态特性，使激振频率与隔振系统的固有频率比值 $f/f_0 > \sqrt{2}$，保证传递比 $T_f < 1$，工作在隔振区域内。

② 隔振器一般具有低于 5～7 Hz 的共振频率。低频振动一般采用钢弹簧隔振器。对于高频振动，一般选用橡胶、软木、毛毡、酚醛树脂玻璃纤维板比较好。为了在较宽的频率范围内减弱振动，可采用钢弹簧减振器与弹性垫组合减振器。

③ 隔振材料的使用寿命差别很大，钢弹簧寿命最长，橡胶一般为 4～6 年，软木为 10～30 年，超过使用年限应予以更换。

6.3.4　管道隔振

6.3.4.1　管道隔振的作用与内容

振动机械设备一般通过管道系统与外界相连接，如水管、风管、气管和油管等。所以设备的振动除了通过安装基础传递，还可通过管道和管内介质、管道固位构件传递与辐射。管道的隔振，通常是通过设备与管道之间的弹性连接得以实现。加接补偿软连接装置不仅可以减少沿管道传递的振动，还可以补偿由于温度变化引起的管道的伸缩，以及安装过程中的误差，从而方便安装。管道隔振主要是降低毗邻房间的振动与噪声，但比基础隔振难度大，因为管道隔振后，管内介质的振动仍可沿管道继续传播。

6.3.4.2　管道隔振元件

管道隔振元件需承受一定的内压或真空，减振降噪效果取决于弹性接头的材料、构件尺寸、管内介质的压力、管道安装布位方式等。常用的管道隔振元件有橡胶柔性连接管（避振喉）和不锈钢波纹管（耐高温、高压）。

（1）橡胶柔性连接管

橡胶柔性连接管又称橡胶软接管和可曲挠橡胶接头等，按结构形式通常分为单球体、双球体和弯球体三种，按连接形式通常分为法兰连接、螺纹连接两种。

橡胶软连接管具有耐压高、弹性好、位移变形量大、安装灵活的特点，其适用传输的介质有冷水、热水、海水、空气、压缩空气、弱酸和弱碱等。

（2）金属软连接管

金属软连接管具有自由弯曲、防振和耐高温等独特性能，主要用于一些特殊的管道系统中，如空气压缩机的排气管、柴油机的排气管以及腐蚀性介质的管道系统中。金属软连接管的结构主要由金属波纹管、网套和接头三部分组成。其中作为金属软连接管本体的金属波纹管有螺旋形和螺环形两大类，网套由若干根金属丝或金属带（材料为不锈钢丝）按一定顺序编织成网状，套压在波纹管外面，因此也称作不锈钢波纹管、不锈钢膨胀节或不锈钢软管。

6.3.4.3 管道包扎

不仅与设备连接的管道可以传递设备振动，而且管道中高速流体的流动也可引发噪声和振动，并通过管壁向外辐射。为了减弱从风机风管上辐射出来的噪声，可以对管道施行包扎和阻尼措施，隔绝噪声的传播途径。

隔振材料和减振器的工程应用是错综复杂的，必须根据实际情况因地制宜地选择各种隔振材料和减振器，并合理地进行结构布置，以便取得良好的隔振效果。

6.4 阻尼减振

阻尼减振降噪技术充分利用阻尼的耗能机理，从材料和结构设计等多方面发挥阻尼减振降噪的能力，提高工程和机械结构系统的抗振性和动态稳定性，以降低噪声。

很多噪声和振动是由板结构产生的。对于大多数板结构，尤其是金属薄板，其本身所含阻尼较小，而声辐射效率较高。传统上常采用的减振降噪方法有以下几种。

① 加大板厚，即增加单位面积质量，通过质量控制减小振幅，但很不经济。

② 改用网孔板或在钢板上穿孔（穿孔率＞30%），因孔板两侧的压力平衡形成所谓的声学短路可大大地减少薄板的低频辐射。一般只适用于安全防护罩，不适用于自身产生空气声的机器元件防护。

③ 在薄板上加筋，提高其刚性，降低噪声振动。这种方法的实质并不是增加

阻尼，而是改变板件结构本身的固有振动频率。如果实际情况允许，采用此方法是有效的。但是，在大多数情况下，改变某一构件固有的频率是不可行的，或虽可行但又会引起另一部分构件的振动加大。

④ 在振动构件上黏贴或喷涂一层高阻尼的材料，或者把板件设计成夹层结构，这是降低噪声振动普遍采用的方法。这种降噪的措施习惯上称作减振阻尼，又常简称为阻尼。阻尼技术广泛应用于各类机械设备和交通运输工具的噪声振动控制中，如输气管道、机器的防护壁、车体、飞机外壳、金属池壁等。

当人们用棒槌敲击大锣后，大锣振动发声，如果此时用手掌紧贴大锣中央，大锣就会立即停止发声，其原理就是手掌对锣面振动的阻尼作用。

6.4.1 阻尼的基本原理

6.4.1.1 阻尼的原理

在金属薄板上黏贴或喷涂内损耗（内摩擦）大的阻尼材料（如沥青、软橡胶等）后，当板壳受激产生振动时，阻尼层也随之振动，弯折使得阻尼层时而被压缩、时而被拉伸，阻尼材料内部的分子不断互相错动产生相对位移，由于其内摩擦阻力较大，导致振动能量大大损耗，不断转化为热能散失掉；同时阻尼层的刚度总是阻止板面的弯曲振动，从而降低了金属板的噪声辐射。通常噪声辐射可降低 10～25 dB。

心理声学专家指出：发声时间小于 50 ms，人耳要感觉这个声音就比较困难。阻尼也大大缩短了振动体的发声时间，所以主观上也会感觉听到的噪声明显降低。

6.4.1.2 阻尼的作用

阻尼主要有以下几方面的作用：

① 有助于降低机械结构的共振振幅(图 6-7)，从而避免材料结构性疲劳而破坏；

② 有助于机械系统受到瞬态冲击后，很快恢复到稳定状态；

③ 有助于减少因机械振动所产生的声辐射，降低机械噪声；

④ 可以提高各类机床、仪器等的加工精度、测量精度和工作精度；

⑤ 有助于降低结构传递振动的能力，提高隔振、减振效果。

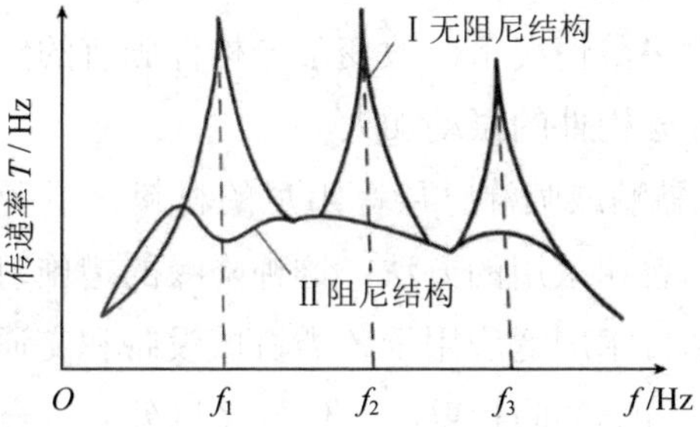

图 6-7 阻尼对降低结构共振的作用

6.4.1.3 阻尼的度量

描述阻尼的大小通常用损耗因子（素）η 表示，定义为每单位弧度相位变化的时间内，内损耗的能量与系统的最大弹性势能之比，或者在一个周期时间（2π）内，薄板平均损耗的能量 $E/2\pi$与总的振动能量 E（相当于系统最大弹性势能）之比。它表征了板结构共振时，单位时间振动能量转变成热能的大小。η 越大，其阻尼特性越好，例如金属的 $\eta=10^{-5}\sim10^{-4}$，木材的 $\eta=10^{-2}$，软橡胶的 $\eta=10^{-2}\sim10^{-1}$。

$$\eta = \frac{E}{2\pi E_h} \tag{6-8}$$

式中：E—— 每个振动周期内损耗的能量；

E—— $\pi R_m \omega Y_0^{\ 2}$，R_m 为阻尼系数，ω 为扰动力角频率；

E_h —— 系统最大振动势能（总的振动能），$E_h = Y_0^2/2$，Y_0 为振幅。

表 6-4 列出了室温下声频范围内一些常用材料的损耗因子。

表 6-4 常用材料的损耗因子

材料	损耗因子 η	材料	损耗因子 η
钢、铁	（1～6）$\times10^{-4}$	木纤维板	（1～3）$\times10^{-2}$
有色金属	（0.1～2）$\times10^{-3}$	混凝土	（1.5～5）$\times10^{-2}$
玻璃	（0.6～2）$\times10^{-3}$	砂（干砂）	（1.2～6）$\times10^{-1}$
塑料	（0.5～1）$\times10^{-2}$	软木	0.13～0.17
有机玻璃	（2～4）$\times10^{-2}$	黏弹性材料	0.2～5

6.4.2 阻尼材料

阻尼材料又称振动衰减材料或减振材料，其主要作用是将振动机械能转化为热能而使振动衰减。阻尼材料是实施阻尼技术的物质基础，对阻尼材料的基本要求是：损耗因子大，黏结性好，不易脱落和老化，耐高温、高湿和油污等。专用的阻尼材料大多已有市场供应；如要求不高，也可自己配制。

6.4.2.1 阻尼材料的分类

不同种类的阻尼材料有不同的性能曲线，适用于不同的使用环境，现有的阻尼材料可分为以下5类。

（1）黏弹性阻尼材料

黏弹性阻尼材料是目前应用最广泛的一种阻尼材料，可以在相当大的范围内调整材料的成分及结构，从而满足特定温度及频率的要求，并有足够的阻尼耗损因子。黏弹性阻尼材料主要分橡胶类、沥青类和塑料类，一般以胶片形式生产，使用时可用专用的黏结剂将它贴在需要减振的结构上。施工时要涂刷得薄而均匀，厚度在0.05～0.1 mm为佳。沥青类阻尼材料比橡胶类阻尼材料价格便宜，使用时简单方便，尤其对于大面积的壳体振动和噪声控制具有明显的效果。它的结构损耗因子随厚度的增加而增加（表6-5）。

表6-5 沥青阻尼材料厚度与结构损耗因子关系

阻尼层厚度/mm	1.5	2	2.4	3	4
损耗因子	0.05	0.08	0.16	0.16	0.25

沥青类阻尼材料的基本配方是以沥青为基材，并配入大量无机填料混合而成，需要时再加入适量的塑料、树脂和橡胶等。沥青本身是一种具有中等阻尼值的材料，支配阻尼材料阻尼性能的另一个因素是填料的种类和数量。目前，沥青类阻尼材料在汽车、拖拉机、纺织机械和航天等行业使用较多，特别是在性能要求较高的车型中使用特别广泛。沥青类阻尼材料大致可分以下4种类型。

① 熔融型。此种板材熔点低，加热后流动性好，能流遍整个汽车底部等构件，在汽车烘漆加热时一并进行加热。

② 热熔型。在板材的表面涂有一层热熔胶，以便在汽车烘漆加热时融化黏合，一般用作汽车底部内衬。

③ 自黏型。在板材的表面涂上一层自黏性压敏胶，并覆盖隔离纸，一般用在汽车顶部和侧盖板部分。

④ 磁性型。在板材的配方中填充大量的磁粉，经充磁机充磁后具有磁性，可与金属壳贴合，一般用在车门部位。

（2）阻尼涂料

阻尼涂料由高分子树脂加入适量的填料以及辅助材料配制而成，是一种可涂敷在各种金属板状结构表面上，具有减振、绝热和一定密封性能的特种涂料，可广泛应用于飞机、船舶、车辆和各种机械的减振。由于涂料可直接喷涂在结构表面，故施工方便，尤其对结构复杂的表面（如舰艇、飞机等）更能体现出它的优越性。阻尼涂料一般直接涂敷在金属板表面，也可与环氧类底漆配合使用。施工时应充分搅匀、多次涂刷，每次涂刷不宜过厚，等其干透后再涂第二层。

上述两种阻尼材料虽然具有很大的阻尼耗损因子和良好的减振效果，但它们的最大缺点是本身的刚性小，因此，不能作为机器本身的结构件，同时在一些高温场合也不能应用。

（3）阻尼合金

为克服黏弹性阻尼材料本身刚性小和不耐高温的缺点，人们研制出阻尼合金。阻尼合金具有良好的减振性能，既是结构材料又有高阻尼性能。例如，双晶型Mn～Cu 系合金，具有振动衰减特性好、机械强度高、耐腐蚀、耐高温、导热性好等优点，被用于舰艇、鱼雷等水下设施的构件上。这种材料的缺点是机械性能有所降低，且价格昂贵。

（4）复合型阻尼金属板材

在两块钢板或铝板之间夹有非常薄的黏弹性高分子材料，就构成复合型阻尼金属板材，俗称夹心钢板。金属板弯曲振动时，通过高分子材料的剪切变形，发挥其阻尼特性。它不仅损耗因子大，而且在常温或高温下均能保持良好的减振性能。这种结构的强度由各基体金属材料保证，阻尼性能由黏弹性材料和约束层结构加以保证。复合型阻尼金属板近几年在国内外已得到迅速发展，并广泛应用于汽车、飞机、舰艇、各类电机、内燃机、压缩机、风机及建筑结构等。

复合型阻尼金属板材的主要优点是：① 振动衰减性能好：复合型阻尼金属板损耗因子一般在 0.3 以上；② 耐热耐久性能好：阻尼钢板采用特殊的树脂，即便在 140℃空气中连续加热 1 000 h，其各种性能也不劣化；③ 机械性能好：复合型阻尼金属板的屈服点、抗拉强度等机械品质与同厚度的普通钢板大致相同；④ 焊接性能好：焊缝性能与普通钢相同；⑤ 复合型阻尼金属板还具有阻燃性、耐大气腐蚀性、耐水性、耐油性、耐臭氧性、耐寒性、耐冲击性及烤漆时的高温耐久性等优点。

（5）其他阻尼材料

高温条件下，玻璃状阻尼陶瓷是采用较多的一类阻尼材料，通常被应用于燃气轮机的定子、转子叶片的减振等。细粒玻璃也是一种适用高温工作环境的阻尼材料，其材料性能的峰值温度比玻璃状阻尼陶瓷材料高 100℃左右。

还有一种抗冲击隔热阻尼材料，由橡胶型闭孔泡沫阻尼材料复合大阻尼压敏黏和防黏纸组成，具有良好的抗冲击、隔热、隔声等性能，可用于抑制航天、航空、船舶的薄壁结构的振动及液压管道的减振。

此外，对于有抗静电要求的场合，使用较多的是抗静电阻尼材料。抗静电阻尼材料具有优良的抗静电性能和一定的屏蔽特性，主要用于半导体元器件、集成电路板与电子仪器实验桌台板以及计算机房的地板等场合。该阻尼材料有橡胶型与塑料型两类。橡胶型为黑色阻尼橡胶，具有良好的弹性、耐磨性与抗冲击性能。塑料型可根据要求配色。

6.4.2.2 阻尼材料的组成

通常阻尼材料主要由基料、填料和溶剂三部分组成。

① 基料：是阻尼材料的主要成分，其作用是使构成阻尼材料的各种成分进行黏合并黏结金属板。基料性能的好坏对阻尼效果起决定性作用。常用的基料有沥青、橡胶、树脂等。

② 填料：其作用是增加阻尼材料的内损耗能力和减少基料的用量，以降低成本。常用的有膨胀珍珠岩粉、石棉绒、石墨、碳酸钙、蛭石等。一般情况下，填料占阻尼材料的 30%～60%。

③ 溶剂：其作用是溶解基料，常见的溶剂有汽油、醋酸乙酯、乙酸乙酯、乙酸丁酯等。

表 6-6 列出了一些典型阻尼材料及其成分。

表 6-6 典型阻尼材料及其成分 单位：%

阻尼材料	成分和质量百分比
厚白漆软木	厚白漆 20，油光 13，生石膏 23，软木粉 13，松香水 4，水 27
沥青	沥青 57，胺焦油 23.5，熟桐油 4，蓖麻油 1.5，石棉绒 14，汽油适量
橡胶～蛭石	氯丁橡胶 42，酚醛树脂 15，蛭石粉 15，石棉绒 1.5，磷酸二苯酯 2.5，三硫化钼 15，硫酸钙 8，混合溶剂适量
沥青～石棉	沥青 35，石棉 50，亚麻油 15，桐油微量

6.4.2.3 环境因素对阻尼材料的影响

衡量材料阻尼特性的参数是材料损耗因子。大多数阻尼材料的损耗因子随环境条件的变化而变化，特别是温度和频率对损耗因子具有重要影响。这对于设计阻尼结构来控制振动和噪声是十分重要的。

（1）温度的影响

阻尼材料在特定温度范围内有较高的阻尼性能。根据性能的显著不同，可划分为 3 个温度区：温度较低时表现为玻璃态，模量高而损耗因子较小；温度较高时表现为橡胶态，模量较低且损耗因子也不高；在这两个区域中间有一个过渡区，过渡区内材料模量急剧下降，而损耗因子较大。损耗因子最大处称为阻尼峰值，达到阻尼峰值的温度称为玻璃态转变温度。

（2）频率的影响

频率对阻尼材料的性能也有很大影响，其影响取决于材料的使用温度区。在温度一定的条件下，阻尼材料的模量随频率的升高而增大。

对大多数阻尼材料来说，温度与频率两个参数之间存在等效关系。就对其性能的影响来看，高温相当于低频，低温相当于高频。这种温度与频率之间的等效关系是十分有用的，可以利用它把这两个参数合成为一个参数，即当量频率 f_{aT}。对于每一种阻尼材料，都可以通过实验测量从而求出其温频等效关系，绘制出一张综合反映温度及频率对阻尼性能影响的总曲线图（也叫示性图）。图 6-8 就是一张典型的阻尼材料综合能耗总曲线图。图中横坐标为当量频率 f_{aT}，左边纵坐标是

实剪切模量 G 和损耗因子 η，右边纵坐标是实际工作频率 f，斜线坐标是测量温度 T。该图使用很方便，例如，欲知频率为 f_0、温度为 T_0 时的实剪切模量 G_0 和损耗因子 η_0 之值，只需要在图上右边频率坐标找出 f_0 点，作水平线与 T_0 斜线相交，然后画交点的垂直线，与 G 和 η 曲线的交点所对应的分别就是所求的 G_0 和 η_0 之值。

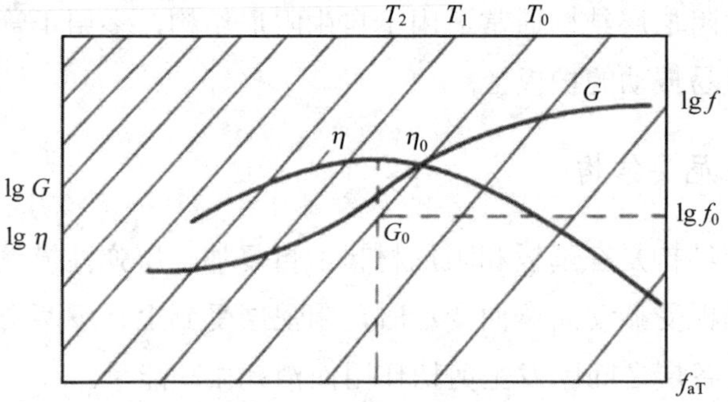

图 6-8 阻尼材料综合耗能总曲线

6.4.3 阻尼结构

阻尼减振技术是通过阻尼结构得以实施的，而阻尼结构又是各种阻尼基本结构与实际工程结构相结合而组成的。所谓阻尼结构就是利用阻尼材料提高机械结构阻尼的结构形式，又称为附加阻尼结构。在振动板件上附加阻尼层的常用形式主要有自由阻尼层结构和约束阻尼层结构两种（图 6-9）。

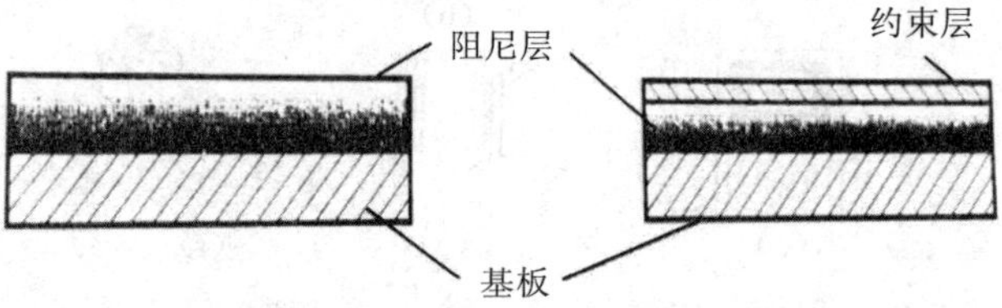

（a）自由阻尼层结构 （b）约束阻尼层结构

图 6-9 阻尼层的构造形式

6.4.3.1 自由阻尼层结构

将一定厚度的阻尼材料黏合或喷涂在金属板的一面或两面形成自由阻尼层结

构。当板受振动而弯曲时，板和阻尼层都允许有压缩和延伸变形。自由阻尼层复合材料的损耗因子与阻尼材料的损耗因子以及阻尼材料和基板的弹性模量比、厚度比等因素有关。

为保证自由阻尼层有较好的阻尼特性，就要有较大的厚度，这也是自由阻尼层的缺点。自由阻尼层结构通常适用于自由阻尼结构，多用于管道包扎以及消声器、隔声设备等易振动的护板上。

6.4.3.2 约束阻尼层结构

约束阻尼层结构是在基板和阻尼材料上再复加一层弹性模量较高的起约束作用的金属板。当板受振动而弯曲变形时，阻尼层受到上、下两个板面的约束而不能有伸缩变形，各层之间因发生剪切作用而消耗振动能量。

在实际使用中，基板和约束层的弹性模量相近，复合板的阻尼大小和阻尼厚度无关。如果使用合理，可以使阻尼复合板的损耗因子 η 接近甚至大于阻尼材料的损耗因子，取得较好效果。其缺点是施工复杂、造价高。图 6-10 为常用的阻尼结构。

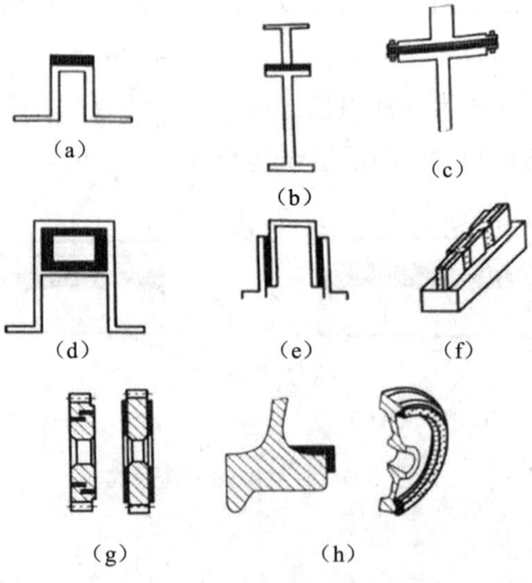

(a) ～ (f) 薄板结构的阻尼处理；(g) 齿轮的阻尼结构；(h) 车轮的阻尼结构

图 6-10 常用的阻尼结构

6.4.4　阻尼实施要点

除了合理选用阻尼材料和设计合理的阻尼结构，阻尼的施工方式方法也是取得阻尼减振效果的关键，其实施要点如下：

① 阻尼材料选择：损耗因子大、黏结性好，不易破裂、脱离与剥落；适合使用的环境条件，如防燃、防油、耐腐蚀、隔热、保温等。

② 阻尼层的厚度：2～4 倍基板厚度。

③ 阻尼结构应用：一般来说，适合于拉压变形耗能的多采用自由阻尼结构，适合于剪切变形耗能的多采用约束阻尼结构。

④ 阻尼部位选择：利用累计实验法（多次在不同振动位置试涂）找出振动面的低频共振区域和振动波腹、波节处，在这些振动大的部位重点涂敷，而不必全面积黏贴阻尼材料，这样既有效又经济。

⑤ 阻尼施工中，注意对基板表面的预处理，材料涂覆要均匀，务必紧贴黏牢在基板上，并采用多次涂刷的方式。

阻尼处理在一定程度上需要借助工程师的经验，总结、归纳以往的案例十分重要。

6.4.5　阻尼的应用

6.4.5.1　阻尼的应用

阻尼的应用是多方面的，从工程应用、工业应用到人们日常生活中的应用等，到处都可以观察到阻尼应用的例子。归纳起来，大致有以下几个方面。

（1）降低共振频率附近的振幅

如大桥钢索因风力激励产生共振，很容易疲劳断裂：大跨度斜拉桥桥面在车辆和风力激励下会产生振动，因此需在斜拉杆结点上安装阻尼动力吸报器（图 6-11）。

洗衣机脱水时的起动和停止会产生共振频率，可采用涂覆阻尼层的方法减小共振幅度。

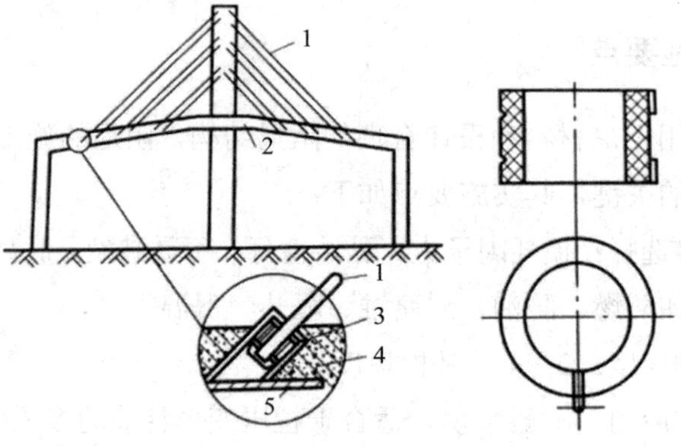

（a）结点　　（b）阻尼

1—斜拉杆；2—桥面；3—阻尼圈；4—限凝土；5—铁板

图 6-11　阻尼动力吸报器

（2）减少自由振动或由于冲击产生的振动

如网球拍击球后，拍面因受到冲击产生自由振动，影响下次击球的准确性，需要采用阻尼减振材料制作球拍。

（3）减少振动能量或声能沿结构的传递

如风管、隔振器上及有薄板辐射的阻尼。

（4）减少因机械冲击所产生的声辐射

如在锯钢板过程中，锯的往复运动在工件上产生强烈的振动，大面积钢板辐射出刺耳的高声级噪声。为此，临时夹上一块磁性阻尼板，可将噪声降至可接受的声级。在砂轮机上磨快圆锯刀刃时，由于共振产生了较大的噪声，此时用硬盘将橡胶减振材料制成的圆片固定在锯片上，这样既增加了锯片的质量又提高了阻尼，从而降低了共振放大作用。

6.4.5.2　轿车车体的阻尼处理

（1）噪声来源

轿车在行驶时受到道路和发动机的激励，使车体产生振动和辐射噪声，形成对驾驶室和车内的噪声污染。

（2）降噪措施

如图 6-12 中虚线位置所示，在轿车车体的钢板上敷设沥青阻尼材料。

图 6-12　轿车车体敷设沥青阻尼材料（虚线区）

（3）降噪施工

采用了四种沥青阻尼材料：

一是自黏型的，复合阻尼损耗因子为 0.16～0.2，用于轿车的顶部、门、侧围、行李箱、车轮罩、踏脚板等部位；

二是热熔型的，当温度加热到 140℃时即能黏合，复合阻尼损耗因子为 0.16～0.2，用于轿车的地板、横板、水箱等部位；

三是沥青与无纺毡复合，复合阻尼损耗因子为 0.16～0.2，用于风洞和搁脚板等部位；

四是熔融型的，当温度加热到 140℃时自动黏合，用于汽车地板组件范围内的全面积，主要用于防腐蚀，对于减振降噪也有作用。

（4）降噪效果

在采取上述措施后，对于轿车的噪声防护性、乘坐舒适性等均有提高。阻尼材料的阻尼作用，不仅能抑制振动和固体声的传递，而且能有效地控制车体表面的声辐射。

6.4.6　管道噪声的隔绝

管路系统中高速流体不仅会在弯头、阀门和其他变径处产生溢流噪声，而且由于直接冲击管壁振动能辐射出强大的噪声，某些颗粒状固体物料（如粮食、火柴梗、矿石等）在输送时与管壁摩擦、撞击引起的噪声更为严重，特别是金属管道，如果与声源刚性连接还能传输声源噪声，即使远离声源处仍然是一个有效声能的辐射体。

管路系统的噪声辐射就相当于一个线声源，以柱面波形式向外辐射声能，声压级随距离加倍只衰减 3 dB，只是点声源球面波衰减的 1/2，所以传播的较远。由于生产中使用的各种输气（料）管道大多由薄金属板等轻型材料制作而成，有较高的固有频率，本身隔声能力差，一般直径在 20 cm 以上、厚度在 0.5～1.5 mm 的金属管道对外界的噪声干扰是相当大的。

6.4.6.1 管道隔声控制的方法

控制管道噪声，最简便、有效的办法是隔声。首先隔绝开噪声和振动传递的来源，即在声源和管道之间加设软管、以弹性连接代替刚性连接或在声源进出口处安装合适的消声器，以控制噪声沿管道的传播和辐射。

其次是降低管道表面的声辐射。通常采用的是管道包扎的方法，即在管道外包扎阻尼材料、多孔吸声材料，外面再包以不透声的隔声材料组合成复合隔声结构，可以显著降低管道噪声的辐射。

6.4.6.2 实际隔声包扎工程中应注意的问题

① 使用金属板材作隔声层时，要注意隔声层与管道壁无刚性连接，否则管壁振动就会通过连接件侧向传递，使不透声层受激发而辐射比原先更为强烈的噪声。

② 多层包扎应使其共振频率错开，避免吻合，从而提高包扎层的隔声性能。

③ 隔声阻尼包扎除了降噪作用，还有隔热、保温作用。

【习题】

1. 简述振动控制的危害。
2. 什么是隔振？简述隔振原理。
3. 简述常见的隔振元件，并说明其各自特点以及适用情况。

4．根据隔振原理并利用有关曲线说明：

① 要达到隔振目的，对设计的隔振系统固有频率有什么要求？

② 隔振器阻尼大小对隔振效果有什么影响？

③ 为了保证振动比较大的小型设备的隔振效果，需要采取什么措施？

5．什么是阻尼减振？简述阻尼的原理。

6．在实施阻尼减振处理时应注意哪些事项？

7．一台重 6 120 N 的电动机，安装在相同的 6 个隔振器上，每个隔振器垂向刚度为 6×10^3 N/m，电动机转速为 800 r/min，试求：① 不计阻尼时，系统的传递率；② 阻尼比为 0.004 5 时，系统的传递率；③ 不计阻尼时，安装 4 个隔振器时，系统的传递率。

第 7 章　综合实践

【本章导读】

本章要求掌握常用噪声测量步骤及布点方法；掌握常用的噪声仪器的正确使用方法；掌握噪声测量结果的数据处理方法；理解噪声测量结果的评价意义；了解振动的测量与评价；参考工程实例编制噪声控制方案；学习处理噪声控制工程设计中的一般性技术问题，模拟完成噪声控制工程的工艺设计工作。

7.1　噪声测量

7.1.1　设备噪声测量及频谱分析

7.1.1.1　实验目的

学会机器设备噪声频谱的测量。

学会用现场测量法测量设备声功率级。

7.1.1.2　实验原理

（1）设备噪声频谱的测量

声级计中设计有多种滤波器，包括 A、B、C、D 计权网络和 1/1 倍频程滤波器或 1/3 倍频程滤波器。通过选用 1/1 倍频程滤波器实现设备噪声频谱的测量。

（2）声源声功率测定

声功率是衡量声源每秒辐射的总能量，它与测点距离以及外界条件无关，是噪声源的重要声学量。设备的声功率级测量一般采用现场法。

采用半球面布点法进行布点，布点图见图 7-1，各点的参数见表 7-1。

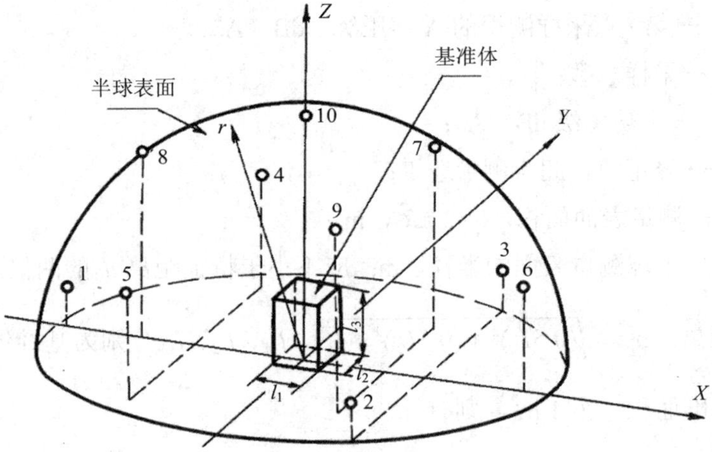

图 7-1　声功率级测点布置

表 7-1　半球测量表面上的测点位置参数

测点号	X/r	Y/r	Z/r	测点号	X/r	Y/r	Z/r
1	−0.99	0	0.15	6	0.89	0	0.45
2	0.5	−0.86	0.15	7	0.33	0.57	0.75
3	0.5	0.86	0.15	8	−0.66	0	0.75
4	−0.45	0.77	0.45	9	0.33	−0.57	0.75
5		−0.77	0.45	10	0	0	1

注：X/r、Y/r、Z/r 表示坐标值与半球半径 r 的比值。

由测点数 N=10 按下列计算公式获得声压级，由此计算得到声源声功率级：

$$L_p = 10\lg\left[\frac{1}{N}\left(\sum_{i=1}^{N} 10^{0.1L_{Pi}}\right)\right] \qquad (7\text{-}1)$$

$$L_w = (L_p - K) + 10\lg(S / S_0) \tag{7-2}$$

式中：L_p—— 声压级，dB（A）；

L_{pi}—— 第 i 点采样测得的 A 声压级，dB（A）；

N—— 采样总数；

L_W—— 声功率级 dB（A）；

K—— 修正值，此次测量选零；

S—— 测量表面面积，$S=2\pi R^2$，m^2；

R—— 半球测量表面的半径，m；应不小于特征距离 d_0 的两倍。

特征距离：$d_0 = \sqrt{(0.5L_1)^2 + (0.5L_2)^2 + L_3^2}$，$L_1$、$L_2$、$L_3$ 分别为基准体的长、宽、高。S_0 是基准面积，为 1 m^2，则有：

$$L_w = L_p + 10\lg S \tag{7-3}$$

7.1.1.3 实验仪器和设备

（1）噪声源

选用尺寸和功率均合适的小型设备，如真空吸尘器。

（2）测试仪器

选用带 1/1 倍频程滤波器的积分型声级计。

7.1.1.4 实验方法及步骤

（1）设备噪声频谱的测量

测量时间：选择环境声压级比较平稳的时间段。

测量条件：无雨，无雪，窗户开启，风速小于 5 m/s。

测量步骤：

① 声级计安放在室内中心，传感器距离地面 1.2 m.

② 接通声级计电源，把频谱安放在最低档，采样速度放在“S”（慢）档，准备开始记录数据。

③ 待稳定 3 min 后，开始按频谱从低到高记录不同频谱的噪声值。

（2）设备噪声声功率级测试方法

测量时间：选择环境声压级比较平稳的时间段。

测量条件：无雨，无雪，窗户开启，风速小于 5 m/s。

测量步骤：

① 在实验台上定好 x、y、z 轴。

② 在圆点放好噪声源。

③ 根据原理图和测点位置（图 7-1）定好 10 个测点，测点定位见表 7-1。

④ 先测定背景噪声，时间为 1 min。

⑤ 测量定好 10 个点的声压级，每个点各测量 1 min 的等效连续 A 声级。

⑥ 处理数据，计算出声功率级，得出第一轮值。

⑦ 进行第二轮测量，即重复⑤、⑥的步骤。

⑧ 比较两轮测量得出的声功率级，如果相差在 3～5 dB，则实验数据有效。

7.1.1.5 实验原始数据整理和分析

（1）设备噪声频谱的测量

频率/Hz	31.5	63	125	250	500	1 000	2 000	4 000	8 000
声压级/dB									

（2）设备噪声声功率级记录表［单位：dB（A）］

测试位置		1		2	
		实测值	修正值	实测值	修正值
测量值	1				
	2				
	3				
	4				
	5				

测试位置		1		2	
		实测值	修正值	实测值	修正值
测量值	6				
	7				
	8				
	9				
	10				
背景噪声					

7.1.2 工业企业厂界噪声测量

7.1.2.1 实验目的

- 掌握工业企业厂界噪声测量方法。
- 学会测点的布设。
- 学会运用《工业企业厂界环境噪声排放标准》对监测数据进行分析评价。

7.1.2.2 实验仪器

积分声级计。

7.1.2.3 测量方法及步骤

（1）测量条件

① 测量应在无雨雪、无雷电天气，风速为 5 m/s 以下时进行。不得不在特殊气象条件下测量时，应采取必要措施保证声级计测量准确性，同时注明当时所采取的措施及气象情况。

② 声级计测量应在被测声源正常工作时间进行，同时注明当时的工况。

（2）测量地点

① 声级计放置应根据工业企业声源、周围噪声敏感建筑物的布局以及毗邻的区域类别在工业企业厂界布设多个测点，其中，包括距噪声敏感建筑物较近以及

受被测声源影响较大的位置。

② 一般情况下，声级计测量位置选在工业企业厂界外 1 m、高度 1.2 m 以上、距任一反射面距离不小于 1 m 的位置。

③ 当厂界有围墙且周围有受影响的噪声敏感建筑物时，声级计测量位置应选在厂界外 1 m、高于围墙 0.5 m 以上的位置。

④ 当厂界无法测量到声源的实际排放状况时，如声源位于高空、厂界设有声屏障等，应按一般情况的要求设置声级计位置，同时在受影响的噪声敏感建筑物户外 1 m 处另设测点。

⑤ 室内噪声测量时，室内测量点位设在距任一反射面至少 0.5 m 以上、距地面 1.2 m 高度处，在受噪声影响方向的窗户开启状态下测量。

⑥ 固定设备结构传声至噪声敏感建筑物室内，在噪声敏感建筑物室内测量时，测点应距任一反射面至少 0.5 m 以上、距地面 1.2 m、距外窗 1 m 以上，窗户关闭状态下测量。被测房间内的其他可能干扰测量的声源，如电视机、空调机、排气扇以及镇流器较响的日光灯、运转时出声的时钟等应关闭。

（3）测量时段

① 测量要分别在昼间、夜间两个时段进行，夜间有频发、偶发噪声影响时同时测量最大声级。

② 被测声源是稳态噪声，采用 1 min 的等效声级。

③ 被测声源是非稳态噪声，测量被测声源有代表性时段的等效声级，必要时测量被测声源整个正常工作时段的等效声级。

④ 测量仪器时间计权特性设为“F”档，采样时间间隔不大于 1 s。

（4）背景噪声测量

① 测量环境：不受被测声源影响且其他声环境与测量被测声源时保持一致。

② 测量时段：与被测声源测量的时间长度相同。

（5）实验记录

被测量单位名称、地址、厂界所处声环境功能区类别等信息，见表 7-2。

表 7-2 厂界噪声监测原始记录

项目名称： 任务编号：

项目地址： 监测日期： 天气状况：

方法依据：

声级计名称、型号及编号：

风速： 风向： 单位：dB（A）

测点编号	监测点名称	测量值 L_{eq}				备注	测点分布示意图及测量工况
		昼间		夜间			
		第一天	第二天	第一天	第二天		
声级计校准	校准器名称及型号：	校准总编号：		监测前校准值：		监测后校准值：	

监测人员： 记录人员： 校核人员：

记录时间： 校核时间：

（6）测量结果修正

① 噪声测量值与背景噪声值相差＞10 dB（A）时，噪声测量值不做修正。

② 噪声测量值与背景噪声值相差在 3～10 dB（A）时，噪声测量值与背景噪

声值的差值取整后，按表 7-3 进行修正。

表 7-3　测量结果修正　　单位：dB（A）

差值	3	4～5	6～10
修正值	−3	−2	−1

③ 噪声测量值与背景噪声值相差小于 3 dB（A）时，应采取措施降低背景噪声后，按前两款执行；仍无法满足前两款要求的，应按环境噪声监测技术规范的有关规定执行。

（7）测量结果评价

① 各个测点的测量结果应单独评价。同一测点每天的测量结果按昼间、夜间进行评价。

② 最大声级 L_{max} 直接评价。

7.1.3　环境噪声的测量

7.1.3.1　实验目的

- 掌握声级计的使用方法。
- 掌握环境噪声的监测方法，学会监测点的布设和优化。
- 学会环境质量标准的运用。

7.1.3.2　实验设备

积分型声级计。

7.1.3.3　实验方法及步骤

（1）测量条件

① 测量应在无雨、无雪的天气条件下进行，当风速达到 5 m/s 以上时，停止测量。

② 手持仪器测量，传声器要求距地面的垂直距离为 1.2 m。

③ 测量点选在居住或工作建筑物外，离任一建筑物的距离不小于 1 m。不得不在室内测量时，测量点与墙面和其他主要反射面距离不小于 1 m，距地板 1.2～1.5 m，距窗户约 1.5 m，开窗状态下测量。

（2）测量方法

① 将学校（或某一地区）划分为 25 m×25 m 的网格，网格总数应多于 100 个，测量点选在每个网格的中心，若中心点的位置不宜测量，可移到旁边能够测量的位置。

② 每组配置一台声级计，按顺序到各网点测量，分别测量昼间和夜间的等效连续 A 声级和最大声级 $L_{\max}$。昼间在工作时间（一般选择 08：00—12：00 和 14：00—18：00）进行，夜间在 22：00－24：00 进行（时间不足可顺延）。

③ 数据读取：用快档，读取每次每个测量点测量 10 min 的等效声级 L_{eq}（L_d、L_n）和最大声级 $L_{\max}$。同时记录噪声主要来源（如社会生活、交通、施工、工厂噪声等）。数据记录见表 7-4。

④ 数据处理：将全部网格中心测量点测得的 10 min 的等效声级做算术平均运算，所得到的平均值代表某一声环境功能区的总体环境噪声水平，并计算标准偏差。对照标准对各测点测量结果进行独立评价。

其中，算术平均值的计算公式为

$$\overline{L}_{eq}=\frac{\sum_{i=1}^{N}L_{eqi}}{N} \tag{7-4}$$

标准偏差的计算公式为

$$\sigma=\sqrt{\frac{\sum_{i=1}^{N}\left(\overline{L}_{eq}-L_{eqi}\right)^2}{N-1}} \tag{7-5}$$

式中：N —— 监测点数量（网格数）；

L_{eqi} —— 各监测点等效连续 A 声级的测量结果（昼间为 L_d，夜间为 L_n）。

根据每个网格中心的噪声值及对应的网格面积，统计不同噪声影响水平的面积百分比，以及昼间、夜间的达标面积比例。如有条件可估算受影响人口。

7.1.3.4 数据记录及数据处理

表 7-4 环境噪声测量数据

测量日期： 天气状况： 风向、风速：

声级计型号、编号： 同组人姓名：

单位：dB（A）

测点编号	测点位置	昼间				夜间				主要噪声源
		测量时段	L_{eq}（L_d）	L_{max}	超标	测量时段	L_{eq}（L_n）	L_{max}	超标	

7.1.4 交通噪声测量

7.1.4.1 实验目的

- 掌握交通噪声的监测方法。
- 掌握对交通噪声的评价方法。

7.1.4.2 仪器

积分型声级计。

7.1.4.3 测量方法及步骤

（1）测量条件

在无雨、无雪的天气进行测量，声级计应加风罩，以免风噪声干扰；同时使传声器膜片保持清洁。风力在三级以上时必须加风罩，四级以上大风天气应停止测量。

（2）测量地点

测量地点原则上应选择在两个道路口之间的交通线，测量点设在马路边的人行道上，一般距离马路边沿 20 cm。传声器离地 1.2 m。

（3）测量方法

① 每组配置一台声级计，分别进行测量、记录和监视。

② 按顺序到各点测量，分别测量昼间和夜间的等效连续 A 声级、L_{10}、L_{50}、L_{90}和最大声级 L_{max}。每次的测量时间为 20 min。将测量数据记于表 7-5 中，并同时记下车流量。

③ 按路段长度进行加权算术平均，以此得出全市交通噪声水平。根据每个典型路段的噪声值及对应的路段长度，统计不同噪声影响水平下的路段百分比，以及昼间、夜间的达标路段比例。如有条件可估算受影响人口。

其中，加权算术平均值的计算公式为

$$\overline{L}_{\mathrm{eq}} = \frac{\sum_{i=1}^{N} S_i \times L_{\mathrm{eq}i}}{\sum_{i=1}^{N} S_i} \tag{7-6}$$

式中：$L_{\mathrm{eq}i}$ —— 第 i 段交通干线的等效 A 声级 L_{eq}（L_{d}、L_{n}），dB（A）；

S_i —— 第 i 段交通干线的长度，m。

7.1.4.4　数据记录

表 7-5　交通噪声监测原始记录

监测日期：　　　　天气状况：　　　　声级计型号：　　　　声级计编号：

<table>
<tr><th>编号</th><th>测量时间</th><th>L_{10}/
dB（A）</th><th>L_{50}/
dB（A）</th><th>L_{90}/
dB（A）</th><th>L_{eq}/
dB（A）</th><th>$L_{\max}$/
dB（A）</th><th>干线长度 S_i /m</th><th>车流量/（辆/h）</th></tr>
<tr><td>1</td><td></td><td></td><td></td><td></td><td></td><td></td><td></td><td></td></tr>
<tr><td>2</td><td></td><td></td><td></td><td></td><td></td><td></td><td></td><td></td></tr>
<tr><td>3</td><td></td><td></td><td></td><td></td><td></td><td></td><td></td><td></td></tr>
<tr><td>4</td><td></td><td></td><td></td><td></td><td></td><td></td><td></td><td></td></tr>
<tr><td>5</td><td></td><td></td><td></td><td></td><td></td><td></td><td></td><td></td></tr>
<tr><td>6</td><td></td><td></td><td></td><td></td><td></td><td></td><td></td><td></td></tr>
<tr><td>7</td><td></td><td></td><td></td><td></td><td></td><td></td><td></td><td></td></tr>
<tr><td>8</td><td></td><td></td><td></td><td></td><td></td><td></td><td></td><td></td></tr>
<tr><td>9</td><td></td><td></td><td></td><td></td><td></td><td></td><td></td><td></td></tr>
<tr><td rowspan="2">测点示意图</td><td colspan="5" rowspan="2"></td><td>周围环境情况</td><td colspan="2"></td></tr>
<tr><td>备注</td><td colspan="2"></td></tr>
</table>

监测：　　　　　　　　校核：　　　　　　　　审核：

7.1.5 小区主要噪声源的调查分析

7.1.5.1 实践目的

噪声污染作为一种环境污染，被认为是仅次于大气污染与水污染的第三大公害。随着经济的快速增长和城市化的不断推进，环境噪声污染对人们的正常生活产生的干扰日益严重，同时也逐渐表现出了噪声源的复合型特点。本次实践是围绕当地一个典型居民小区的噪声源现状进行实地走访和分析，达到以下目的：

- ◆ 掌握小区噪声主要污染源调查方法；
- ◆ 熟悉噪声污染危害；
- ◆ 巩固小区噪声实地监测技能；
- ◆ 了解噪声污染常用控制对策；
- ◆ 掌握调查报告编写方法。

7.1.5.2 实践仪器和设备

测量仪器准确度为Ⅱ型及以上的普通声级计、精密声级计或同类型的其他噪声测量系统，其性能要符合《声级计的电、声性能及测试方法》（GB 3785—83）的要求。测量前后均需使用声级校准仪进行校准，测量前后的校准偏差要≤2 dB（A）。

装有 Office 操作系统的计算机，可以进行网络查询。

7.1.5.3 实践内容

- ◆ 结合问卷调查，开展实地走访，摸清小区主要噪声源状况；
- ◆ 结合所学知识，开展文献检索，了解噪声污染危害及后果；
- ◆ 结合实地监测，开展影响分析，提出噪声控制合理化建议；
- ◆ 结合前期工作，进行文档编辑，完成小区噪声污染调查报告。

7.1.5.4　实践步骤和要求

（1）班级全体学生自由组合，组建若干工作团队

团队成员由5～7名学生构成，每队设组长1名。团队成员要有强烈的团队意识，项目的具体实施过程要严格服从指导老师和组长的工作任务安排。

（2）以工作团队为单位开展实践工作

① 选定待查小区。要求待查小区与学校所在地的空间距离较近，交通方便；小区要有较大的人口密度；建筑功能多样性较好，有一定的代表性。

② 完成调查问卷的设计。要求紧密围绕小区群众反映的现存的主要噪声源和噪声污染的情况设计该调查问卷。题目设计总量要控制在20道以内，必须要有调查对象的身份信息如年龄、性别、学历层次等；同时要设计1～2个针对受访对象的主观意愿表达题，问卷篇幅要控制在单页A4纸范围之内。

③ 实地走访，发放和回收调查问卷。问卷发放要有一定的基准数量；发放对象要有一定的针对性；发放过程要注意方式方法，确保调查问卷回收量在150份以上、回收率高于90%；同时，在实地走访过程中对典型噪声源和偶发性强噪声源要进行视频或图像采集。

④ 文献检索，了解噪声污染危害。利用好学校图书馆和网络资源，多途径进行噪声污染危害和后果的有效检索，要有明确的参考文献索引；同时可以针对大型居民区适时开展噪声污染危害的科普宣传，实现课程实践与环保科普的“共赢”。

⑤ 实地噪声测量。具体要求参见区域环境噪声的测量规范。

⑥ 提出并讨论噪声控制的合理化建议。要有团队成员的讨论过程，噪声控制的合理化建议要有针对性、有可行性，必须紧密贴合调查小区的实际情况、调查问卷的反馈情况和现场监测数据的分析结果。

⑦ 完成调查报告。用Word文档编辑该调查报告，在结构上必须包含标题、前言、正文、讨论或建议、结论和参考资料等；在内容上要有理有据，有必要的数据分析和图表支撑。

7.1.5.5 实践注意事项

① 团队成员要分工合作，同时要实行互换机制，每一位成员都应熟悉团队所有工作；

② 实践工作特别是实地测量工作应在无雨、无雪、小风（静风）的天气条件下进行；

③ 在实践过程中，团队成员要注意人身、财产安全；

④ 校外实地调研和测量过程中团队成员要注重礼仪，体现当代大学生的风貌。

7.2 典型噪声控制实例

7.2.1 冷却塔噪声及其控制案例

冷却塔是在循环供水系统中用来降低水温（一般为4～6℃，工业中，高温冷却塔水温可降为10～15℃）的机械设备。其工作原理是：冷却塔底部集水池中的冷却水靠重力流下，水泵将其送入冷凝器，吸收制冷剂冷凝时放出的热量，此时热水由冷凝器中排出送入冷却塔顶部，水以喷雾方式，喷淋到填料上，经填料流下。热水下落时与较冷的气流接触进行热交换，此时一部分水被蒸发，大部分热水得到冷却回流到集水池。

随着经济的发展，工厂、饭店、宾馆、办公楼、歌舞厅如雨后春笋般建立起来，尤其是南方天气炎热期长，使用中央空调制冷就必须安装冷却塔。在一些工厂集中区，甚至出现一栋楼有十几、二十几个冷却塔的现象。在一些商住混合区，企业无法将冷却塔置于楼顶或放在楼层内，只能将其放在地面，冷却塔出风口的强噪声和热气往往扰得居民无法安宁。因此，冷却塔的噪声问题成了环境投诉事件的热点。

7.2.1.1 冷却塔噪声源分析

冷却塔主要有自然通风式、机械通风式和喷射式三种，常见的冷却塔多为逆流机械通风式冷却塔。逆流机械通风式冷却塔的结构包括风机、减速机、布水器、塔身、填料等部分，其中风机置于塔顶作排风用，其结构包括电极和叶片。减速机把叶片的高速旋转降为低速旋转，以增加热水与冷空气的热交换时间。布水器是钻孔合金管，随叶片一起旋转，使热水均匀下落。冷却塔塔身通常由玻璃钢制作而成，质地轻、耐腐蚀。塔内填料为改性 PVC 斜波板，能够起到增加接触面、提高冷却效率的作用。

（1）冷却塔噪声声源的组成

① 风机噪声。风机噪声是机械通风式冷却塔最主要的噪声源，该噪声是空气动力噪声，包括湍流噪声和旋转噪声。根据空气动力噪声源的理论分析可知，湍流噪声的声强与气流相对速度的六次方成正比。湍流噪声也与叶片形状等因素有关，具有连续的频谱特性。旋转噪声是叶片旋转时振动产生的，它与叶片数、气体流量、静压等因素有关，其频谱呈窄带的低、中频特性。

② 淋水噪声。淋水噪声是冷却塔的淋水装置的下落水与下塔体底盘中的积水撞击产生，其噪声级与落水高度、单位时间内的水流量有关，一般仅次于风机噪声，且其频谱呈高频特性。当风机噪声降低后，淋水噪声则占主导地位。

③ 减速机和电机噪声。减速机噪声主要是齿轮啮合时产生的噪声；电机噪声则是电磁噪声和机械噪声，这两类噪声源对周围环境的影响一般可以忽略。

④ 水泵噪声。水泵安置在冷却塔附近，用于循环冷却水，时常和水管共振发出高频有调噪声。如果该噪声强度较大，则需要进行治理。

（2）冷却塔噪声的特点

大型冷却塔的噪声属于中、高频稳态噪声，其来源于塔中相当于暴雨强度数十倍的高密度落水对池水的大面积连续性直接撞击。由于其声源庞大、声功率级强、频带宽、中频衰减小、传播距离远，对周围环境的影响力度及影响范围非同一般。

冷却塔噪声的治理目标原则上是将受声点噪声级控制在当地规定的噪声标准以内。具体来说，对于冷却塔周围有降噪要求的区域，受声点的噪声级可参照《声环境质量标准》（GB 3096—2008）中的二类混合区或工业集中区的环境噪声标准加以控制。此外，由于冷却塔的噪声属于连续均衡、不分昼夜的稳态噪声，因而受声点的噪声控制一般应以夜晚时段的噪声标准为准，这样位于上述二类区域的受声点的噪声控制标准就分别为 50 dB（A）和 55 dB（A）。然而对于夜晚无人的受声点，其噪声控制标准可适当放宽，建议以白天的噪声标准为准，也就是可提升（放宽）10 dB，控制标准分别为 60 dB（A）和 65 dB（A）。

大型冷却塔的噪声属于中、高频稳态噪声，其特性如下：

① 声源属性。塔内冷却水下落对池水的大面积连续的液体间撞击产生的稳态水噪声，是主要的三大类工业噪声成因（机械噪声、空气动力噪声、电磁噪声）之外的一种特殊噪声。它属于（弧形）面声源，其近距离的衰减特性介于面声源与线声源之间。

② 淋水水滴撞击蓄水池水面的瞬时速度为 7～8 m/s；冷却塔噪声传播速度为 340 m/s。

③ 声源声级。冷却塔进风口处噪声为 85 dB 左右，且沿冷却塔的高度方向噪声值变化不大。

④ 频谱特性。呈音频分布，以高频（1 000～16 000 Hz）及中频（500～1 000 Hz）成分为主的峰形曲线；峰值位于 4 000 Hz 左右。低频和高频的声级强度都比较高，特别是低频噪声，有传播远且不易衰减的特性。当多座冷却塔成群分布时，它们之间的噪声强度具有叠加增强趋势。

⑤ 冷却塔产生的噪声的波长在 0.02～1.36 m，其中以波长 0.085 m 的声波为主。

⑥ 影响冷却塔落水噪声的因素：a）水滴击打水面的速度，它直接与下落高度和雨区风速有关；b）水滴大小；c）淋水密度；d）淋水总面积。

7.2.1.2 冷却塔噪声处理方法

降低冷却塔噪声的最根本措施是从噪声源着手，研制低噪声、超低噪声冷却塔。消声器、声屏障以及隔振等亦是可采用的有效方法。

（1）研制低噪声、超低噪声冷却塔

降低风机噪声是冷却塔降噪的关键。主要措施包括：

① 减小叶片圆周速度。目前国内外广泛使用的低噪声冷却塔，其叶片圆周速度多数小于 35 m/s。

② 减小叶片上湍流边界层厚度。它与叶片型线、叶片负载、流线与叶片间的夹角等因素有关。应对有关设计参数进行优化选择。

③ 合理组织气流，优化叶片流型。

④ 采用玻璃钢叶片。由于增加了材料阻尼，此方法亦有利于减振降噪。

降低淋水噪声，降低落水高度、减小水流量均受热工性能限制，唯一办法是在落水撞击的材料选择上着手。在塔底铺一层软质、渗水性好的泡沫塑料，可有效降低淋水噪声。

（2）更换部分冷却塔部件

当要求降噪量不大于 10 dB（A）时，简单的降低冷却塔噪声的办法是更换部分冷却塔部件。例如把低噪声冷却塔的核心部件——低噪声风机全套换上去，塔底装上透水降噪材料。这种降噪方法工期短、效果显著，但实际应用较为困难。一是要有备件供应，尺寸和性能需符合原塔要求；二是持有方的观念要改变，刚刚买来一台新塔就要改造，而且还要出一笔改装费用，总觉得难以接受；三是主持治理人员势必要承担改造后的风险，万一改造效果不佳，难以负全责。

（3）排风口安装消声器

逆流式冷却塔的排风口噪声是由风机引起的，想把排风口噪声降低 10 dB（A）左右，宜采用阻力损失小、消声量大的片式消声器，它应具有以下几个特点：第一，阻力损失要小，一般要求控制在几毫米水柱（mmH_2O）之内，否则会降低冷却效果，甚至导致治理失败；第二，由于排风口总是会有水滴溢出，消声片中所用吸声材料应具有防潮特性，否则长时间后其消声效果会严重下降；第三，排风口的空气流速可达 10 m/s，安装消声器后，内部气流通道总截面比冷却塔原排风口面积大，从而使流速降低，提高消声量，降低阻力损失，这是消声器设计成败的关键。

（4）进风口安装消声器或隔声屏障

一般情况下，进风口噪声比排风口噪声低 10 dB（A）左右。进风口噪声除淋水噪声外主要是风机噪声，而且是从塔内经填料口传至进风口外，并非从排风口沿塔外方向传到该处，这由测量各路径声压级的变化可以证实。因此，在排风口噪声得到有效控制后，进风口噪声不会降低，还需采取独立的降噪措施。

进风口噪声降幅一般不大于 10 dB（A），可采用片式消声器，消声片制成楔形，按辐射状排列，按所需消声量来设计该片式消声器的各个参数。由于进风口面积比排风口大，故其空气流速比排风口小。安装片式消声器后，空气流速略有增加，以不大于 6 m/s 为宜。

在塔体高出周围居民楼群或受噪声污染的居民楼在塔的一侧等特殊情况下，

进风口采用声屏障就能满足降噪要求，这样可使装置简化、施工方便。有时进风口亦可用阻性消声通道，例如将冷却塔排风口以下设计成隔声室，再在隔声室某些位置开进风孔，此时只要设计简易的消声通道就能满足降噪要求。

（5）风机采用双速电机

在白天气温较高或冷却塔满负荷时，电机高速运转；到了夜间气温较低或冷却要求降低时，电机低速运转，这样在噪声级大大降低的同时又可以节能。这种设计适用于白天和夜间不同的厂界噪声标准。

（6）隔振和隔声措施

冷却塔常安装在楼顶地面上，一般无须采用隔振基础。但风机的低频振动在固体结构中可远距离传播，产生的低频结构声会对某些超静房产生影响，而采用隔振基础就可解决此问题。冷却塔直接装在地面上时，风机的低频振动可通过地面做远距离、近似无衰减的传播，并在传播过程中产生噪声。这种结构声很难在传播途中予以降低，从而导致边界噪声无法达标，此时亦须采用隔振基础。

冷却塔附带设备主要是指冷冻机和水泵。冷冻机噪声较低，又安置在机房内，装上隔声门即可降低噪声。水泵置于室外，其边界噪声级超标的情况时有发生，采用非全封闭隔声罩即可满足要求。进、出水管受水泵振动会产生高频噪声，采用可曲挠橡胶接头即可达到减振目的。

7.2.1.3 某电厂大型机械通风冷却塔降噪工程

（1）项目概况

某热电厂拟购置 10 台大型机械通风冷却塔，每台冷却水量 4 200 m^3/h，总冷却水量为 42 000 m^3/h。10 台冷却塔按一列布置，长×宽×高约为 183 m×20 m×19.5 m，系钢筋混凝土和型钢混合结构。冷却塔距离厂界最近处按 40 m 计算。

按规定，本项目地处噪声功能区为 1 类，厂界处噪声要求昼间≤50 dB（A），夜间≤45 dB（A）。虽然该项目所选定的冷却塔已属于低噪声型，但因冷却塔冷却水量较大，距离厂界较近，冷却塔体积较庞大，其噪声会使厂界超标。

通过同类冷却塔的类比调查、测试以及本项目安装现场声衰减的设计计算，为确保厂界全面达标而提供如下降噪技术方案供抉择。

（2）冷却塔性能简介

大型机械通风冷却塔型号为 CNTC-4200 型钢混结构逆流式冷却塔；单台总循环水量（单塔处理水量）为 4 200 m^3/h；进塔水温为 43℃，出塔水温为 33℃，干球温度为 30℃，进风口湿球温度为 26.4℃；风机直径ϕ9.14 m，设计风量为 269 万 m^3/h，大气压力为 100.1 kPa，配用电机功率为 200 kW。

单台冷却塔长×宽约为 16.8 m×16.8 m，距离上部平台的高度约为 16 m。10 台冷却塔组合为一体后，其外形尺寸长×宽×高约为 183 m×20 m×19.5 m。

（3）同类冷却塔噪声实测及分析

① 单台 CNTC-4200 型冷却塔噪声。冷却塔噪声由四部分组成：第一部分是风机电机噪声；第二部分是风机减速箱和轴流风机噪声；第三部分是冷却塔淋水噪声；第四部分是电机、风机振动引起的风筒及挡水板等结构辐射的二次噪声，又称结构噪声或固体噪声。

同类型冷却塔的实测噪声值如下：

a）风机电机噪声（近场测试）。风机电机置于冷却塔上平台风筒的外侧，通过长轴、联轴器、减速箱带动风机运转。在距离风机电机 1.0 m、上部平台高 1.2 m 处实测噪声为 93 dB（A），其倍频程频谱特性见表 7-6。电机噪声包含电磁噪声、轴承机械噪声和风扇排风噪声，由表 7-6 可知，风机电机噪声系宽频带噪声，中、低频声较高，中频 500 Hz 的声音比较突出。

表 7-6　冷却塔噪声频谱特性

测点位置（工况）	A 计权声级/dB（A）	倍频程中心频率/Hz						
		63	125	250	500	1 000	2 000	4 000
		声压级/dB						
风机电机噪声（距离电机 1.0 m、上部平台高 1.2 m 处）	93	85	80	87	87	84	74	70
风机减速箱和轴流风机噪声（距离风筒出口 1.0 m 处）	94.2	91	90	88	89	82	70	68
淋水噪声（距离冷却塔下部进风口处距塔体 1.0 m、地面高 1.5 m 处）	84.2	75	81	80	82	82	76	74

测点位置（工况）	A计权声级/dB（A）	倍频程中心频率/Hz						
		63	125	250	500	1 000	2 000	4 000
		声压级/dB						
冷却塔结构噪声（距离挡水板外1.0 m处）	78	78	78	78	78	78	78	78
单台冷却塔噪声（风机、淋水同时开放，距离标准测点即当量直径 D_m=19 m处）	68	75	72	64	62	65	63	64
8台冷却塔同时开动，厂界处噪声（相距约48 m）	68.5	70	59	60	61	59	58	57

b）风机减速箱和轴流风机噪声（近场测试）。风机减速箱和直径为9.14 m的轴流风机安装于上平台风筒内，而在风筒内不便测试其噪声。距离风筒外1.0 m、平台高1.2 m处，风筒外噪声为87.9 dB（A）。距离风筒上部出风口1.0 m、上平台高约4.8 m处，实测轴流风机出风口处噪声为94.2 dB（A），其频谱特性见表7-6。

风机减速箱产生的是机械噪声，轴流风机产生的主要是气流噪声。风机的转速为127 rpm，风筒出口风速约为10 m/s。风机噪声主要是500 Hz以下的低频声，声级都在88 dB以上，其波长长、声级高、难衰减，因而传播的较远，是噪声治理的难点之一。

c）冷却塔淋水噪声（近场测试）。冷却塔淋水噪声是由填料段落下的水冲击水池池面而产生的，通过冷却塔下部进风口传出。水滴到达水面的速度一般大于9.4 m/s，进风口的高度为4.2 m左右。在距离冷却塔进风口1.0 m、地高1.5 m处，在上部轴流风机不开动的情况下，实测淋水噪声为 84.2 dB（A），其频谱特性列于表7-6。淋水噪声主要是500～4 000 Hz的中、高频声，声级均在74 dB以上。高频声波长短、易衰减。虽然近处声级较高，但距离较远处声级衰减快。

d）冷却塔结构噪声（近场测试）：冷却塔结构噪声是电机风机开动时由于不平衡振动产生的二次噪声，内筒壳体有振感。当风机和淋水同时开动时，在冷却塔挡水板外1.0 m处实测噪声为78 dB（A）、88 dB（C）。

② 多台冷却塔噪声叠加计算。多台冷却塔同时开动，其噪声叠加总声级 $L_{p总}$ 可按式（7-7）计算

$$L_{p总}=10\lg(10^{0.1L_{p1}}+10^{0.1L_{p2}}+\cdots10^{0.1L_{pn}}) \quad (7\text{-}7)$$

式中 L_{p1}、L_{p2}、…、L_{Pn} 为每一台冷却塔的噪声级。若多台冷却塔型号规格和噪声水平都一样，则 n 台叠加总声级 $L_{p总}$ 按式（7-8）计算

$$L_{p总}=L_p+10\lg n \quad (7\text{-}8)$$

本项目 10 台冷却塔相同，单台若为 L_p=80 dB（A），10 台同时开动的噪声叠加后总声级 $L_{p总}$ 为 90 dB（A）。当然还应排除距离衰减和阻挡物等因素的影响。

③ 冷却塔距离衰减计算。冷却塔安装于厂区内，距厂界或厂外居民住宅敏感点有一定距离。根据冷却塔噪声特性、周围环境背景噪声等因素可以事先估算出冷却塔噪声传至这些敏感点处的噪声级。

由于冷却塔体积庞大，发声部位多，情况比较复杂，为简化计算，可按式(7-9)进行预测计算

$$L_p=L_{p_0}-10\lg\frac{r}{r_0}-\Delta L \quad (7\text{-}9)$$

式中：L_p —— 预测点处声级（厂界或居民住宅处），dB；

L_{p_0} —— 声源在 r_0 处距离的声级，dB；

r —— 预测点与声源之间的垂直距离，m；

r_0 —— 距声源的距离，一般取 r_0=1 m；

ΔL —— 各种附加衰减量，包括空气吸收、遮挡物、地面效应等引起的声衰减量，dB。

④ 冷却塔标准测点处噪声级。《玻璃纤维增强塑料冷却塔第 1 部分：中小型玻璃纤维增强塑料冷却塔》（GB 7190.1—1997）和《玻璃纤维增强塑料冷却塔第 2 部分：大型玻璃纤维增强塑料冷却塔》（GB 7190.2—1997）规定，冷却塔噪声标准测点应在冷却塔当量直径 D_m 处，$D_m=1.13\sqrt{a\times b}$，$a\times b$ 为冷却塔的长×宽。本项目冷却塔 $a\times b$=16.8m×16.8 m，D_m=19 m。

单台冷却塔开动，在当量直径 D_m=19 m 处实测其噪声为 68 dB（A），其频谱

特性见表 7-6。从频谱特性来看，冷却塔噪声呈宽频带特性，低、中、高频噪声均在 62 dB 以上，既有淋水的中、高频声，也有风机的低、中频声。若多台冷却塔同时开动，其噪声叠加会增加 5～8 dB（A），即在标准测点处噪声为 73 dB（A）以上。

⑤ 厂界处噪声。对某电厂 16 台 4 500 m^3/h 冷却塔进行测试，其中 8 台距厂界约 48 m。当 8 台冷却塔同时开动时，在厂界处实测噪声为 68.5 dB（A）、76.5 dB（C），频谱特性列于表 7-6。

⑥ 冷却塔降噪要求。综上所述，用户要求厂界处噪声昼间≤50 dB（A），夜间≤45 dB（A），若周围无其他噪声源干扰，冷却塔噪声还是比较稳定的，昼间和夜间声级相当。目前本项目冷却塔安装距离为 40 m，在 40 m 厂界处噪声应≤45 dB（A）。同规格、同容量、安装情况相似的徐州某电厂类比调查结果表明，若不采取更严格的降噪措施，40 m 厂界处的噪声将达到 58 dB（A）左右，超标 18 dB（A）。因此，冷却塔多台开动时其综合降噪量应≥18 dB（A），分摊到单个冷却塔的各个发声部位，则风机电机降噪量应≥20 dB（A）；风机减速箱和轴流风机降噪量应≥20 dB（A）；淋水声降噪量应≥18 dB（A）。

（4）冷却塔噪声治理的难点和特点

CNTC-4200 型冷却塔属于中温低噪声型冷却塔。

① 该冷却塔已采取使用低噪声风机、低噪声减速箱等降噪措施，在声源发声部位再采取其他措施十分困难。

② 冷却塔本身是一个系统，其体积庞大、发声部位多，声源呈立体分布，低频声和固体传声明显。而从理论上来看，降低低频声是十分困难的。

③ 冷却塔是连续运行设备，其发声部位相互牵连，难以进行声源识别，不易实施针对性的措施。

④ 噪声治理措施必须首先保证冷却塔的热工性能和正常运行，阻力损失应在允许的范围内。

⑤ 冷却塔的维护保养和检修均有一定要求，噪声治理对策应满足这些要求。

⑥ 冷却塔的安装位置距离厂界太近，超标较多，从而增加了噪声治理的难度。

（5）主要降噪技术措施

① 风机电机隔声吸声措施。风机电机一般敞开安装于冷却塔上的平台，对其加装可拆卸式隔声罩可有效地控制其噪声向外传播。可拆卸式隔声罩采用隔声吸声板拼装结构，隔声吸声板总厚度为 100 mm 左右，外侧为钢板隔声结构，内侧为铝合金穿孔板结构，中间填装防潮离心玻璃棉吸声材料，用 PVF 薄膜包覆，钢板内侧涂阻尼涂料。隔声罩上开设小型检修门，预留进出风口，并安装进出风消声器，以便电机通风散热。每台风机电机加装一个隔声罩，隔声罩长×宽×高约为 3 mm×2 mm×2.5 mm，如图 7-2 所示。

图 7-2　电机隔声罩

② 冷却塔风机出风消声器。为降低冷却塔减速箱和轴流风机噪声，在冷却塔风筒上部加装出风消声器。

出风消声器长×宽×高约为 10.5 m×10.5 m×2 m，原风机风筒直径约为 9.2 m，在风筒和出风消声器之间加装一节圆变方过渡段，过渡段高约为 1 m，风筒高约为 2 m，结构如图 7-3 所示。

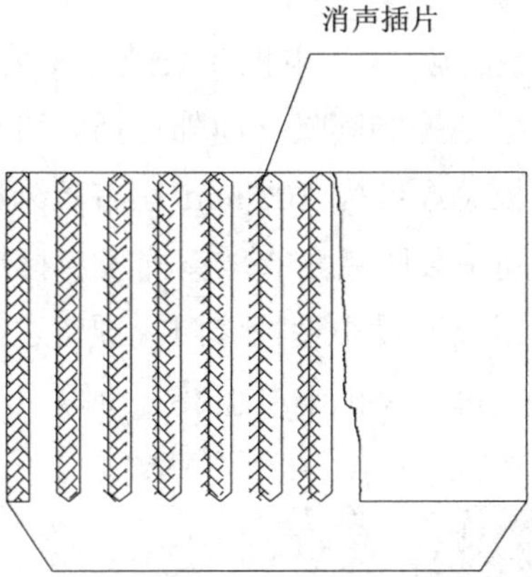

图 7-3 出风消声器

在每台冷却塔风机出风口处加装一个出风消声器，出风消声器的体积为 220.5 m^3，过渡段的体积约为 110 m^3。

出风消声器的消声量可按别洛夫公式进行计算：

$$\Delta L = \varphi(\alpha)\frac{P}{S}l \tag{7-10}$$

式中：ΔL —— 消声量，dB；

$\varphi(\alpha)$ —— 消声系数，它与吸声材料的吸声系数有关；

P —— 气流通道断面周长，m；

S —— 气流通道的横截面积，m^2；

l —— 消声器的有效长度，m。

由于冷却塔内有水和水汽排出，风速又比较高，还有振动产生，不宜采用阻性玻璃纤维作为消声器内的吸声材料。应采用微穿孔板吸声结构，按冷却塔风机频谱特性，安装使用时要专门设计计算消声器消声插片的厚度、空腔尺寸、长度、微穿孔板的板厚、孔径、穿孔板率等，以得到最佳的声阻、抗阻和消声量。

在类似工程中我们已应用过微穿孔板消声器，消声插片的厚度可在 50～200 mm 调整，空腔可设 1～3 个，穿孔板可用铝合金板或不锈钢板制作。在板厚＜1.0 mm、孔径≤1.0 mm 的板上穿以微孔，后部留有空腔即构成了微穿孔板吸声结构，穿孔率为 1%～3%。消声插片内不再填装任何吸声材料，详见图 7-4。微穿孔板消声器不怕水、不怕汽、耐潮湿、耐腐蚀、防火、轻巧、耐高速气流冲击、无二次污染，成本略高。

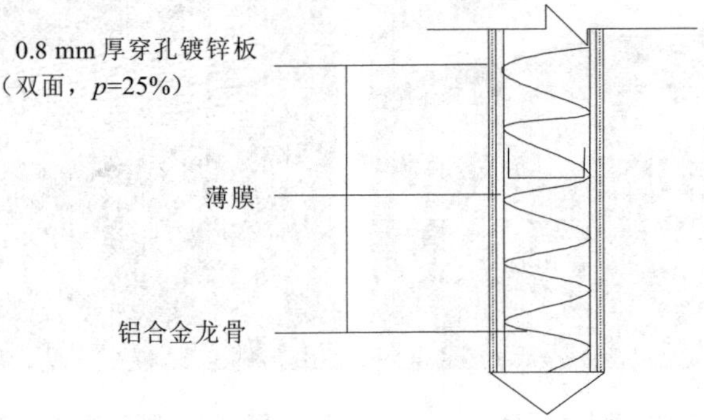

图 7-4　消声插片

出风消声器外壳可采用外隔内吸式复合结构，外部采用 100 mm 厚彩钢夹芯板拼装，内侧为 50 mm 厚微穿孔板吸声结构。消声插片采用活络结构，可以抽出和插入，便于冷却塔维修。

③ 出风消声器型钢支柱、支架、托架。鉴于出风消声器尺寸较大，有一定的重量，为安全起见，消声插片应置于有导轨的型钢支架、托架上。

④ 冷却塔淋水噪声的降噪措施。针对冷却塔淋水噪声有多种降噪措施，本项目推荐两种方案的组合模式：第一种方案是加装降噪填料，第二种方案是设置隔声吸声屏障。

方案一：加装降噪填料。在冷却塔雨区加装斜管消声填料，其填料为改性 PVC，小片距安装，为斜管六角形通道，填料块高 460 mm，填料下部浸入水中，浸入高度约为 160 mm。当淋水进入斜管后，以一定的角度高速滑入水中和水池水面产生撞击性噪声，噪声在斜管中传播，撞击 PVC 薄膜形成薄膜谐振，其能量得到有效释放，从而达到消声的目的，降低了淋水噪声。该方案可使淋水噪声降低 5～8 dB（A）。

方案二：设置隔声吸声屏障。隔声吸声屏障距离冷却塔进风口越近，降噪效果越好，但冷却塔冷却效果会受到影响。在保证冷却塔进风要求的情况下设置相互交错的 3 道屏障，形成迷宫式进风通道。隔声吸声屏障见图 7-5，实际使用情况见图 7-6。隔声吸声屏障的隔声量大于 20 dB（A）。

图 7-5　隔声吸声屏障

图 7-6　隔声吸声屏障实际使用情况

若在冷却塔一面设置隔声吸声屏障的话，单台 4 200 m^3/h 冷却塔隔声吸声屏障长×高约为 17 m×10 m，面积约为 170 m^2。进风消声器共需 36 个，体积约为 58 m^3。

⑤ 冷却塔进风隔声吸声屏障型钢支架。由于冷却塔进风隔声吸声屏障比较高，应考虑风载影响，宜采用钢混结构作隔声吸声屏障立柱、支架、斜支撑等。进风消声器也应置于型钢托架上。

⑥ 冷却塔的隔振。为减小固体传声和因振动引起的结构噪声，在冷却塔风机电机基座下面加装隔振装置，在风机减速箱和支架之间加装隔振装置，在冷却塔上部平台和风筒之间加装隔振装置。

（6）降噪效果

① 风机电机隔声罩隔声量约为 20 dB（A）；

② 冷却塔出风消声器消声量约为 20 dB（A）；

③ 冷却塔进风隔声吸声屏障和消声填料综合降噪效果约为 15 dB（A）；

④ 单台冷却塔开动，在标准测点处（测距 19 m）噪声可由 68 dB（A）降为 53 dB（A），降噪 15 dB（A）。

⑤ 10 台冷却塔同时开动，在距冷却塔 40 m 的厂界处噪声可由 58.5 dB（A）

降为 45 dB（A）。达到一类区夜间噪声标准规定。

7.2.2　水泥厂磨机房噪声综合治理

球磨机是化工、火力发电、冶金、水泥等企业用于粉碎物料的大型破碎设备。球磨机运行时噪声高、频带宽、传播距离远，影响范围较大，不仅操作工人难以承受，而且会对周围环境造成严重污染。

7.2.2.1　球磨机噪声源分析

球磨机又叫筒磨机，主要由大罐筒、大小齿轮、轴承、传动装置和电动机等部分组成。当球磨机运行时，壳体转动，物料与钢球混合，在离心力和筒体衬瓦工作时产生的摩擦力作用下被带到一定的高度，在重力作用下做有初速度的自由落体运动，落下的钢球冲击其下部的物料，把物料击碎。因此，球磨机噪声主要是由钢球、物料和衬板之间互相撞击与研磨而产生的。这种噪声属于机械性噪声，由罐体的表面向外辐射，也是主要的噪声源。球磨机产生的噪声还包括齿轮传动部分产生的机械齿合噪声和电机产生的电机噪声及排风噪声。

由大罐筒所产生的噪声是典型的宽带噪声，其频率分布在 500 Hz、1 000 Hz、2 000 Hz 和 4 000 Hz 四个倍频带，属于中、高频噪声。在低频段，噪声的倍频带声压级较低。同一种型号的球磨机，当被粉碎的物料有差异或进料的多少不等时，运转时所产生的噪声也有较大差别，因此，球磨机噪声的高低有时会产生变化。多次测量分析表明，多台球磨机同时运转时距大罐筒表面 1 m 处的声级波动范围为 108～112 dB（A），噪声的大小主要由罐筒辐射的噪声决定。大小齿轮、轴承、传动装置和电动机等辅助设备发出的噪声显著低于由罐筒辐射的噪声。这些装置的噪声与动平衡、润滑等设备保养维护状况密切相关，在正常情况下不会成为主要噪声源。

7.2.2.2　球磨机噪声控制方法

目前我国治理球磨机噪声的主要措施是安装隔声罩和做阻尼减振处理，也有采用橡胶衬板取代锰钢衬板或引进国外新型低噪声衬板结构的。

① 隔声罩分为固定式、活动式和幕帘式三种形式。固定式隔声罩具有较高的隔声量，可达到 15～20 dB（A），但使室内通风散热性能变差、设备维护检修困

难；活动式隔声罩是在固定式隔声罩的基础上改进而成的，维护检修性能有所改善，但隔声量有所下降，通风散热问题仍然没有得到解决，同时还需占用较大的空间和场地；幕帘式隔声罩是为了解决活动式隔声罩占用空间和场地较大的矛盾而研制出来的，具有拆装灵活、可集中储存的优点，缺点是通风散热差，而且价格较高。以上三种隔声罩都是从噪声传播途径上治理，其结构体积庞大，属于被动降噪措施。在经济技术条件和现场环境受限的情况下，可选择安装隔声罩。

② 用橡胶衬板取代锰钢衬板，是根据球磨机噪声产生机理降低筒体噪声的措施之一。该措施降噪效果明显，但目前合成橡胶衬板的耐高温性能和耐磨性能都较差，使用寿命短，成本昂贵，因此在材料性能得以改善之前，很难推广应用。国外新型低噪声衬板结构的降噪效果与阻尼减振措施相似，由于其价格高昂，一般企业难以承担。

③ 球磨机筒体阻尼减振技术是抑制筒体振动、降低筒体噪声的另一种根本措施，该措施克服了隔声罩通风散热差、维护检修困难的缺点，避开了合成橡胶衬板对材料性能要求高的难题，是一种经济、有效、切实可行的技术措施，其技术关键在于合理的结构设计和恰当的阻尼材料选取。

7.2.2.3 案例分析

（1）项目概况

某水泥厂的水泥粉磨站（不包含前期的熟料加工工艺）内主要工艺流程及构筑物如图 7-7 所示。

从图 7-7 中不难看出，水泥磨机是整个水泥粉磨站中最为核心的环节。该厂水泥磨机规格是ϕ4.2 m×11.5 m 的球磨机，辊压机规格是ϕ1 400 mm×650 mm，并且分别配备 O-Sepa 选粉机和 V 型选粉机，组成双闭路循环系统；整个粉磨工艺采用了 180 000 Nm^3/h 风量的风机两台，50 000 Nm^3/h 风量的风机一台，都是大的噪声源。风机的噪声治理一般可以通过安装消声器得到较理想的结果，但在本节中暂不深入研究。由于球磨机特殊的功能结构特点，其产生了大量的噪声能量，它不能通过安装消声器或隔声屏障的方法降噪，必须综合考虑并且采用不影响生产的措施。

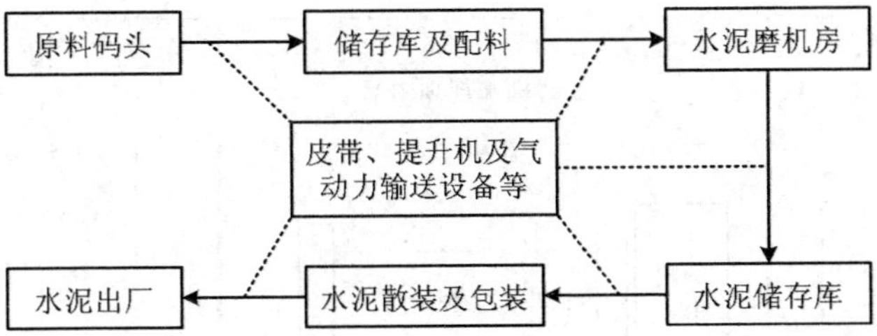

图 7-7 水泥厂粉磨站工艺流程

在通过对磨机房及厂区环境进行初步勘查后发现，磨机房不仅直接导致厂区内作业环境的连续等效 A 声级高于 85 dB（A），而且明显影响了厂界噪声的排放标准。

磨机房在建筑布局上位于全场中心地带，附近如排风机、输送鼓风机、提升机等设备较多，区域声环境状况非常复杂，噪声产生叠加，必须在整体设计中予以考虑。由于生产的特点，球磨机的噪声无法单独测量，以下测得的磨机房噪声是背景噪声叠加后的综合结果。

（2）磨机房噪声源

在对磨机房进行噪声治理前，首先对磨机房的主要设备——水泥磨机以及磨机房周围的几个关键点进行噪声强度和频谱特性测试，测试结果见表 7-7，测点布置见图 7-8。

表 7-7 磨机房噪声测试频谱

测点	63 Hz	125 Hz	250 Hz	500 Hz	1 000Hz	2 000Hz	4 000Hz	8 000Hz	A 声级/dB（A）	备 注
1#	93	97.4	102.3	98.1	93.7	91.4	87.1	76.9	100.1	0 m 层磨房内
2#	90.9	91	93.9	91.9	86.7	83.6	81	72.2	93.4	0 m 层磨房出口
3#	—	—	—	—	—	—	—	—	87.5	0 m 层窗口外
4#	88.2	89.5	93	92	88	84.8	80.1	69.6	93.4	12 m层设备孔口
5#	82.9	79.4	77.9	73.4	70.1	65.1	59	47.2	78.6	12 m 层西北角

说明：① 测试磨房外 2#、3#、4#、5#测点时背景噪声较大，无法扣除其影响；② 磨房原有门窗均为非隔声门窗，但处于关闭状态；③ 图中 1#测点在距离转筒外壳下 45°处，直线距离为 3 m 左右；2#测点位于磨房门外 1 m 处，与 1#测点距离为 3 m。

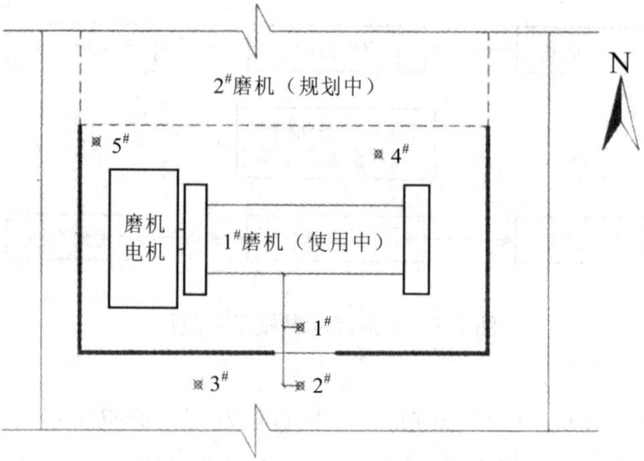

图 7-8　磨机房测点布置

（3）治理方法

在传统的磨机噪声治理方法中，主要是通过对磨机安装小型隔声罩设备或对磨机进行阻性包扎的方式进行治理。但是，这些措施有共同的缺点，就是不利于设备检修，并且忽略了磨机配套的其他小噪声源的噪声治理。为了有效地降低磨机房的总体噪声，并且不影响其正常的运行、检修工作，设计中对磨机房进行了整体的隔声、通风处理，主要工程量包括安装强迫排风轴流风机 3 台，并配套出风口消声器；安装 2 台自然进风消声器；安装 6 扇大型隔声门；改造 17 扇双层隔声窗；用隔声板封闭各设备进出口孔洞。

（4）设计计算机设备选型

磨机房（包括二期）是外观尺寸为 24.5 m×24 m×12 m（长×宽×高）的矩形结构，西墙为混凝土实体墙，具有较好的隔声性能；东墙与另一构筑物相连，并留有一个较大的输送通道与外界相连，并在 7.6 m 层开启两扇窗户；南墙和北墙呈对称结构，两边各布置了 10 扇窗户和 3 个出入口；顶墙为混凝土结构，但留有部分设备出入口。为了彻底改变磨机房的声学环境，将北墙 1.5 m 层的两个窗口作为换热进风口，南墙 7.6 m 层的三个窗口作为出风口，其余窗户改成双层隔声窗，出入口加装钢制隔声门，并做好顶墙部分设备口的密封工作。

① 通风量计算。本次设计中最为关键的因素是确定一个合理的通风量，以保证设备能够在允许的范围内正常运行。通风量是根据设备产热率、设备允许最高

运行温度、设备总功率等参数通过能量守恒定理来确定的。

在计算过程中设计或引用的参数如下：

设备允许最高运行室内温度：$T_1 = 57$℃（治理前常年检测的最高数据）

最不利工况外界环境温度：$T_2 = 38$℃

磨房有效体积：$V_1 = 7\ 056\ \mathrm{m}^3$

磨房气流截面积：$S_1 = 294\ \mathrm{m}^2/\mathrm{s}$

38℃时干空气密度：$\rho = 0.135\ \mathrm{kg/m}^3$

38℃时干空气比热容：$C_p = 1.005$ kJ/（kg·℃）

磨机房设备总功率：$N = 5\ 800$ kW（含规划中的 2 号磨机）

设备最大产热效率：$\eta = 20\%$

由于设计计算一般考虑最不利情况下的环境条件，此时单位时间产生的热量为

$$Q_1 = N\times\eta\times t = 5\ 800\times20\times1 = 1\ 160\ \mathrm{kJ}$$

此时，若要室内温度控制在 T_1 所限定的 57℃以下，必须保证单位时间内气体带走的热量 Q_2 大于 Q_1，即 $Q_2 > Q_1$。

根据热力学比热公式，通过多次试算，选定界面流速 $v_1 = 0.19$ m/s 时的通风量比较合适，计算过程如下：

$$Q_2 = v_1\times S_1\times\rho\times C_p\times（T_2 - T_1）= 0.19\times294\times1.135\times1.005\times（57-38）= 1\ 210.6\ \mathrm{kJ}$$

满足 $Q_2 > Q_1$ 的要求。

即设备运行期间，理论上的最大通风量为 201 096 m³/h。但考虑到 2 号机组尚未投入安装，且运行时设备的产热率达不到 20%；另外环境因素、设备使用率等都将优于最不利工况，因此在采纳了业主单位的意见之后，保留进一步补救措施的同时，采用的强制通风量为 90 000 m³/h。值得注意的是，在磨房东墙与另一建筑物连接处有一个大型输送通道，与外界连通，因此实际换风量远大于 90 000 m³/h，完全满足单台磨机运行时的换热要求。

在设备选型时，充分考虑了风机有可能带来额外的噪声等因素，选用 3 台低噪声的轴流风机，风机型号为 T35-11-9#风机，单台风量大小 32 119 m³/h，全压 211 Pa，噪声级小于 81 dB（A）。安装于南墙原 7.6 m 层高度的窗户位置，并正对主要产热源磨机主体。为了防止噪声通过风机向外辐射，给每台轴流风机配套一个排气消声器，设计流量为 30 000 m³/h，采用阻性片式结构，消声器主体尺寸为

1.6 m×1.6 m×3 m（长×宽×高）。在消声器内插入 225 mm 厚消声片 2 片，150 mm 厚消声片 2 片，并且在两侧边做 50 mm 厚的吸声层。同时在北墙靠近磨机电机的 1.5 m 层及 3.5 m 层处留 2 个进风口，并配置进风口消声器，进风口消声器分别为 45 000 m^3/h 流量的阻性片式消声器，主体结构尺寸为 18 m×18 m×30 m（长×宽×高），并在里面插入 150 mm 消声片 1 片、200 mm 消声片 2 片、125 mm 消声片 2 片；在两侧面做 50 mm 厚的吸声层。此时可根据片式消声器的计算公式（7-11）计算出各频段的插入损失，再将各频段降噪后的声压级通过式（7-12）计算出治理后的 A 声级，最终通过测量值和式（7-12）的计算值相减求出插入损失。公式如下：

$$\Delta L = 2\varphi(\alpha_0)\frac{l}{a} \tag{7-11}$$

式中：ΔL —— 插入损失，dB；

$2\varphi(\alpha_0)$ —— 与材料有关的各频段消声系数；

l —— 消声器有效长度，m；

a —— 消声器片间距，m。

$$L_{\text{eq}} = 10\lg\left(\sum_{i=1}^{n} 10^{0.1L_{pi}}\right) \tag{7-12}$$

式中：L_{pi} —— 各频段声压级，dB；

L_{eq} —— 各频段叠加的等效声级，dB。

另外消声器的压力损失计算分别见式（7-13）、式（7-14）

$$\Delta P_{摩} = 10\xi_{摩}\frac{1}{d_e}\frac{pv^2}{2g} \tag{7-13}$$

$$\Delta L_{局} = 10\xi_{局}\frac{pv^2}{2g} \tag{7-14}$$

式中：$\Delta P_{摩}$、$\Delta L_{局}$ —— 消声器内壁摩擦压力损失及其他局部压力损失，Pa；

$\xi_{摩}$、$\xi_{局}$ —— 摩擦阻力系数及局部阻力系数；

d_e —— 消声器通道等效直径，mm；

ρ —— 空气密度，kg/m^3；

v —— 流速，m/s；

g —— 重力加速度，m/s。

通过将查表和经验所得的相关数据代入式（7-11）、式（7-12）、式（7-13）、式（7-14）后可求得噪声插入损失大于 30 dB（A），阻力损失小于 20 Pa，满足磨房治理整体要求。

② 隔声窗设计。10 mm×100 mm×6 mm 结构的钢制双层玻璃窗，其设计隔声量在 40 dB（A）以上，并通过式（7-15）、式（7-16）计算出其单块玻璃的吻合频率和双层的共振频率。

$$f_e = \frac{1\,200}{t} \tag{7-15}$$

$$f_r = 120 / \sqrt{0.25d(t_1 + t_2)} \tag{7-16}$$

式中：f_e —— 吻合频率，Hz；

f_r —— 共振频率，Hz；

t_1，t_2 —— 玻璃单块厚度，mm；

d —— 两玻璃间距，mm。

计算求得两玻璃的吻合频率分别为 1 200 Hz 和 2 000 Hz，共振频率为 60 Hz。但通过玻璃安装具有一定斜度结构这一特点（图 7-9），基本解决了以上两个问题，保证其总体隔声性能在 30 dB（A）左右。

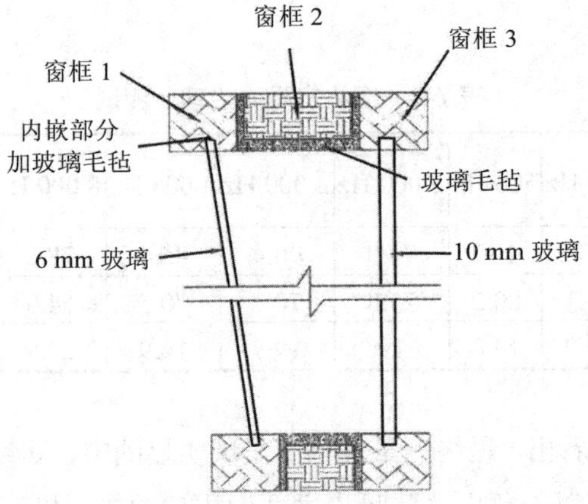

图 7-9　双层隔声窗结构

③ 隔声门。选用大型钢制隔声门结构，即两面采用 1.5 mm 厚刚钢板结构，钢板内侧涂刷2～3 mm沥青石棉漆、外侧做防锈处理并在两板空隙中添加100 mm厚玻璃棉毡，同时在各门缝等衔接处安装弹性隔声材料，最终隔声量在 30 dB（A）左右（图 7-10）。

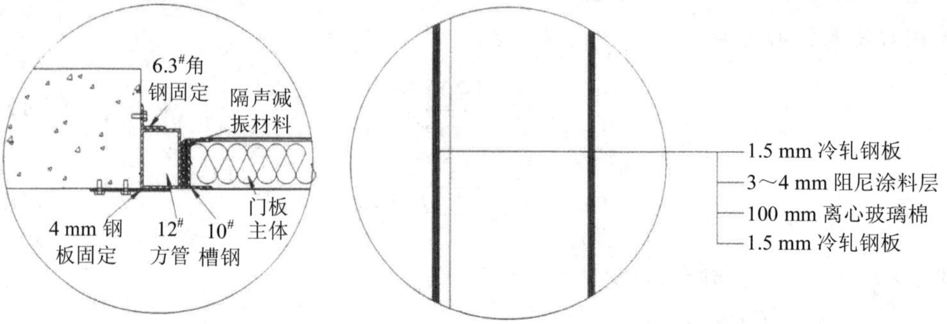

图 7-10 隔声门部分节点

（5）治理效果

通过综合治理，磨房整体噪声得到了明显的改善，对厂界噪声的干扰从 62.4 dB（A）降到了 54.9 dB（A），并且换热量满足设计要求。磨房内外测试结果见表 7-8。

表 7-8 磨机房噪声治理后测试

测点	63 Hz	125 Hz	250 Hz	500 Hz	1 000 Hz	2 000 Hz	4 000 Hz	8 000 Hz	A 声级/dB（A）	备注
1#	96.1	101	103.3	100	94.8	90.4	85.4	78.2	101	0 m 层磨房内
2#	87.1	82.6	83.1	80.2	75.8	70.7	70.5	54.3	82	0 m 层磨房外
3#	91	17.9	20.2	19.8	19	19.7	14.9	23.9	19	总体插入损失

从表 7-8 中可以看出，最终测量值频谱呈现明显的中、低频率成分，已基本为背景环境噪声，并且可以判断出这些噪声主要由周边的离心机产生，而不是磨机房的投射噪声。因此，也可以推断出对磨房的噪声治理无论从设计思路上、加工技术上还是安装施工上都是十分成功的，这也为以后的水泥厂噪声治理提供了参考。

7.2.3　水泵噪声控制典型案例

案例一：住宅水泵房的噪声治理

7.2.3.1　项目概况

产生噪声的高层住宅项目位于城市中心生活核心区，占地面积 15 900 m^2，建筑面积为 71 100 m^2，地上为 32 层，地下为 1 层，总建筑高度为 99.95 m，是 3 栋 5 个单元的高层板式结构。生活水泵房设计在地下一楼，变频加压供水。该生活水泵房噪声较大，严重影响居民日常生活。

地下水泵房安装 8 台立式多级泵，进行 4 级变频供水，平面布置如图 7-11 所示。

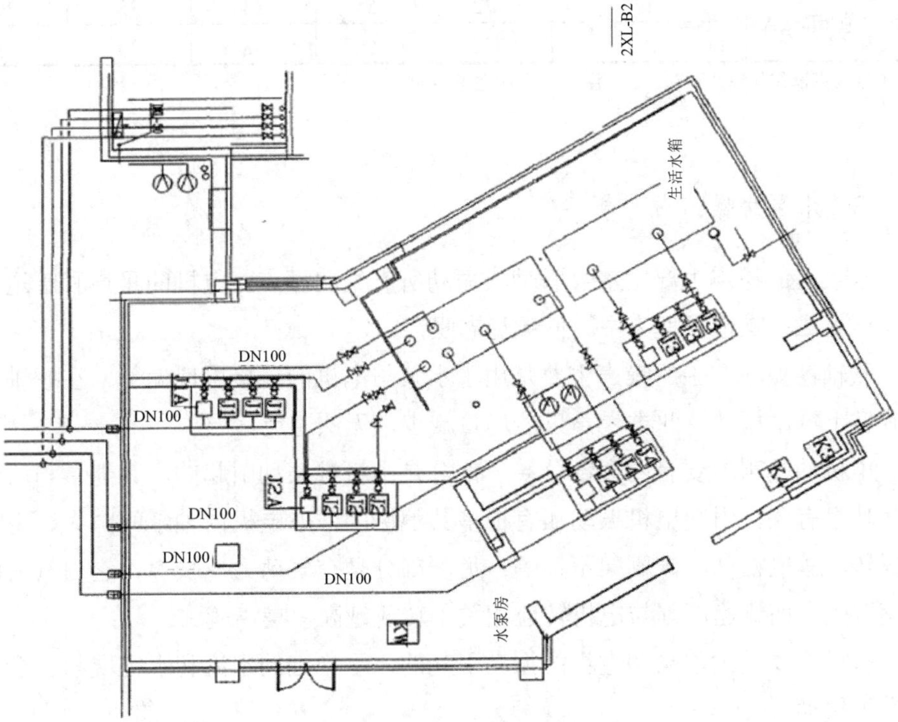

图 7-11　地下水泵房

水泵的主要参数：流量为 36 m^3/h；转速为 2 900 r/min；扬程为 120 m；电机功率为 11 kW；重量为 115 kg。该项目位于居住、商业、工业混杂区，适用于Ⅱ类标准，水泵房环境敏感点为正上方三层住宅 304 房间，选择卧室和卫生间为两个测控点，经项目所在地区环境检测站进行夜间 22：00 低频噪声检测，检测结果为部分低频超出国家参照标准，数据见表 7-9。

表 7-9 结构传播固定设备室内噪声（倍频带声压级）

室内噪声		测定频率				
		31.5/Hz	63/Hz	125/Hz	250/Hz	500/Hz
夜间测定值/dB（A）	1	45.9	57.8	43.2	31.5	28.4
	2	46.2	63.7	44.8	32.9	30.9
标准限值/dB（A）	1	72	55	43	35	29
	2	72	59	48	39	34

注：1 号测点设在住宅儿童房；2 号测点设在住宅卫生间。

7.2.3.2 水泵房噪声源分析

水泵房的噪声主要由水泵联轴器振动所产生的噪声、电机的噪声和管道振动的噪声组成；噪声类型为中、低频稳态噪声。

联轴器振动产生的噪声主要是由于水泵与电机的连接出现偏差，在联轴器高速旋转下产生振动，此类噪声只能尽量减少，无法避免。

电机的噪声主要有两大部分：一部分是由机械振动引起的，其能量与所辐射的声功率有关，引起电机振动还有很多其他原因，如电机内轴承间隙大、电机机体偏转、碳刷松动，碳刷架不正等；另一部分是空气动力性噪声，它与气流的线速度有关，而线速度则与电机转速相关，转速越高，噪声越大。

管道振动是由水泵和电机的振动引起的，不稳定的水流和水锤现象也会使管道产生振动。

由于水泵房内四壁均为光滑墙面，墙面的反射导致噪声汇集叠加，这也是一个重要因素。

7.2.3.3 治理方案选择

对水泵房各类噪声的叠加对楼上居民（噪声敏感点）的影响进行分析，噪声治理的主要方案应确定为降低结构传播固定声源的噪声，其主要措施如下。

（1）水泵基础减振措施

水泵基础与结构直接相连，是振动噪声源，通过实地考察，水泵机组的振动对楼上居民的影响最为严重。根据风机的振动分析，需在机房地面上增加一座阻尼减振装置，在风机跟基础、基础跟地面之间加装隔振垫及橡胶隔振器。

（2）给水管道减振消声

固体传声仍是产生居民室内噪声的主要原因，目前管道安装过程中与墙体、梁板连接采用刚性支架，且管道与墙壁及楼板刚性连接，未采取任何消声、隔声措施，需对其进行改造，在管道上加装橡胶接头、弹性减振吊架和隔振垫（管道穿过楼层间时留有较大空隙）。

（3）设备维护与保养

在平时的维护保养中应注意提高设备的装配技术和零配件的加工精度；正确校准中心，做好动态平衡；加强润滑，减少摩擦；加强水泵机组的维护保养；同时根据用水量适时调整水压，及时清洁水箱。

7.2.3.4 施工措施及治理效果

① 水泵基础减振。由于该项目施工时考虑不周，设备基础直接安装在地下室底板结构面层上，为了避免结构破坏造成开裂及渗漏水等情形，无法实施减振沟以及设备基础与主体结构间的隔离措施；同时由于设备已投入使用，为 500 多户居民进行供水，无法长时间停水或新建设备基础，故只能在现有基础上进行减振处理。该项目最终采用了优质减振垫，同时在设备基础四周安装阻尼装置。

② 供水管道的支架改造。拆除原有刚性支架，采用弹性支架来代替。施工时要求进行交替拆除、交替安装，即拆除支架时要间隔拆除，不得连续拆除 3 根，拆除后立即安装弹性支架，这样可避免支架拆除对管道的影响。

③ 管道穿墙增加套管和柔性橡胶接头。

④ 对变频控制柜控制体系进行优化，对主泵与备泵之间进行定时切换，同时

根据水量大小及时调整水压。

⑤ 采取减振措施后，噪声敏感点的噪声得到明显改善，原来听到的蜂鸣声已基本消失，不再影响居民睡眠休息。委托环境监测站进行噪声监测，其结果见表7-10，大大低于本地区噪声标准。

表 7-10　室内噪声（倍频带声压级）监测结果

室内噪声		测定频率				
		31.5/Hz	63/Hz	125/Hz	250/Hz	500/Hz
夜间测定值/dB（A）	1	36.5	44.1	33.9	22.7	21.6
	2	38.2	46.4	35.3	23.4	21.9
标准限值/dB（A）	1	72	55	43	35	29
	2	72	59	48	39	34

注：1 号测点设在住宅儿童房；2 号测点设在住宅卫生间。

7.2.3.5　案例分析

① 设计及施工时应加强环保意识，考虑各种设备产生的噪声对环境敏感人群的影响，注意将设备基础与原有建筑结构分开，从源头上降低固体传播噪声，避免对居民生活的影响。

② 生活水泵房一定要按照柔性连接进行管道安装，避免日后进行处理。

③ 尽量选择噪声较小的水泵等设备，如屏蔽水冷电机以及叶轮层叠式结构的不锈钢泵体。

④ 在无法避免结构传播固定设备噪声的前提下，采用减振垫、柔性接头、弹性支架是降低环境噪声敏感点噪声的有效手段。

7.2.4　某屋顶风机消声设计

7.2.4.1　概况

某九层商场屋顶有多台抽风机，位于商业、住宅区，周边均为 22 层高层住宅。因风机设备距离周边楼群过近，设备在运行过程中产生的噪声较为明显，若长期处于此环境中会对周边人员的生活及身体健康造成较大的影响。

图 7-12　现场照片

7.2.4.2　噪声测量情况

a. 现场设备照片

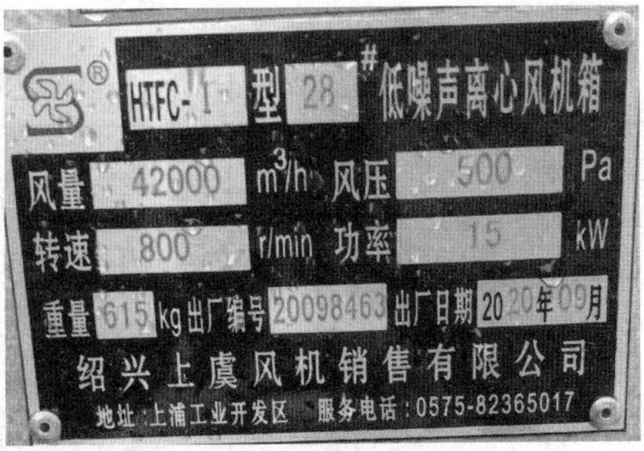

b. 现场设备铭牌照片

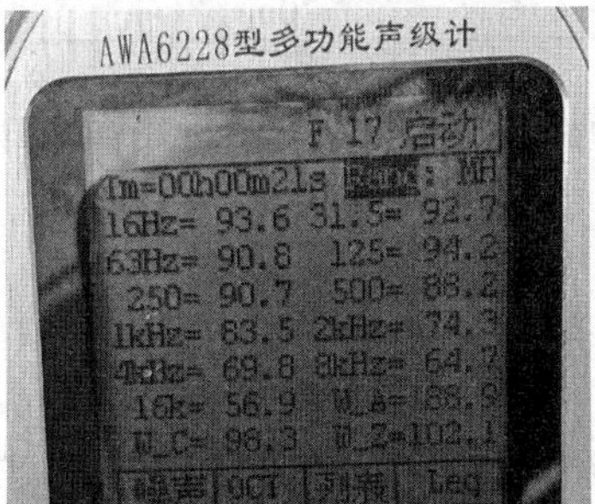

c. 风机出口噪声实测数据

图 7-13　现场勘测数据

7.2.4.3 设计依据

① 《声环境质量标准》(GB 3096—2008)

② 《声屏障声学设计及测量规范》(HJ/T 90—2004)

③ 《社会生活环境噪声排放标准》(GB 22337—2008)

④ 《工业企业厂界环境噪声排放标准》(GB 12348—2008)

⑤ 《建筑结构荷载规范》(GBJ 50009—2001)

⑥ 《通风消声器》(HJ/T 16—1996)

⑦ 《通风与空气调节工程施工质量验收规范》(GB 50243—2016)

⑧ 《建筑钢结构焊接技术规程》(JGJ 81—2002)

7.2.4.4 执行标准

表 7-11 标准限值等效声级[来源:《声环境质量标准》(GB 3096—2008)] 单位:dB(A)

声环境功能区类别		时段	
		昼间	夜间
0 类		50	40
1 类		55	45
2 类		60	50
3 类		65	55
4 类	4a 类	70	55
	4b 类	70	60

本项目的治理目标为达到《声环境质量标准》(GB 3096—2008)中的 2 类区域昼间标准。

7.2.4.5 风机主要噪声源声振特性分析

对机械设备进行噪声治理难度都较大,特别是一些采用开放式安装的大型设备,其噪声扩散范围广、传播远。因此,要进行降噪治理工作,首先要对产生噪声的根源进行分析,不同的设备所产生的噪声强度不一样,对周围的声学环境质量影响也不同。风机工作时所产生的噪声主要由空气动力性噪声、机械噪声、电动机噪声、振动低频噪声几部分组成。

（1）空气动力性噪声

空气动力性噪声是由呈离散峰值的旋转噪声和呈宽频带的涡流噪声组成，具有强度大、频带宽和以高、中频噪声为主的特点。空气动力性噪声在低频范围内有多处峰值，其衰减慢、传播远、影响范围大，低频噪声是该类声源噪声最主要的部分，也是对该类声源进行噪声控制最难治理的部分。

（2）机械噪声

机械噪声是由轴承和旋转部件相互撞击而产生的噪声，其强度与空气动力性噪声相比要小得多。

（3）电动机噪声

风机由电动机带动工作，根据风量、风压的大小所匹配的电动机功率差别较大，形成的噪声声源也不同，因此电动机噪声影响的范围也非常广。

（4）振动低频噪声

振动低频噪声主要是机组在运行时产生的振动噪声，通过基础向周围地面扩散，所产生的噪声频率都较低，采取合理的减振措施一般不会造成噪声污染。

7.2.4.6　设计思路及治理措施

本方案将根据项目具体情况进行针对性设计，使风机产生的噪声辐射到窗边时降到最低值。噪声治理主要有三种方法：从源头上降低噪声、切断噪声传播途径、对敏感处采取保护措施。针对本治理项目，建议选择在传播途径上采取降低噪声的方法。

本项目中风机装有隔声箱，在风机出口设置消声器进行出口消声处理是有效的降噪方法。消声器降噪量根据标准计算达到要求即可。

7.2.4.7　消声器设计

（1）消声量的确定

① 确定该设备的运行时间。此设备为商场抽烟设备，夜间不运行，所以只需满足昼间 60 dB（A）的限值即可。

② 确定该设备与周边楼（敏感点）的距离，核算距离衰减噪声值。若设备处

于某企业厂区，则只考虑厂界的距离，满足厂界噪声限值即可。

距离衰减噪声量 ΔL_p=20 lg（r_2/r_1）=14 dB，其中 r_2 为点声源至受声点的距离（此处以 5 m 作为厂界验收点的距离），r_1 为点声源至测试点的距离（通常在设备周边 1 m 处测试）单位为 m；$\Delta L_{所需消声量}$=88.9−60−14=14.9 dB。

（2）消声器类型的选择

此类通风机为轴流通风机，这种风机一般压头小，不适合抗性消声，而单通道直管式消声器一般消声量较小，故此处选择片式阻性消声器。

（3）消声器的尺寸计算

根据通风量 Q=4.2 万 m^3/h，常规阻性通风消声器阻塞比为 0.5，风速常规要求 V≤8 m/s，则有：

$$S_{通风}=Q/V=\frac{42\,000/3\,600}{8}=1.45\ \text{m}^2$$

$$S_{消声器}=S_{通风}/0.5=1.45/0.5=2.9\ \text{m}^2$$

则消声器尺寸可设计为：长=2 m、宽×高=2.9 m^2≈2.1 m×1.4 m（风速取 V=8 m/s）。

（4）阻性消声器的计算公式

$$\Delta L=\varphi(\alpha)\frac{P}{S}l \tag{7-17}$$

式中：ΔL—— 消声量，dB；

$\varphi(\alpha)$—— 消声系数，它是与吸声材料的吸声系数有关的数值；

P —— 气流通道断面周长，m；

S —— 气流通道的横截面积，m^2；

l —— 消声器的有效长度，m。

（5）验算高频失效频率 $f_{高}$和对应消声量 ΔL

此处消声器高度若采用 1.4 m，根据高频失效计算公式，高频失效频率过低，所以需要将片式消声器分隔成两层。

$$f_{高}=1.85\frac{C}{D} \tag{7-18}$$

则

$$f_{高} = \frac{1.85 \times 340}{1.13\sqrt{0.1 \times 1.4 / 2}} = 2\,100 \tag{7-19}$$

式中：C —— 声速 340 m/s；

D —— 通道截面积的直径，m；

P —— 消声通道横截面周长，m；对于矩形 $D = 1.13\sqrt{ab}$；

a —— 长度，m；

b —— 宽度，m。

当频率高于上限失效频率时，每增高一个倍频，消声量降低值

$$\Delta L = \frac{3 - m}{3} \Delta L$$

式中：ΔL —— 不失效时的消声量；

m —— 高于失效频率的倍频程代数。

表 7-12　消声器性能参数

噪声频率/Hz	63	125	250	500	1 000	2 000	4 000	8 000	16 000	备注
实测噪声值/dB	90.8	94.2	90.7	88.2	83.5	74.3	69.8	64.7	56.9	
消声系数 Ψ（α_0）	0.0	0.5	0.5	0.8	0.9	1.0	1.1	0.8	0.8	Ψ（α_0）=1.1α_0 α_0 为材料的吸声系数
P/S（周长/面积）	20									消声器长×宽×高=2 m×2.1 m×1.4 m
阻性消声量/dB	–0.0	–19.5	–19.5	–29.3	–35.1	–40.2	–42.2	–31.2	–31.2	$\Delta L_{消} = \varphi(\alpha_0)\frac{P}{S}l$
高频失效修正							+14	+20.8	+31.2	f=1.85×c/D （$D = 1.13\sqrt{ab}$）
消声后噪声值/dB	90.8	74.7	71.2	58.9	48.4	38.5	41.6	54.3	56.9	
A 计权修正	–26.2	–16.1	–8.6	–3.2	0.0	1.2	1.0	–1.1	–6.6	
出消声器后噪声值/dB（A）	64.6	58.6	62.6	55.7	48.4	39.7	42.6	53.2	50.3	
出消声道的噪声总值/dB（A）	67.7									$L_A = 10\lg\left\{\sum_{i}^{n=1} 10^{(L_{pi}-\Delta i)/10}\right\}$
气流流阻/Pa	≤50									不影响风机运行

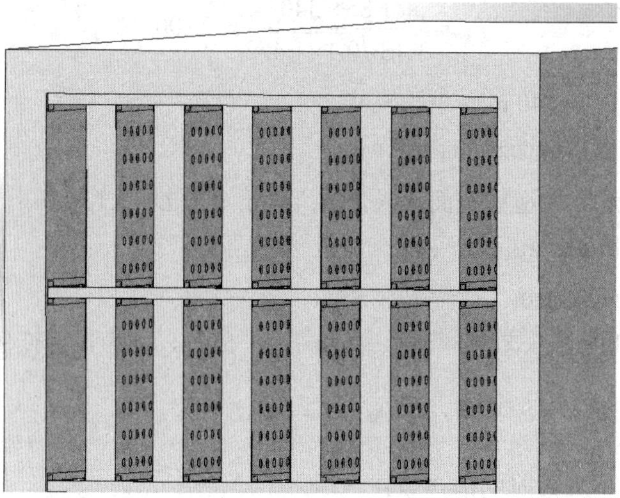

图 7-14 片式消声器

7.2.4.8 主要材料说明

（1）性能要求

消声器外框面板：隔声量≥35 dB（A）；

出风消声器：消声量≥21 dB（A）。

（2）材质要求

① 出风消声器外框面板：采用不小于 1.2 mm 厚镀锌板，镀锌量不小于 120 g/m²，镀锌钢板选用优质产品。

② 消声器孔板：采用厚度不小于 0.8 mm 厚铝穿孔板，穿孔率不小于 25%，孔径为 3 mm。

③ 出风消声器骨架：采用 1.2 mm 厚镀锌板，镀锌量不小于 80 g/m²，骨架密度≤500×500 mm。镀锌钢板应选用优质产品。

④ 消声器内部吸声材料：

- 内部吸声材料应经过国家认可的声学实验室鉴定，有详细吸声系数与频谱特性，资料数据齐全。
- 内部吸声材料其容重应不小于 30 kg/m³，含水率不大于 1%，质量吸湿率不大于 5%，憎水率不小于 98%；且应流阻适当、孔隙均匀，有较高的吸声性能和化学稳定性。内部吸声材料含杂质量不大于 3%，吸声系数 NRC ≥0.9，纤维直径小于 8 μm，不含渣球、防潮。

⑤ 包裹吸声材料的玻璃棉布使用平纹无碱玻璃布，注意玻璃布不要堵塞吸声孔。

【案例评析】

风机由进（排）风口、机壳、电动机等部分组成，频率特性为宽频带，噪声强烈，对环境污染严重。通过隔声、吸声和消声等综合治理措施，可以达到预想的降噪效果。

本设备在已有风机隔声箱的基础上，以风机出口加装出口消声器为主要降噪方式，治理后，距离风机 1 m 处的噪声由 88.9 dB（A）降至 67 dB（A），周围环境明显改善，厂界噪声降到背景值，降噪效果显著。本案例消声器设计部分可作为其他工程案例中阻性消声器设计的参考。

参考文献

[1] 贺启环. 环境噪声控制工程（第1版）[M]. 北京：清华大学出版社，2011.

[2] 张弛. 噪声污染控制技术（第2版）[M]. 北京：中国环境科学出版社，2013.

[3] 苑春苗，栾昌才，李畅. 噪声控制原理与技术（第1版）[M]. 沈阳：东北大学出版社，2014.

[4] 环境保护部. 《2017年中国环境噪声污染防治报告》，2017.

[5] 姜涛，王晓阳. 振动的危害及防治对策[J]. 内蒙古环境科学，2009，21（6）：48-50.

[6] 李婷. 工业生产振动的危害及其控防对策研究[J]. 中国个体防护装备，2017（2）：48-52.

[7] 刘颖辉. 噪声与振动污染控制技术（第1版）[M]. 北京：科学出版社，2011.

[8] 马大猷. 噪声与振动控制工程手册[M]. 北京：机械工业出版社，2002.

[9] 刘惠玲. 环境噪声控制[M]. 哈尔滨：哈尔滨工业大学出版社，2002.

[10] 张守斌，魏俊山，胡世详，等. 中国环境噪声污染防治现状及建议[J]. 中国环境监测，2015，6（3）：24-26.

[11] 王季卿. 建筑隔声研究的进展[J]. 噪声与振动控制，2007，10（5）：1-6.

[12] 郭正，卢莎. 环境法规[M]. 北京：化学工业出版社，2004.

[13] 荣胜英. 我国80年代的噪声控制技术简述[J]. 环境工程，1988，6（6）：1-5.